WOW!

不一样的

PHOTOSHOP

创意设计

锐艺视觉／编著

 中国青年出版社
CHINA YOUTH PRESS

中青雄狮

图书在版编目（CIP）数据

wow! 不一样的 Photoshop 创意设计 / 锐意视觉编著 . — 北京：中国青年出版社，2013. 5

ISBN 978-7-5153-1560-7

I. ① W··· 　 II. ①锐··· 　 III. ①图像处理软件 　 IV. ①TP391.41

中国版本图书馆 CIP 数据核字（2013）第 076332 号

WOW!不一样的Photoshop创意设计

锐意视觉 / 编著

出版发行：中国青年出版社
地　　址：北京市东四十二条21号
邮政编码：100708
电　　话：（010）59521188 / 59521189
传　　真：（010）59521111
企　　划：北京中青雄狮数码传媒科技有限公司
策划编辑：张　鹏
责任编辑：易小强　　张海玲
助理编辑：董子晔　　向雯雯
书籍设计：六面体书籍设计
　　　　　封面设计　彭　涛
　　　　　版式设计　王玉平

印　　刷：北京瑞禾彩色印刷有限公司
开　　本：787×1092　　1/16
印　　张：24.75
版　　次：2013 年 8 月北京第 1 版
印　　次：2018 年 4 月第 6 次印刷
书　　号：ISBN 978-7-5153-1560-7
定　　价：79.90 元（附赠 3DVD，含素材文件＋视频教学）

本书如有印装质量等问题，请与本社联系　电话：（010）59521188 / 59521189
读者来信：reader@cypmedia.com
如有其他问题请访问我们的网站：www.cypmedia.com

"北大方正公司电子有限公司"授权本书使用如下方正字体。
封面用字包括：方正雅宋系列。

PREFACE

内容简介

本书主要从照片素材设计构思、活用质感材质构思、巧妙手绘与手作构思、个性插画构思以及模拟虚拟世界设计构思 5 个方面，使用 Photoshop 设计软件，从多方面、多角度来进行设计构思体验，能够为设计爱好者提供一定的软件操作技巧、设计构思方法和创意制作灵感。

本书章节构成

照片素材设计构思：本章主要通过对风景、人物、静物等照片素材进行一定的后期处理与设计，呈现出多种风格的设计构思，能够使读者掌握对照片素材的后期处理技巧和基础的设计构思方法。

活用质感材质构思：本章主要对纸张、T 恤、羊毛毡、金属、水晶、钻石、麻布、毛织物等各种不同纹理质感和材质构成进行后期加工与制作，通过提取相应材质的精髓，进行创意性的设计构思；能够使读者发现身边的各种有效素材，并打开思维进行独特的艺术加工。

巧妙手绘与手作构思：本章主要是在前期手绘独特的纹理和笔触以及使用修正带、纸张、麻绳等制作个性的手作物品，在后期进行巧妙的设计合成，制作出个性鲜明的海报或招贴设计。能够抛砖引玉地使读者在此基础上，发挥自身的想象力进行独一无二的手绘与手作设计构思。

个性插画构思：本章主要是绘制包括抽象、具象、写实、写意等风格的个性插画。通过对静物、动物、人物的提炼绘制或合成富有创意性的设计作品，使读者通过多种设计构思的引导，迸发出更多的设计创意灵感。

模拟虚拟世界设计构思：本章主要是通过合成多种素材进行特效设计表现，形成天马行空的虚拟世界设计构思；能够使读者更加深入地掌握 Photoshop 软件的应用技巧并提高自己的艺术鉴赏能力。

结束语

本书的策划设计得到很多专业人士的指点和意见，他们为该书的完善提供了很好的创意思路和设计灵感。同时书中难免存在疏漏与不妥之处，敬请广大读者谅解和指正。

编　者

CONTENTS

 Chapter 03 巧妙手绘与手作构思 ·································· P.161

Chapter 04　个性插画构思

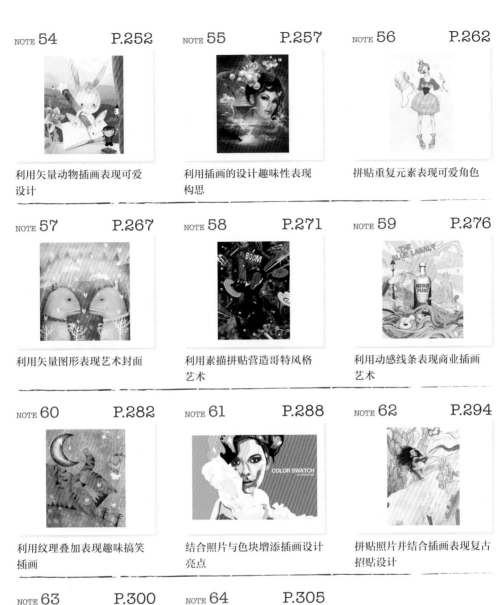

Chapter 05 模拟虚拟世界设计构思 ·························· P.311

NOTE 77 P.375

合成动感光影表现神秘效果

NOTE 78 P.381

夸大图像增强设计趣味性

NOTE 79 P.387

通过合成表现电影招贴设计

NOTE 80 P.392

添加素材表现手中世界效果
设计

WOW！不一样的 Photoshop 创意设计

设计构思笔记

Chapter 01

照片素材
设计构思

Chapter 01
照片素材设计构思

NOTE 01

制作怀旧照片风格

光盘路径：Chapter 01 \ Complete \ 01 \ 01 制作怀旧照片风格.psd
视频路径：Video \ Chapter 01 \ 01 制作怀旧照片风格.swf

❀ 设计构思
根据照片的构图及所体现的画面氛围来联想构思，为照片调整出富有 20 世纪时尚风格的怀旧照片色调，以棕褐色调为基本色，并搭配蓝色、深紫色、土黄色等颜色，表现出怀旧小情调氛围。

❀ 设计要点

添加"渐变映射"及"可选颜色"调整图层调整照片基本色调；使用钢笔工具及自定形状工具绘制图形并结合混合模式丰富画面色调。

STEP 1 应用"渐变映射"命令，调整基础色调

执行"文件>打开"命令，打开"人物.jpg"文件 1-1。单击"创建新的填充或调整图层"按钮 ，在弹出的菜单中选择"渐变映射"命令，并在"属性"面板中选择"蓝、红、黄渐变"预设样式以调整照片的色调 1-2。然后设置该调整图层的"不透明度"为30% 1-3，以稍微减淡调整的色调效果 1-4。

1-1 执行"文件>打开"命令，打开素材照片。

1-2 单击渐变样式颜色条右端的下三角按钮来选择预设的渐变样式。

1-3 设置图层的"不透明度"，以减淡调整的色调效果。

1-4 在调整照片色调并适当减淡调整效果后的照片色调。

STEP 2 应用"可选颜色"命令，调整照片色调

单击"创建新的填充或调整图层"按钮 ，再次执行"渐变映射"命令并设置为"黄、紫、橙、蓝渐变"预设样式 2-1。再设置该调整图层的图层混合模式为"亮光"、"不透明度"为15% 2-2，以调整照片色调 2-3。然后单击"创建新的填充或调整图层"按钮 ，执行"可选颜色"命令并适当设置其原色"红色"的参数 2-4，以调整照片的色调效果 2-5。

2-1 单击渐变样式颜色条右端的下三角按钮来选择预设的渐变样式。

2-2 设置图层的混合模式和"不透明度"，以混合调整的颜色。

2-3 添加调整图层适当调整照片色调，并调整图层混合模式后的照片色调效果。

2-4 适当设置"可选颜色"的原色"红色"参数。

POINT
设置渐变样式

渐变样式的设置可在"渐变编辑"对话框中进行，可通过手动设置对颜色进行指定调整。也可通过载入预设样式来选择特定风格的渐变样式，如"协调色"、"金属"、"蜡笔"等渐变样式。

2-5 执行"可选颜色"命令后的照片色调展现出一股淡淡的忧伤和怀旧氛围。

STEP 3 制作画面纹理效果并绘制图形

新建"图层1"并按下快捷键
Alt+Delete，填充图层为黑色。
执行"滤镜>像素化>铜版雕
刻"命令，在弹出的对话框中
适当设置参数并单击"确定"
按钮 3-1。设置"图层1"的混
合模式为"滤色"、不透明度
为70%，为照片添加颗粒效果
3-2。然后单击钢笔工具，在
属性栏中设置工具模式为"形
状"，并在画面左上角绘制一
个土黄色（R207、G147、B119）
的图形 3-3。完成后设置其图层
混合模式为"正片叠底"，以
调整该区域的色调纹理 3-4。

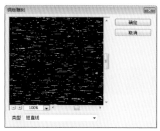

3-1 新建图层并填充颜色，应用"铜
版雕刻"滤镜并适当设置参数。

3-2 适当设置图层的混合模式以为照
片添加颗粒杂色效果。

3-3 使用钢笔工具在画面左上角绘制
随意图形。

3-4 适当设置形状图层的混合模式，
以调整该区域的色调纹理。

STEP 4 制作矢量图形并输入文字

继续在画面左上端绘制一个深
蓝色（R38、G45、B131）的随
意图形，完成后设置其图层混合
模式为"色相"，以调整该区域
的色调纹理 4-1。单击自定形状
工具，继续在画面左下角绘
制一些花朵形状并适当设置其
图层混合模式，以丰富画面的
纹理和色调效果 4-2。然后单击
横排文字工具，在画面左下
角输入相应的文字并设置其属
性，然后设置其颜色为土黄色
（R194、G167、B112）4-3。

4-1 绘制蓝色形状并适当设置形
状图层的混合模式。右图为混合
图形颜色后的照片色调纹理效果。

4-2 使用自定形状工具绘制新形状并设置其图层混合模式。上图为绘制
形状并适当设置其图层混合模式后的色调纹理效果。

POINT
复制并剪切图像

若要将处于同一形状图层中的两个
形状分离到两个图层中，可在选择
形状图层中某一形状路径时按下快
捷键Shift+Ctrl+J，剪切该形状至新
的图层中。

4-3 在画面左下角添加文字，以完善画面效果。

转换为颓废照片风格

STEP 1

打开照片文件 **1-1**，然后按照同样的方法添加"渐变映射"调整图层并应用"反相"的渐变映射色调效果，再通过"可选颜色"调整图层适当调整画面的色调 **1-2**。

1-1 打开照片文件。

1-2 添加"渐变映射"和"可选颜色"调整图层，适当调整画面的色调。

STEP 2

将使用钢笔工具和自定形状工具所绘制的图形的颜色更改为饱和度较低的柔和颜色，并结合应用适当的图层混合模式调整图像的色调 **2-1**。然后添加颜色柔和的文字并稍微增强画面的色调层次 **2-2**。

2-1 绘制形状并设置适当的图层混合模式，以调整画面的色调纹理。

2-2 添加文字并适当增强画面的色调层次。

制作浪漫风格设计

光盘路径：Chapter 01 \ Complete \ 02 \ 02 制作浪漫风格设计.psd
视频路径：Video \ Chapter 01 \ 02 制作浪漫风格设计.swf

Fantasy Wonderland

❀ 设计构思 ·············

以蓝天白云的图像文件为构图基础，添加贝壳、海星、花朵等浪漫元素，通过流线型的构图方式，对元素进行合理安排，并赋予图像紫蓝色的色彩基调，丰富画面中的浪漫梦幻的整体视觉感观。

❀ 设计要点 ·············

添加素材并结合图层混合模式使之结合融洽；添加"渐变映射"、"色相/饱和度"等调整图层调整照片基本色调，使版面具有浪漫色彩。

STEP 1 新建图像文件，添加素材照片

执行"文件>新建"命令，在弹出的"新建"对话框中设置各项参数，新建图像文件 **1-1**。打开素材文件"天空.jpg"，并将其拖曳至当前图像文件中，按下快捷键Ctrl+T，适当调整其大小和位置，然后重命名其对应的图层 **1-2**。打开素材文件"光芒.jpg"，并将其拖曳至当前图像文件中，按下快捷键Ctrl+T，按住Shift键的同时拖动控制点以适当调整其大小，将其对应的图层重命名为"光芒"，并设置该图层的图层混合模式为"滤色"、不透明度为40%，以提亮图像的整体色调效果 **1-3**。

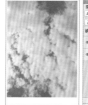

1-1 执行"新建"命令，新建一个图像文件。

1-2 打开素材"天空.jpg"，并拖曳至当前图像文件中，重命名新图层。

1-3 打开素材文件"光芒.jpg"，并将其拖曳至当前图像文件中，设置生成图层的图层混合模式为"滤色"、不透明度为40%。

STEP 2 新建调整图层，调整基础色调

单击"创建新的填充或调整图层"按钮，新建"色相/饱和度1"调整图层，并在其属性面板中拖动滑块，调整图像的色调效果 **2-1**。继续单击"创建新的填充或调整图层"按钮，新建"色阶1"调整图层，并在其属性面板中拖动滑块，调整图像的色调对比度 **2-2**。新建"渐变填充1"调整图层，在其属性面板中单击渐变编辑条，打开"渐变编辑器"对话框，在"预设"选项组中选择"色谱"，完成后单击"确定"按钮，为图像填充线性渐变效果，并设置该调整图层的图层混合模式为"柔光"、不透明度为50% **2-3**。

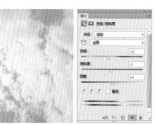

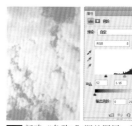

2-1 新建"色相/饱和度1"调整图层，调整图像的色调效果。

2-2 新建"色阶1"调整图层，调整图像的色调对比度。

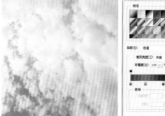

2-3 新建"渐变填充1"调整图层，并设置其混合模式为"柔光"、"不透明度"为50%。

STEP 3 添加素材文件，丰富画面效果

打开素材文件"贝壳.png"、"海星.png"，并分别将其拖曳至当前图像文件中，生成相应的"图层1"和"图层2"，按下快捷键Ctrl+T，拖动控制点适当调整其大小和位置，并设置其图层混合模式均为"明度"，以改变其色调，使之与背景色调融合 3-1。按住Ctrl键选中"图层1"和"图层2"，按下快捷键Ctrl+Alt+E盖印选中的图层，生成"图层2（合并）"，按下快捷键Ctrl+T，拖动控制点，适当调整其大小和位置 3-2。选中"图层1"、"图层2"和"图层2（合并）"，盖印选中的图层，并适当调整其大小和位置，然后设置该图层混合模式为"明度"、"不透明度"为80% 3-3。

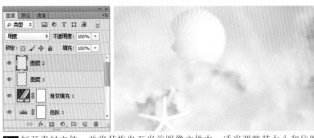

3-1 打开素材文件，并将其拖曳至当前图像文件中，适当调整其大小和位置后，设置其相应图层的混合模式为"明度"。

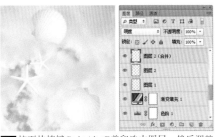

3-2 按下快捷键Ctrl+Alt+E盖印选中图层，然后调整图像的大小和位置。

3-3 使用相同方法盖印图层，并调整图像大小和位置。

STEP 4 添加素材文件，并改变图层混合模式，丰富版面效果

打开素材文件"海贝.png"，并将其拖曳至当前图像文件中，适当调整其大小和位置后，设置其对应图层的混合模式为"明度"、"不透明度"为70% 4-1。按下快捷键Ctrl+J复制多个图层，并调整图层位置，按下快捷键Ctrl+T并适当调整其位置和大小，丰富版面效果 4-2。打开素材文件"花.png"，并将其拖曳至当前图像文件中，适当调整其大小和位置后，复制该图层，并设置图层混合模式均为"柔光"，然后结合图层蒙版和柔角画笔工具，使素材与图像融合 4-3。最后在图像右下角输入文字，以丰富画面 4-4。

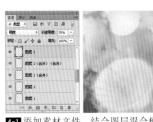

4-1 添加素材文件，结合图层混合模式与"不透明度"，制作梦幻效果。

4-2 复制多个图层，使用图层混合模式，丰富版面效果。

4-3 添加素材文件"花.png"，结合图层混合模式与图层蒙版，使之与图像融合。

4-4 输入文字，完善版面效果。

转换为神秘风格

STEP 1

执行"文件>打开"命令，打开素材"海豚.jpg" **1-1**。打开素材"贝壳.png"、"海贝.png"和"海星.png"，并将其分别拖曳至当前图像文件中，然后设置其图层混合模式为"明度" **1-2**。

STEP 2

单击"图层"面板中的"创建新的填充或调整图层"按钮 ，新建"渐变填充"、"色阶"、"色相/饱和度"等调整图层，为图像赋予暖色调的色彩基调 **2-1**。添加文字信息，以丰富画面效果 **2-2**。

1-1 执行"文件>打开"命令，打开素材照片。

1-2 打开素材文件，并拖曳至当前图像中，设置其对应图层的混合模式均为"明度"。

2-1 新建"渐变填充"、"色阶"、"色相/饱和度"等调整图层，调整画面色调。

2-2 单击横排文字工具 ，添加文字信息，以丰富画面效果。

制作幻想风格的平面设计

光盘路径：Chapter 01 \ Complete \ 03 \ 03 制作幻想风格的平面设计.psd
视频路径：Video \ Chapter 01 \ 03 制作幻想风格的平面设计.swf

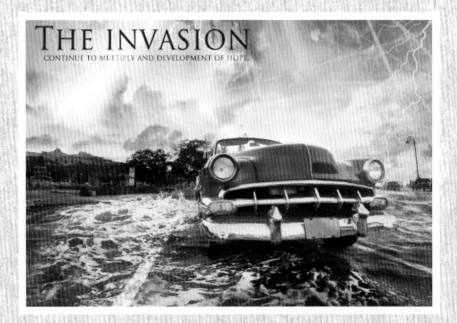

✿ 设计构思 ·············

以照片的整体构图为基础，添加
具有幻想色彩的元素，地面的水
浪与天空的闪电相呼应，为版面
赋予浓烈的幻想色彩；在原图像
的色彩基调上，运用蓝色以及红
色，增强色彩的浓郁度。

✿ 设计要点 ·············

添加个性素材文件，并
结合图层混合模式、图
层蒙版和画笔工具，使
各个元素融洽结合；适
当添加调整图层，丰富
版面色调效果。

STEP 1 添加素材文件，设置混合模式，使其与当前图像文件融合

执行"文件>打开"命令，打开"汽车.jpg"文件 **1-1**。打开素材文件"材质.jpg"，并将其拖曳至当前图像文件中，生成"图层1"。按下快捷键Ctrl+T，拖动控制点适当调整图像大小和位置，使其覆盖在当前图像文件之上 **1-2**。设置"图层1"的混合模式为"叠加"、"不透明度"为60% **1-3**。单击"图层"面板中的"添加图层蒙版"按钮 ，添加图层蒙版，设置前景色为黑色，单击画笔工具 ，并在其属性栏中选择柔角画笔，完成后涂抹地面部分，恢复地面的图像效果 **1-4**。

1-1 执行"文件>打开"命令，打开素材照片。

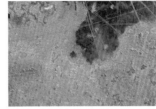

1-2 打开素材文件"材质.jpg"，并将其拖曳至当前图像文件中。

1-3 设置图层的混合模式为"叠加"、"不透明度"为60%。

1-4 单击"图层"面板中的"添加蒙版"按钮 ，为该图层添加图层蒙版，并使用画笔工具涂抹地面，以恢复地面的图像效果。

STEP 2 添加素材文件，设置混合模式，使其与当前图像文件融合

打开素材文件"海面.jpg"，并将其拖曳至当前图像文件中，生成"图层2"，适当调整其大小和位置后，设置该图层的混合模式为"强光" **2-1**。单击"图层"面板中的"添加图层蒙版"按钮 ，设置前景色为黑色，单击画笔工具 ，在其属性栏中选择柔角画笔，完成后在画面中涂抹，以恢复汽车部分的图像效果 **2-2**。打开素材文件"闪电.jpg"，并将其拖曳至当前图像文件中，调整其大小和位置后，设置其对应图层的混合模式为"滤色"、"不透明度"为40%，完成闪电效果制作 **2-3**。

2-1 调整图层混合模式使画面色调相融合。

2-2 适当设置图层的混合模式和"不透明度"，以混合调整的颜色。

2-3 打开素材文件"闪电.jpg"，并将其拖曳至当前图像文件中，然后设置生成图层的混合模式为"滤色"、"不透明度"为40%。

STEP 3 应用"曲线"和"照片滤镜"调整图层，调整基础色调

单击"图层"面板中的"创建新的填充或调整图层"按钮 ⊙.，新建"曲线1"调整图层，在弹出的"曲线"属性面板中，适当拖动曲线，以提亮画面整体色调效果 **3-1**。新建"照片滤镜1"调整图层，在属性面板中设置其浓度，以增强图像的暖色调效果 **3-2**。

3-1 新建"曲线1"调整图层，在其属性面板中拖动曲线，以调亮画面整体色调效果。

POINT
快速切换图层混合模式

在"图层"面板中选择图层混合模式，模式名称呈高亮显示状态，此时按下键盘中的向上或向下键，即可向上或向下依次切换混合模式。直接按住 Shift 键的同时按下小键盘上的加号或减号，也可切换图层的混合模式。

3-2 新建"照片滤镜1"调整图层，拖动滑块，为图像添加暖色调效果。

STEP 4 应用"渐变映射"等调整图层，调整图像基础色调

单击"图层"面板中的"创建新的填充或调整图层"按钮 ⊙.，新建"渐变映射1"调整图层，在其属性面板中单击渐变编辑条，打开"渐变编辑器"对话框，设置由桃红色（R242、G80、B160）到墨绿色（R29、G146、B153）的线性渐变，并设置该调整图层的混合模式为"叠加"，结合图层蒙版和画笔工具，完善色调效果 **4-1**。新建"照片滤镜2"调整图层，并适当设置参数 **4-2**。继续新建"亮度/对比度1"调整图层，设置参数，增强画面色调亮度和对比度 **4-3**。最后单击横排文字工具 T.，为图像添加适当的文字 **4-4**。

4-1 新建"渐变映射1"调整图层，并设置其图层混合模式为"叠加"。

4-2 新建"照片滤镜2"调整图层，添加色调效果。

4-3 新建"亮度/对比度1"调整图层，增强画面效果。

4-4 单击横排文字工具 T.，为图像添加适当文字。

STEP 1

打开"金字塔.jpg"，将素材文件"龙.png"拖曳至当前图像文件中 **1-1**。打开素材文件"材质.jpg"和"材质1.jpg"，并拖曳至当前图像文件中，结合图层混合模式、图层蒙版和画笔工具，使材质和图像融合，增强图像质感 **1-2**。

1-1 打开照片文件与素材文件。

1-2 添加素材文件，结合图层混合模式和图层蒙版，使材质与图像融合。

STEP 2

单击"图层"面板中的"创建新的填充或调整图层"按钮，新建"渐变映射"和"色阶"调整图层，增强图像金属质感与对比度 **2-1**。最后添加素材文件"文字.png"，并结合图层样式，为图像添加个性文字，以丰富画面效果 **2-2**。

2-1 新建"渐变映射"和"色阶"调整图层。

2-2 添加素材文件"文字.png"，结合图层样式，添加个性文字。

利用照片表现波普风格构思

光盘路径：Chapter 01 \ Complete \ 04 \ 04 利用照片表现波普风格构思.psd
视频路径：Video \ Chapter 01 \ 04 利用照片表现波普风格构思.swf

❀ 设计构思·········
添加与照片素材色调一致的竖条背景，在与人物衣服条纹相呼应的同时，也为图像塑造了流行、时髦的视觉主题；在色调方面，以高饱和度、高明度的丰富色彩，凸显波普风格独具的流行时尚之感。

❀ 设计要点·········

在图像的基础上创建条纹选区，结合图层混合模式和图层蒙版，打造时尚条纹背景；添加"色相/饱和度"等调整图层，丰富版面色调效果。

STEP 1 打开照片素材，创建并载入和复制选区内容

执行"文件>打开"命令，打开"人物.jpg"文件 **1-1**。新建"图层1"，单击矩形选框工具 ，创建多个条形选区，执行"编辑>填充"命令，为选区填充白色 **1-2**。选中"背景"图层，按住Ctrl键的同时单击"图层1"的缩览图，载入其选区，按下快捷键Ctrl+J复制选区图像内容，得到"图层2"。完成后单击"图层1"前方的"指示图层可见性"按钮 ，隐藏"图层1"，单击移动工具 ，将"图层2"对应的图像稍微向右移动 **1-3**。

1-1 执行"文件>打开"命令，打开素材照片。

1-2 新建图层，使用矩形选框工具 创建多个条形选区，并填充白色。

1-3 选中"背景"图层，载入"图层1"选区，并复制得到"图层2"。单击移动工具 ，将"图层2"对应的图像向右稍微移动。

STEP 2 设置图层混合模式，结合图层蒙版制作竖条背景

选中"图层2"并设置图层的混合模式为"颜色加深"、"不透明度"为80% **2-1**。单击"图层"面板中的"添加图层蒙版"按钮 ，添加图层蒙版。设置前景色为黑色，单击画笔工具 ，在属性栏中选择柔角画笔，并适当降低其不透明度的参数，完成后对人物进行涂抹，以恢复人物图像效果 **2-2**。按下快捷键Ctrl+J复制"图层2"得到"图层2副本"，适当移动图像的位置，结合图层蒙版和画笔工具，在画面中进行涂抹，制作竖条背景效果 **2-3**。

2-1 设置图层的混合模式和"不透明度"，以混合调整的颜色。

2-2 结合图层蒙版和画笔工具，去除人物身上的多余图像。

2-3 复制"图层2"，结合图层蒙版和柔角画笔工具，完善竖条背景效果。

STEP 3　结合图层混合模式与线性渐变，调整图像基础色调

选中"背景"图层，单击磁性套索工具，沿人物边缘绘制选区，完成后按下快捷键Ctrl+J复制选区内的图像，得到"图层3" 3-1 。设置"图层3"的图层混合模式为"叠加"、"不透明度"为80%，以增强人物对比效果 3-2 。新建"图层4"，单击渐变工具，创建由浅黄色（R254、G252、B162）到橘黄色（R255、G98、B62）的线性渐变，完成后设置该图层的混合模式为"划分"、"不透明度"为50% 3-3 。按下快捷键Ctrl+J复制该图层，并设置其图层混合模式为"变暗"、"不透明度"为30%，以调整画面的色调效果 3-4 。

3-1 在"背景"图层中沿人物边缘绘制选区，并复制选区内图像。

3-2 设置图层的混合模式与不透明度，提高画面对比效果。

3-3 添加线性渐变效果，并设置图层混合模式与不透明度，调整色调。

3-4 复制图层并改变其混合模式与不透明度，调整画面效果。

STEP 4　新建调整图层，调整图像基础色调效果

单击"图层"面板中的"创建新的填充或调整图层"按钮，新建"亮度/对比度1"调整图层，在其属性面板中设置参数，以调整图像亮度和对比度 4-1 。继续单击"图层"面板中的"创建新的填充或调整图层"按钮，新建"色阶1"调整图层，在弹出的属性面板中拖动滑块，增强图像整体的对比效果 4-2 。

4-1 单击"图层"面板中的"创建新的填充或调整图层"按钮，新建"亮度/对比度1"调整图层，增强图像的整体亮度。

4-2 新建"色阶1"调整图层，拖动滑块，调整图像整体的对比效果。

POINT
调整图像局部色调

在 Photoshop 中，可以通过"色阶"对话框调整图像的明暗度。还可以特定选择图像中的某一区域，对该区域进行调整。在其对话框中单击黑场工具，然后在图像黑色区域单击，可使图像的颜色变得更深。

STEP 5 应用调整图层，调整图像基础色调

新建"色相/饱和度1"调整图层，在其属性面板中拖动滑块，以改变图像色调效果 **5-1**。继续单击"图层"面板中的"创建新的填充或调整图层"按钮，新建"照片滤镜1"调整图层，在其属性面板中设置"颜色"为棕绿色（R191、G185、B19）、"浓度"为30%，以调整图像整体色调效果。按下快捷键Ctrl+Shift+Alt+E，盖印可见图层，得到图层"图层5" **5-2**。

5-1 新建"色相/饱和度1"调整图层，调整图像的色调效果。

5-2 新建调整图层，增强图像的暖色调效果。盖印图层，将处理后的效果盖印到新图层中。

STEP 6 应用"渐变映射"调整基础色调

单击横排文字工具，在图像左上方输入文字信息 **6-1**。选中"图层5"，按住Ctrl键单击文字图层的缩览图，载入选区，并按下快捷键Ctrl+J对其进行复制，得到"图层6"。新建"图层7"，单击矩形选框工具，创建矩形选区，并为其填充黑色，并调整其顺序至"图层6"下方 **6-2**。设置"图层7"的混合模式为"叠加"，使其色调与文字更为融合 **6-3**。选中"图层6"和"图层7"并按下快捷键Ctrl+Alt+E盖印所选图层，设置该图层的混合模式为"线性减淡（添加）"、"不透明度"为60% **6-4**。

6-1 使用横排文字工具在图像左上方输入文字。

6-2 结合载入选区和创建选区等功能调整文字效果。

6-3 设置图层混合模式，继续调整文字效果。

6-4 盖印文字相应图层，并调整其混合模式，以完善画面效果。

转换为波普插画风格

执行"文件 > 新建"命令，新建图像文件，创建四个选区，并分别为其填充"黄色"、"浅绿色"、"绿色"和"红色"。打开照片素材"人物.jpg"，结合磁性套索工具抠取出人物，并适当调整其色调效果，复制多个图层，然后分别调整其位置和大小。

新建图像文件，创建选区，并分别填充不同的颜色。使用磁性套索工具抠取出人物，复制多个并适当调整其位置。

选中相应的人物图层，执行"滤镜>滤镜库"命令，在"艺术效果"选项组中选择"木刻"选项，完成后选中各个人物图层，并分别执行"图像>调整>照片滤镜"命令，为人物赋予不同的颜色，制作波普风格的平面设计。

结合"木刻"滤镜和"照片滤镜"命令分别调整人物的效果。

添加照片涂鸦风格艺术构思

光盘路径：Chapter 01 \ Complete \ 05 \ 05 添加照片涂鸦风格艺术构思.psd

视频路径：Video \ Chapter 01 \ 05 添加照片涂鸦风格艺术构思.swf

❀ 设计构思 ·············

以咖啡为设计主题，将照片素材转换为矢量的手绘涂鸦效果，塑造小资格调的版面基础，配以咖啡色与浅棕色的整体色调，突出文字信息，传递出小资气息。

❀ 设计要点 ·············

应用"照亮边缘"滤镜，将照片素材转化为矢量涂鸦效果；添加"亮度 / 对比度"、"照片滤镜"等调整图层，完善画面色调效果。

STEP 1 新建图像文件，添加素材制作背景效果

执行"文件>新建"命令，在弹出的"新建"对话框中设置各项参数，完成后单击"确定"按钮，新建图像文件 1-1。新建"图层1"并为其填充咖啡色（R74、G64、B55），新建"图层2"，创建矩形选区，并为其填充棕色（R89、G75、B52），双击该图层缩览图打开"图层样式"对话框，添加"投影"图层样式 1-2。打开素材文件"材质.jpg"，并将其拖曳至当前图像文件中 1-3。设置材质素材所在图层的混合模式为"柔光"、"不透明度"为20% 1-4。

1-1 执行"文件>新建"命令，新建图像文件。

1-2 新建多个图层，并填充图层，制作阴影效果。

1-3 将素材"材质.jpg"拖曳至图像中。

1-4 设置图层混合模式和不透明度，使素材与图像文件融洽结合。

STEP 2 结合"照亮边缘"滤镜与图层混合模式，得到矢量效果

打开"咖啡.jpg"文件，并将其拖曳至当前图像文件中，然后适当调整其大小和位置 2-1。执行"滤镜>滤镜库"命令，在弹出对话框的"风格化"选项组中选择"照亮边缘"滤镜，然后设置各项参数，将图像边缘照亮 2-2。完成后设置该图层的混合模式为"差值"、"不透明度"为70%，以改变图像的色调效果。单击"图层"面板中的"添加图层蒙版"按钮添加图层蒙版，设置前景色为黑色，使用柔角画笔涂抹画面，恢复部分色调 2-3。

2-1 添加素材文件，并适当调整其大小和位置。

2-2 应用"照亮边缘"滤镜效果，将图像转换为矢量效果。

2-3 设置图层的混合模式与不透明度，并结合图层蒙版完善图像的色调效果。

STEP 3 应用调整图层，分别调整图像局部以及整体色调效果

新建"曲线1"调整图层，分别调整RGB和"红"通道的曲线，完成后载入"图层2"选区，按下快捷键Shift+Ctrl+I反选选区，单击"曲线1"调整图层的图层蒙版缩览图，并按下BackSpace键，删除选区内的色调效果 **3-1**。新建"亮度/对比度1"调整图层，调整图像亮度。继续新建"照片滤镜1"调整图层，在其属性面板中设置"颜色"为棕色（R119、G99、B64）、"浓度"为100%，调整图像色调效果。创建"色阶1"调整图层，增强图像的对比度效果 **3-2**。

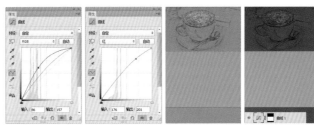

3-1 创建"曲线1"调整图层，调整图像的色调效果，添加图层蒙版，将色调效果只应用于局部图像中。

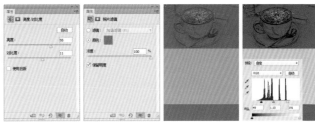

3-2 新建"亮度/对比度1"、"照片滤镜1"和"色阶1"调整图层，进一步调整图像的色调。

STEP 4 使用画笔工具绘制多个线条；输入文字，完善版面效果

设置前景色为浅棕色（R125、G108、B74），然后单击画笔工具，在其属性栏中选择"硬边圆"画笔，设置画笔大小为"3像素"。新建"图层4"，并在按住Shift键的同时绘制多条直线 **4-1**。按下快捷键Ctrl+J，复制图层并适当移动其位置，选中"图层4"和"图层4副本"，按下快捷键Ctrl+Alt+E盖印图层，并移动其位置，使用相同方法绘制其他线条效果 **4-2**。单击横排文字工具，在图像中输入文字信息，以丰富版面效果。最后适当调整文字图层的位置，完善画面的整体效果 **4-3**。

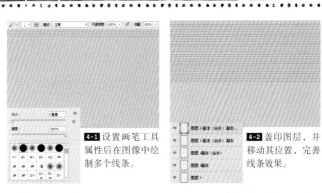

4-1 设置画笔工具属性后在图像中绘制多个线条。

4-2 盖印图层，并移动其位置，完善线条效果。

4-3 使用文字工具，输入文字信息，并调整图层位置，完善画面整体效果。

转换为智力拼图风格

STEP 1

执行"文件 > 新建"命令，新建图像文件。新建多个图层，并分别填充黑色与白色，执行"滤镜 > 滤镜库"命令，在对话框中的"纹理"选项组中选择"染色玻璃"滤镜，并设置各项参数，制作背景效果。

新建图层，创建选区并填充图层，使用"染色玻璃"滤镜，丰富背景效果。

染色玻璃	▼
单元格大小 (C)	44
边框粗细 (B)	2
光照强度 (L)	0

STEP 2

使用自定形状工具，绘制多个形状，复制并适当调整其大小和位置，制作立体效果。使用相同方法绘制线条，使用横排文字工具，输入文字信息，丰富版面效果。

使用自定形状工具绘制图形，使用横排文字工具输入文字，并调整其位置，完善画面效果。

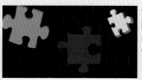

利用色彩层次感来描绘怀旧照片

光盘路径：Chapter 01 \ Complete \ 06 \ 06 利用色彩层次感来描绘怀旧照片.psd

视频路径：Video \ Chapter 01 \ 06 利用色彩层次感来描绘怀旧照片.swf

❧ 设计构思

通过调整照片的色调，将其颜色简化为具有复古感的棕色和黄色两种色调，并进一步调整色彩的明暗对比度，从色彩的角度增强版面的层次感，表现出怀旧风格的平面设计构思。

❧ 设计要点

通过创建"黑白"调整图层，将照片元素转换为黑白色调，并结合"颜色叠加"图层样式与图层蒙版，为版面赋予怀旧复古的视觉效果。

STEP 1 新建图像文件，添加素材文件，并转换其基础色调

执行"文件>新建"命令，在弹出的"新建"对话框中设置各项参数，完成后单击"确定"按钮，新建图像文件 **1-1**。新建"图层1"并为其填充黑色，打开"人物.jpg"文件，并将其拖曳至当前图像文件中 **1-2**。使用磁性套索工具，沿人物边缘创建选区，并删除其背景 **1-3**。执行"图像>调整>黑白"命令，在弹出的"黑白"对话框中拖动滑块，设置各项参数，完成后单击"确定"按钮，将人物图像调整为黑白色调效果 **1-4**。

1-1 执行"文件>新建"命令，新建一个图像文件。

1-2 新建图层，并填充黑色，打开照片素材，将其拖曳至当前图像文件中。

1-3 使用磁性套索工具创建选区并删除背景。

1-4 执行"图像>调整>黑白"命令，将人物图像转换为黑白色调。

STEP 2 应用"颜色叠加"图层样式，调整人物基础色调

选中"图层2"图层，双击其图层缩览图，在弹出的"图层样式"对话框中勾选"颜色叠加"复选框，设置颜色为浅绿色（R220、G227、B158）、"混合模式"为"正片叠底"，完成后单击"确定"按钮，为人物添加绿色的色调 **2-1**。按下快捷键Ctrl+J复制"图层2"，得到"图层2副本"，为该图层添加"颜色叠加"图层样式，设置颜色为桃红色（R223、G82、B155）、"混合模式"为"正片叠底"、"不透明度"为70%。设置前景色为黑色，结合图层蒙版与柔角画笔涂抹人物，恢复部分人物绿色的色调效果 **2-2**。

2-1 为图层添加"颜色叠加"图层样式，改变人物的整体色调效果。

2-2 复制图层并继续添加"颜色叠加"图层样式，添加图层蒙版，为人物赋予双色调效果。

STEP 3 使用形状工具，绘制图形并输入文字信息

单击多边形工具 ⬡ ，在其属性栏中设置其描边宽度为3点、"填充"颜色为蓝色（R96、G155、B183），完成后在图像的右上方拖动鼠标，绘制一个三角形 **3-1** 。单击横排文字工具 T ，分别创建多个文字图层，并适当调整文字的大小和位置，将文字信息放置在三角形内 **3-2** 。

3-1 单击多边形工具 ⬡ ，在其属性栏中设置参数后，绘制图形。

POINT
绘制自定形状

使用自定形状工具可以绘制出丰富的预设形状，通过单击属性栏中"形状"选项右侧的下拉按钮，在弹出的"自定形状"拾色器中选择指定形状，在画面中拖动即可绘制该形状。

3-2 使用横排文字工具，输入文字信息，丰富版面。

STEP 4 创建"曲线"、"照片滤镜"调整图层，调整基础色调

打开素材文件"材质.jpg"，并将其拖曳至当前图像文件中，生成"图层5"，适当调整图像的大小和位置后，设置该图层的混合模式为"柔光"、"不透明度"为50%，增强图像的怀旧质感 **4-1** 。单击"图层"面板中的"创建新的填充或调整图层"按钮 ◑ ，新建"曲线1"调整图层，在其属性面板中拖动曲线，调整图像亮度。继续创建"照片滤镜1"调整图层，设置其"浓度"为41%，增强图像的复古怀旧色调效果，以完善版面的整体效果 **4-2** 。

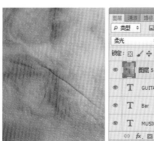

4-1 添加素材文件，并设置其图层混合模式与不透明度。

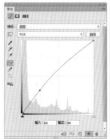

4-2 新建"曲线1"和"照片滤镜1"调整图层，丰富版面的色调效果。

转换为反转胶片风格

将人物图像转换为黑白色调，并为其赋予双色调效果，完成后复制图层，执行"图像 > 调整 > 反相"命令，改变人物的色调效果。

执行"图像>调整>反相"命令，调整人物的色调效果。

使用横排文字工具输入文字信息，新建多个图层，单击矩形选框工具，创建矩形选区，填充颜色，并分别设置其对应图层的混合模式，使之与文字相结合，丰富版面的色调效果。

输入文字信息，创建矩形选区并填充颜色，结合图层混合模式，制作具有色彩跳跃感的文字效果。

拼贴照片表现艺术剪贴风格

光盘路径：Chapter 01 \ Complete \ 07 \ 07 拼贴照片表现艺术剪贴风格.psd
视频路径：Video \ Chapter 01 \ 07 拼贴照片表现艺术剪贴风格 .swf

❀ 设计构思 ·········

以素材照片的构图为基础进行联想，将棕褐色定为版面基础色调，并添加具有皱褶纸质感的材质素材；将字体作为设计的主体元素，使用与背景相同的材质效果，并将字体立体化，凸显画面质感。

❀ 设计要点 ·········

添加具有褶皱纸质感的素材文件，结合图层混合模式，使照片与素材完美融合；通过调整图层与光照滤镜表现具有真实质感的平面设计。

STEP 1 新建图像文件，拼贴纸质素材与照片素材

执行"文件>新建"命令，在弹出的"新建"对话框中设置各项参数，新建图像文件 1-1。打开素材文件"材质.jpg"，并将其拖曳至当前图像文件中，得到"图层1"，适当调整图像大小和位置 1-2。打开"建筑.jpg"文件，单击魔棒工具 ，设置其"容差"为30，完成后单击天空部分，创建选区，删除选区内的图像，抠取出建筑物 1-3。将建筑物拖曳至当前图像文件中，得到"图层2"并执行"图像>调整>反相"命令，改变图像的色调效果 1-4。

1-1 执行"文件>新建"命令，新建图像文件。

1-2 打开素材文件，并将其拖曳至当前图像文件中。

1-3 打开素材文件，创建选区，抠取出建筑物。

1-4 将建筑物拖曳至当前图像文件中，并执行"图像>调整>反相"命令。

STEP 2 设置图层混合模式与不透明度，制作建筑物的立体效果

设置"图层2"的混合模式为"明度"、"不透明度"为80%，统一图像与背景的色调效果 2-1。再次将已抠取好的"建筑2.png"文件拖曳至当前图像文件中，生成"图层3"，按下快捷键Ctrl+T，在按住Shift键的同时拖动控制点，适当调整图像的大小和位置 2-2。完成后设置该图层的混合模式为"明度"、"不透明度"为80%，以完善建筑的立体效果 2-3。

2-1 设置图层的混合模式与不透明度，使之与背景色调相融合。

POINT
等比例缩放图像

使用"自由变换"命令调整图像时，按住Shift键的同时进行拖动可保证缩放时不会使图像发生变形。

2-2 再次将建筑物素材拖曳至当前图像中，并适当调整其大小和位置。

2-3 设置图层混合模式与不透明度，完善建筑物的立体效果。

STEP 3　结合调整图层和选区调整图像色调效果

单击"图层"面板中的"创建新的填充或调整图层"按钮，新建"渐变填充1"，调整图层，在弹出的对话框中单击渐变编辑条，打开"渐变编辑器"对话框，设置从黑色到透明的线性渐变，完成后设置该调整图层的图层混合模式为"差值"，以调整图像的整体色调效果 **3-1**。新建"图层4"，单击矩形选框工具，创建矩形选区，设置前景色为深灰色（R81、G79、B72），执行"编辑>填充"命令，在弹出的对话框中选择"前景色"，然后单击"确定"按钮。最后设置该图层的混合模式为"叠加" **3-2**。

3-1 新建"渐变填充1"调整图层，并设置其混合模式，调整图像的色调效果。

3-2 创建矩形选区，并为其填充深灰色。设置该图层的混合模式，以调整该区域的色调效果。

STEP 4　在材质图像中载入文字选区

单击横排文字工具，在画面下方分别输入白色文字信息 **4-1**，按住Shift+Ctrl键的同时分别单击文字图层的缩览图载入文字选区 **4-2**。选择"图层1"并按下快捷键Ctrl+J复制选区内图像，在"图层1"的上方得到"图层5"，移动图像位置至图像的顶部 **4-3**。

4-1 使用横排文字工具在图像中输入文字信息。

4-2 按住Shift+Ctrl键的同时创建文字选区。

4-3 在"图层1"的上方得到"图层5"文字图像，并适当调整图像的位置。

STEP 5 结合图层样式，制作文字效果

双击"图层5"的图层缩览图，打开"图层样式"对话框，分别勾选"斜面和浮雕"与"投影"复选框，并分别设置各项参数，为文字添加立体效果 5-1。完成后隐藏"图层"面板中的文字图层 5-2。

5-1 分别设置"斜面和浮雕"与"投影"图层样式的参数值。

5-2 添加文字立体效果后，隐藏文字图层。

STEP 6 运用图层蒙版隐藏多余图像

单击"图层"面板下方的"添加图层蒙版"按钮，为"图层5"添加图层蒙版。设置前景色为黑色，选择柔角较大的笔刷，设置画笔"大小"为300像素，设置画笔"不透明度"为30%，在字母P的下方进行涂抹，隐藏较黑的文字效果，使文字叠加效果更自然。

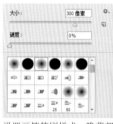

设置画笔笔刷样式，隐藏部分文字效果。

STEP 7 盖印图层并结合"光照效果"滤镜增强画面光影对比效果

按下快捷键Shift+Ctrl+Alt+E盖印可见图层，生成"图层6"。执行"滤镜>渲染>光照效果"命令，在弹出的对话框中设置各项参数，丰富版面色调效果。

盖印图层并添加"光照效果"滤镜，增添图像的光影效果。

STEP 1

执行"文件 > 新建"命令，新建图层，打开素材文件"材质 2.jpg"，并将其拖曳至当前图像文件中。使用相同方法添加建筑物图像。

打开素材文件，将建筑物拖曳至图像中。

STEP 2

单击横排文字工具，在图像中输入文字信息，使用相同方法，制作具有金属质感的立体文字。

输入文字信息，制作立体文字效果。

利用精美人物照展现直观设计

光盘路径：Chapter 01 \ Complete \ 08 \ 08 利用精美人物照展现直观设计.psd

视频路径：Video \ Chapter 01 \ 08 利用精美人物照展现直观设计.swf

❀ 设计构思

以人物的原始照片为设计基础，提亮因拍摄造成的暗淡肤色，塑造人物洁白无瑕的肌肤，并在此基础上为人物添加眼影、腮红等精致妆容。背景色调以墨绿色为基调，使版面简洁而又不失高雅。

❀ 设计要点

添加"选取颜色"、"色相/饱和度"和"曲线"等调整图层，美化人物肌肤的色调；结合画笔工具与图层蒙版，为人物绘制精致妆容。

STEP 1 打开素材照片，并更换其背景颜色

执行"文件>打开"命令，打开"人物.jpg"文件。单击磁性套索工具，沿人物边缘绘制选区，完成后按下快捷键Ctrl+J复制该选区内容，得到"图层1" **1-1**。新建"图层2"，单击渐变工具，在"渐变编辑器"对话框中设置由墨绿色（R26、G65、B64）到深绿色（R14、G33、B33）的颜色渐变，完成后单击"确定"按钮；单击属性栏中的"径向渐变"按钮，拖动鼠标完成填充。将"图层2"移动至"图层1"下方 **1-2**。

1-1 执行"文件>打开"命令，打开素材照片。使用磁性套索工具，沿人物边缘绘制选区，将人物从背景中抠取出来。

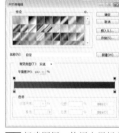

1-2 新建图层，使用由墨绿色到深绿色的径向渐变，并通过调整图层顺序完成对人物背景的替换。

STEP 2 创建调整图层，调整基础色调

单击"图层"面板中的"创建新的填充或调整图层"按钮，新建"亮度/对比度1"调整图层，调亮图像。新建"可选颜色1"调整图层，在弹出的"属性"面板中，分别设置"红色"和"黄色"的参数值，修正人物的肤色 **2-1**。继续单击"图层"面板中的"创建新的填充或调整图层"按钮，新建"曲线1"调整图层，在打开的"属性"面板中拖动曲线，调整图像亮度。完成后新建"色阶1"调整图层，在其"属性"面板中拖动滑块，增强人物的对比度效果 **2-2**。

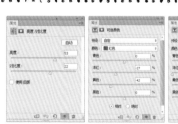

2-1 创建"亮度/对比度1"、"可选颜色1"调整图层，修正人物皮肤。

2-2 新建"曲线1"、"色阶1"调整图层，增强人物的亮度与对比度。

STEP 3 结合图层混合模式与调整图层，修正人物的基础色调

选中"图层1"，单击修补工具，在人物肩部有痣的部分创建并移动选区，对其进行修复。完成后新建"图层3"，设置前景色为肉色（R178、G147、B130），选择柔角画笔，并适当调整其大小和不透明度，在人物皮肤处涂抹，并设置图层混合模式为"变亮" 。继续新建图层，将人物脸部及以下部分创建为选区，并填充粉红色（R248、G146、B153），然后调整图层混合模式与不透明度，修正人物皮肤色调 。新建"色相/饱和度1"、"色相/饱和度2"调整图层，添加图层蒙版，调整人物整体与嘴唇的色调 。

3-1 新建图层并填充颜色，调整图层混合模式为"变亮"。

3-2 创建选区并填充颜色，适当调整人物的肤色。

3-3 添加"色相/饱和度"调整图层，调整人物整体与嘴唇的色调。

STEP 4 结合钢笔工具与图层混合模式，制作人物的面部妆容

单击钢笔工具，在人物面部上绘制路径。将其转换为选区后，对其进行由白色到透明的线性渐变填充，完成后设置该图层的混合模式为"柔光"、"不透明度"为40%，结合图层蒙版和柔角画笔工具，使图形与人物面部相融合。按下快捷键Ctrl+J复制图层，增强图形效果 。按下快捷键Ctrl++放大视图以显示人物眼部，使用相同方法，在人物眼部绘制路径，将其转换为选区后，为其填充橘黄色（R206、G142、B98），再添加图层蒙版恢复眼球处的色调 。执行"滤镜>模糊>高斯模糊"命令，使其模糊后，设置该图层的混合模式为"柔光"，制作人物的眼影 。

4-1 使用钢笔工具绘制图形，并进行由白色到透明的线性渐变填充，适当设置图层混合模式，使图形与人物面部相融合。

4-2 使用钢笔工具绘制路径，将其转换为选区后，填充颜色，添加图层蒙版，恢复眼球的色调。

4-3 执行"滤镜>模糊>高斯模糊"命令，柔和图形效果，结合图层混合模式，制作真实质感的眼影。

STEP 5 结合钢笔工具与画笔工具，进一步完善人物面部妆容

使用相同方法，完善人物的眼影，使用钢笔工具，绘制下眼睑的高光效果。完成后新建图层，设置前景色为黑色，单击画笔工具，在其属性栏中，选择"沙丘草"画笔，在"画笔"面板中，适当调整其大小和硬度后，绘制人物睫毛，完成后设置该图层的混合模式为"叠加"、"不透明度"为70% **5-1**。载入画笔文件"睫毛笔刷.abr"，选择适当的睫毛笔刷，在人物眼部绘制睫毛，并设置该图层的混合模式，完善眼部睫毛效果 **5-2**。新建图层，结合柔角画笔与图层蒙版，制作人物的腮红与唇彩 **5-3**。

5-1 使用钢笔工具与画笔工具，绘制人物的眼影与睫毛。

5-2 载入睫毛笔刷，结合图层混合模式，完善人物的睫毛效果。

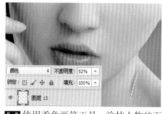

5-3 使用柔角画笔工具，涂抹人物的面部，结合图层蒙版与图层混合模式完善腮红效果；使用相同方法绘制人物的唇彩。

STEP 6 添加调整图层，进一步完善版面色调效果

单击"图层"面板中的"创建新的填充或调整图层"按钮，创建"曲线2"调整图层，拖动曲线，完成后添加图层蒙版，创建人物选区，将调整效果只应用于人物上 **6-1**。继续新建"曲线3"调整图层，在其属性面板中拖动曲线，提高图像的亮度 **6-2**。新建"照片滤镜1"调整图层，在其属性面板中设置颜色为蓝绿色（R14、G147、B133）、"浓度"为40%，调整图像的色调。完成后单击"图层"面板中的"添加蒙版"按钮，设置前景色为黑色，并使用柔角画笔工具，涂抹人物部分，恢复其色调 **6-3**。最后单击横排文字工具，在图像左上方输入文字信息 **6-4**。

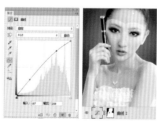

6-1 新建调整图层，对人物皮肤进行调整。

6-2 新建调整图层，调整图像整体的亮度。

6-3 新建调整图层，完善画面的色调。

6-4 输入文字信息，完善版面整体效果。

转换为魅惑风格

ANNA SUI

STEP 1

打开照片文件后按照同样的方法创建调整图层，调整人物皮肤的色调，并添加背景效果。使用钢笔工具 ✒ 绘制路径，将其转换为选区后填充颜色，制作人物眼部的妆容。

创建调整图层，调整人物皮肤的色调，并添加质感背景。使用钢笔工具绘制人物眼部的妆容。

STEP 2

创建"渐变映射"调整图层，结合图层混合模式，改变人物皮肤的色调。在人物瞳孔部分创建选区，并结合"色相/饱和度"调整图层，制作蓝色瞳孔效果。

添加调整图层改变人物皮肤色调。创建选区，添加调整图层，更改瞳孔的颜色。

将照片加工成插画表现工艺感的构思

光盘路径：Chapter 01 \ Complete \ 09 \ 09 将照片加工成插画表现工艺感的构思.psd
视频路径：Video \ Chapter 01 \ 09 将照片加工成插画表现工艺感的构思.swf

❀ 设计构思••••••••••••
以表现工艺感为设计思路的出发点，将照片素材转换为矢量效果；以插画的表现形式结合蓝色、紫色、绿色等具有冷静、理智等色彩语言的色调，凸显工艺感的设计主题。

❀ 设计要点••••••••••••

使用"木刻"滤镜，将照片素材转换为矢量图的效果，添加材质并结合图层混合模式与"照片滤镜"等调整图层，表现出插画工艺感。

STEP 1 新建图像文件，填充选区，输入文字信息，制作背景效果

执行"文件>新建"命令，在弹出的对话框中命名图像名称，并设置各项参数，完成后单击"确定"按钮，新建图像文件 **1-1**。设置前景色为黑色，执行"编辑>填充"命令，填充"背景"图层。新建图层，单击矩形选框工具 ▣ ，绘制矩形选区，并为其填充白色 **1-2**。单击直排文字工具 ⅠT ，在图像左侧输入文字信息 **1-3**。继续新建图层，单击矩形选框工具 ▣ ，绘制选区，并填充黑色，完成后设置前景色为白色，单击直排文字工具 ⅠT ，在图像中输入文字，完成背景效果的制作 **1-4**。

1-1 执行"文件>新建"命令，新建图像文件。

1-2 为"背景"图层填充黑色，使用矩形选框工具，绘制白色矩形。

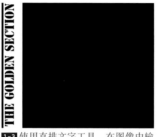
1-3 使用直排文字工具，在图像中输入文字信息，并调整其大小和位置。

1-4 使用相同方法，绘制矩形，并输入文字信息。

STEP 2 应用"渐变映射"调整图层，调整基础色调

执行"文件>打开"命令，打开"火车.jpg"文件，并将其拖曳至当前图像文件中，适当调整其大小和位置 **2-1**。执行"滤镜>滤镜库"命令，在弹出对话框中的"艺术效果"选项组中选择"木刻"滤镜，并设置各项参数，完成后单击"确定"按钮，将图像转换为矢量效果 **2-2**。打开素材文件"材质.jpg"，并将其拖曳至当前图像文件中，适当调整其大小和位置后，设置该图层的混合模式为"饱和度" **2-3**。

2-1 打开素材文件，并将其拖曳至当前图像文件中。

2-2 添加"木刻"滤镜效果，将照片素材转化为矢量图效果。

2-3 添加素材文件，适当设置图层混合模式，使其与照片素材相融合。

STEP 3 结合调整图层与图层混合模式，调整图像的基础色调

单击"图层"面板中的"创建新的填充或调整图层"按钮，新建"黑白1"调整图层，在其属性面板中拖动滑块，并设置各项参数，将图像转换为黑白色调 3-1。打开素材文件"材质.jpg"，将其拖曳至当前图像文件中后，适当调整其大小和位置 3-2。设置该图层的混合模式为"叠加"，为图像叠加材质的色调效果 3-3。单击"图层"面板中的"创建新的填充或调整图层"按钮，新建"照片滤镜1"调整图层，在弹出的"属性"面板中设置"颜色"为天蓝色（R4、G178、B235），"浓度"为34%，调整图像的整体色调效果 3-4。

3-1 新建"黑白1"调整图层，将图像转换为黑白色调。

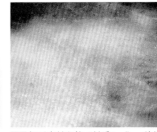

3-2 打开素材文件"材质.jpg"，并将其拖曳至当前图像文件中。

3-3 设置图层的混合模式，为图像赋予材质的色调效果。

3-4 新建"照片滤镜1"调整图层，进一步调整图像的基础色调。

STEP 4 结合调整图层与图层混合模式，调整图像的基础色调

单击"图层"面板中的"创建新的填充或调整图层"按钮，新建"曝光度1"调整图层，在弹出的"属性"面板中拖动滑块，完成后设置该调整图层的图层混合模式为"正片叠底"，增强图像的对比度与曝光效果 4-1。继续新建"曲线1"调整图层，在其属性面板中拖动曲线，调整图像的亮度 4-2。最后新建"色阶1"调整图层，在打开的"属性"面板中拖动滑块，完善图像效果 4-3。

4-1 新建"曝光度1"调整图层，并设置其图层混合模式，增强图像的对比度。

4-2 结合"曲线"调整图层，对图像进行调亮。

4-3 创建"色阶"调整图层，完善版面效果。

转换为魔幻插画风格

STEP 1

执行"文件 > 新建"命令，新建图像文件，使用相同方法制作背景，完成后将照片素材拖曳至当前图像文件中 **1-1**。使用相同方法将图像转换为矢量图效果，并为其赋予黑白色调 **1-2**。

1-1 新建图像文件，结合矩形选框工具与文字工具制作背景，将照片素材拖曳至当前图像文件中。

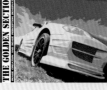

1-2 结合"木刻"滤镜与"黑白"调整图层，将图像转换为黑白插画效果。

STEP 2

打开素材文件"材质2.jpg"，并将其拖曳至当前图像文件中 **2-1**。设置该图层的混合模式为"划分"，为图像赋予新的色调效果，并结合调整图层，进一步完善版面色调效果 **2-2**。

2-1 打开素材文件"材质2.jpg"，并将其拖曳至当前图像中，适当调整其大小和位置。

2-2 更改材质图层的图层混合模式，并添加调整图层，完善画面的色调效果。

组合照片来进行印象深刻的设计构思

光盘路径：Chapter 01 \ Complete \ 10 \ 10 组合照片来进行印象深刻的设计构思.psd

视频路径：Video \ Chapter 01 \ 10 组合照片来进行印象深刻的设计构思.swf

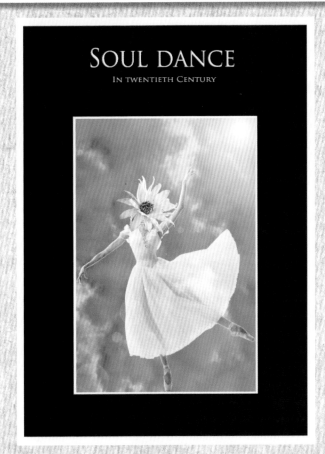

✤ 设计构思 · · · · · · · · · · ·

结合照片素材中的人物形象进行联想，将版面色调定位为黑色与紫色，塑造简洁而又具有神秘感的版面基调；将主体人物与花朵相结合，在体现设计感的同时，使人印象深刻。

✤ 设计要点 · · · · · · · · · ·

使用矩形选框工具创建选区，制作背景效果，添加素材，并结合调整图层和剪贴蒙版，将素材应用于图层图像；新建图层，结合"镜头光晕"滤镜和图层混合模式，制作光影效果。

STEP 1 结合矩形选框工具与"添加杂色"滤镜，制作图像背景

执行"文件>新建"命令，在弹出的"新建"对话框中，设置图像名称与大小，完成后单击"确定"按钮，新建图像文件 1-1。

新建"图层1"并为其填充灰色（R221、G222、B224），执行"滤镜>杂色>添加杂色"命令，在弹出的对话框中设置各项参数，为图像添加杂色效果 1-2。

继续新建"图层2"，单击矩形选框工具，创建选区，并填充黑色，使用相同方法，为图像添加杂色效果 1-3。完成后新建多个图层，结合矩形选框工具，创建选区，并分别为其填充白色与浅黄色（R234、G243、B154）1-4。

1-1 执行"文件>新建"命令，新建图像文件。

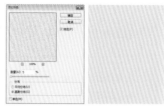

1-2 新建图层，填充灰色并结合"添加杂色"滤镜，制作杂色效果。

1-3 创建选区并填充黑色，使用相同方法，为图像添加杂色效果。

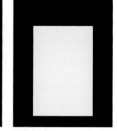

1-4 创建选区，并分别为其填充白色与浅黄色。

STEP 2 结合剪贴蒙版与图层混合模式，完善背景效果

打开素材文件"天空.jpg"，并将其拖曳至当前图像文件中，执行"图层>创建剪贴蒙版"命令，为该图层创建剪贴蒙版，使其精确裁剪至黄色矩形中 2-1。

设置该图层的混合模式为"排除"、"不透明度"为85%，以制作紫黄色的背景效果 2-2。打开"舞蹈.png"文件，将其拖曳至当前图像文件中后，适当调整其大小和位置，设置该图层的混合模式为"强光"，使其与背景融合。为该图层添加图层蒙版，设置前景色为黑色，使用柔角画笔工具，擦除人物头像部分 2-3。

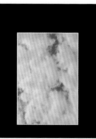

2-1 添加素材文件，为其创建剪贴蒙版，使之精确裁剪至矩形框中。

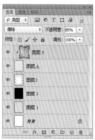

2-2 设置该图层的混合模式与不透明度，制作紫黄色的背景效果。

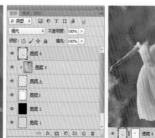

2-3 添加照片素材，结合图层混合模式与图层蒙版，制作人物主体。

STEP 3 添加素材文件，创建剪贴蒙版，局部调整素材的色调

打开素材文件"花.png"，并将其拖曳至当前图像文件中，按下快捷键Ctrl+T，拖动控制点，适当调整其大小和位置，将其置于人物头部位置处 **3-1**。设置该图层的混合模式为"明度"，调整其色调与人物色调相一致 **3-2**。单击"图层"面板中的"创建新的填充或调整图层"按钮 ⊙.，新建"黑白1"与"色阶1"调整图层，并分别在各自的"属性"面板中设置各项参数，完成后按下快捷键Ctrl+Alt+G，为调整图层创建剪贴蒙版，使其调整效果只应用于花朵之上 **3-3**。

3-1 添加素材，并将其置于人物头部位置。

3-2 设置该图层的混合模式，使人物与花朵的色调统一。

3-3 新建"黑白1"和"色阶1"调整图层，并创建剪贴蒙版，完善花朵的效果。

STEP 4 填充图层，使用"镜头光晕"滤镜，制作柔光光照效果

单击"图层"面板中的"创建新的填充或调整图层"按钮 ⊙.，新建"曲线1"调整图层，在其属性面板中拖动曲线，调亮图像色调 **4-1**。新建图层，载入"图层4"选区，并为其填充黑色，执行"滤镜>渲染>镜头光晕"命令，在弹出的对话框中选中"50-300毫米变焦"单选按钮，并拖动滑块，设置其光照强度，完成后单击"确定"按钮 **4-2**。设置该图层的混合模式为"滤色"以隐藏黑色背景，为图像添加柔和光照效果 **4-3**。最后单击横排文字工具 **T**，在图像上方添加文字信息，丰富版面效果 **4-4**。

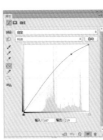

4-1 使用曲线调整图层调亮画面整体色调。

4-2 应用"镜头光晕"滤镜制作光影效果。

4-3 调整图层混合模式，制作画面柔和光影。

4-4 制作文字效果，丰富画面。

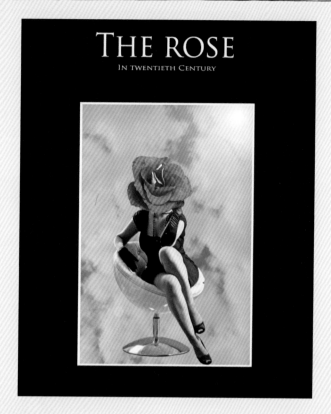

STEP 1

执行"文件 > 新建"命令，新建图像文件，使用相同的方法创建矩形选区，并填充颜色，添加素材文件并创建剪贴蒙版，制作背景效果。

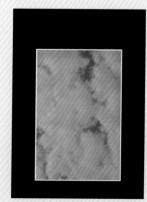

执行"文件>新建"命令，新建图像文件，创建矩形选区，并添加素材文件，创建剪贴蒙版，制作背景效果。

STEP 2

打开素材文件"人物.png"与"玫瑰.png"，并将其分别拖曳至图像文件中，添加剪贴蒙版与调整图层，制作版面主体，使用横排文字工具，输入文字信息，完善版面效果。

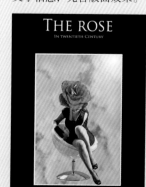

将素材文件置于当前图像中，新建"色阶"、"色相/饱和度"等调整图层，并创建剪贴蒙版，调整花朵色调，添加文字信息，完善版面效果。

利用照片表现虚拟印刷工艺

光盘路径：Chapter 01 \ Complete \ 11 \ 11 利用照片表现虚拟印刷工艺.psd

视频路径：Video \ Chapter 01 \ 11 利用照片表现虚拟印刷工艺.swf

✎ 设计构思‧‧‧‧‧‧‧‧‧

以文字为设计主体进行构思，将照片素材转换为黑白色调，并将其置于文字内部，塑造类似于印刷工艺的版面设计；在文字上添加丰富素材，将文字与图形融洽结合，使版面更立体化。

✎ 设计要点‧‧‧‧‧‧‧‧‧

输入文字并且添加照片，创建剪贴蒙版，使图像精确置于文字内部；添加素材，结合图层蒙版与柔角画笔工具，使之与图像相融合。

STEP 1 新建图像文件，创建剪贴蒙版，使图像置于文字内部

执行"文件>新建"命令，在弹出的对话框中设置图像名称与大小，完成后单击"确定"按钮，新建图像文件 1-1。单击横排文字工具 T，新建多个文字图层，在图像中输入文字 1-2。打开素材文件"01.jpg"，并将其拖曳至当前图像文件中，生成"图层1"，适当调整图像大小和位置，使其覆盖在英文The上方 1-3。将"图层1"调至文字图层The上方，执行"图层>创建剪贴蒙版"命令，创建剪贴蒙版，使图像精确置于文字内部 1-4。

1-1 执行"文件>新建"命令，新建图像文件。

1-2 使用横排文字工具，新建多个文字图层，并输入文字。

1-3 添加素材文件，并将其覆盖于文字The上方。

1-4 调整图层顺序，创建剪贴蒙版，将图像精确裁剪至文字内部。

STEP 2 添加图层蒙版，使素材图像与文字相融合

打开素材文件"02.png"，并将其拖曳至当前图像文件中，生成"图层2"，适当调整其大小和位置后，将其置于文字The下方 2-1。单击"图层"面板中的"添加图层蒙版"按钮，添加图层蒙版，设置前景色为黑色，单击画笔工具 ，在其属性栏中选择柔角画笔，完成后对素材图像进行涂抹，使其与文字相融合 2-2。单击"图层"面板中的"创建新的填充或调整图层"按钮 ，新建"色阶1"调整图层，在弹出的"属性"面板中拖动滑块，设置其参数，增强图像的对比度 2-3。

2-1 将素材文件放置于文字The下方。

2-2 结合图层蒙版和柔角画笔工具，使图像与文字融合。

2-3 新建"色阶1"调整图层，增强图像的对比度，制作印刷效果。

STEP 3　创建剪贴蒙版，使图像置于文字内部

打开素材文件"03.jpg"文件，并拖曳至当前图像文件中，适当调整图像位置，将其放置于文字room上方。参照步骤1，调整图层的顺序，并创建剪贴蒙版，使图像置于文字轮廓内部**3-1**。继续添加素材文件"04.jpg"和"05.jpg"，使用相同方法，适当调整其大小和位置，并将其放置于文字room上方。调整图层顺序后按下快捷键Ctrl+Alt+G，分别为两个图层创建剪贴蒙版，将图像与文字相融合**3-2**。

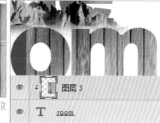

3-1 添加素材文件，调整其大小和位置，并创建剪贴蒙版，制作文字效果。

3-2 打开素材文件，调整其大小和位置，并调整图层顺序后，分别为其创建剪贴蒙版，完善文字效果。

STEP 4　创建剪贴蒙版，使图像置于文字内部，最后编组

添加素材文件"06.jpg"和"07.jpg"，使用相同方法，调整图层顺序，并创建剪贴蒙版，制作文字was和very的效果**4-1**。添加素材文件"08.jpg"和"09.jpg"，使用相同方法，创建剪贴蒙版，制作余下文字效果。完成后按住Shift键选中除"背景"图层外的所有图层，并按下快捷键Ctrl+G将其编组，重命名为"文字"**4-2**。

4-1 添加素材文件，调整其大小和位置后，调整图层顺序并创建剪贴蒙版，制作文字印刷效果。

POINT
释放剪贴蒙版

为图像创建剪贴蒙版后，也可将剪贴蒙版释放。选中图层，并按下快捷键 Ctrl+Alt+G，即可释放剪贴蒙版。值得注意的是，若选择基底图层正上方的图层执行该命令，将释放剪贴蒙版中的所有图层。

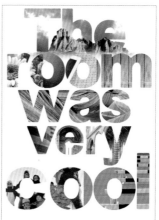

4-2 使用相同方法完善文字效果，并按下快捷键Ctrl+G，将除"背景"图层外的所有图层编组，以便于对图层进行统一调整和管理。

STEP 5 添加素材，并结合图层蒙版与柔角画笔工具完善其效果

打开素材文件"人物.png"，将其拖曳至当前图像文件中后，生成"图层10"并适当调整其对应图像的大小和位置 5-1。按下快捷键Ctrl++放大视图至充分显示人物部分，单击"图层"面板中的"添加图层蒙版"按钮，为该图层添加图层蒙版，设置前景色为黑色，使用柔角画笔工具，在人物图像处涂抹，使其与文字相融合 5-2。继续添加多个素材，并分别将其放置于图像的相应位置，使用相同的方法，将素材与图像相融合 5-3。

5-1 将人物素材文件拖曳至当前图像文件中。

5-2 结合图层蒙版与柔角画笔工具，使素材图像与文字相融合。

5-3 添加多个素材图像，结合图层蒙版与柔角画笔工具，擦除多余的部分，丰富版面效果。

STEP 6 结合调整图层与文字工具，完善版面效果

打开素材文件"拳头.png"，参照步骤5的方法，结合图层蒙版与画笔工具，擦除多余部分，使其与图像融合。单击"图层"面板中的"创建新的填充或调整图层"按钮，新建"色阶2"调整图层，在打开的"属性"面板中拖动滑块，设置各项参数，增强图像整体的对比效果 6-1。单击横排文字工具，新建多个文字图层，并输入文字信息，执行"编辑>自由变换"命令，变换文字的形状与大小，将其分别放置于人物手举的告示牌中。最后创建"色阶3"调整图层，并在其属性面板中拖动滑块，设置各项参数，完善版面效果 6-2。

6-1 添加素材，并使其与文字相融合。新建"色阶2"调整图层，增强图像对比效果。

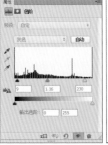

6-2 输入文字，变换其形状后，将其置于告示牌上方。新建"色阶3"调整图层，完善版面效果。

转换为绚丽剪贴画风格

利用照片表现虚拟印刷工艺

STEP 1

执行"文件 > 新建"命令，新建图像文件，使用横排文字工具输入文字。然后使用相同方法为素材创建剪贴蒙版，制作彩色文字。

STEP 2

结合图层蒙版与图层样式制作发光人物。添加素材文件"材质.jpg"，结合图层混合模式与调整图层，完善版面效果。

新建图像文件，并填充黑色，输入文字后，添加素材文件，并分别为其创建剪贴蒙版，制作彩色文字。

结合图层蒙版与"外发光"图层样式，使人物与文字完美融合，并添加材质素材，完善版面效果。

照片的立体插画海报设计构思

光盘路径：Chapter 01 \ Complete \ 12 \ 12 照片的立体插画海报设计构思.psd

视频路径：Video \ Chapter 01 \ 12 照片的立体插画海报设计构思.swf

☙ 设计构思 ••••••••••••

以照片素材为基础，将人物轮廓作为设计主体，结合 3D 功能，为其赋予立体化的效果，增强版面的空间延伸性；在色调上，采用偏深的红色与绿色，从色彩的角度，增强人物轮廓的层次感。

☙ 设计要点 ••••••••••••

抠取出人物主体后应用 3D 功能，将平面轮廓转换为立体化的效果。栅格化 3D 图层后，使用魔棒工具创建选区，并为其填充颜色。

STEP 1　新建图像文件，添加素材照片，抠取出人物主体

执行"文件>新建"命令，在弹出的"新建"对话框中设置各项参数，新建图像文件 **1-1**。打开照片素材 "人物.jpg"文件，将其拖曳至当前图像文件中后，适当调整其大小和位置 **1-2**。选中"图层1"，单击磁性套索工具 ，沿人物轮廓边缘绘制选区，完成后按下快捷键Ctrl+J，复制选区内图像，得到"图层2"。单击"图层1"和"背景"图层前的"指示图层可见性"按钮 ，将"图层1"和"背景"图层隐藏 **1-3**。

1-1 执行"文件>新建"命令，新建图像文件。

1-2 打开素材照片，并将其拖曳至当前图像文件中。

1-3 使用磁性套索工具，将人物从背景中抠取出，隐藏其余图层，显示抠取的人物效果。

STEP 2　载入人物轮廓选区，结合 3D 凸出功能，将人物轮廓立体化

按下快捷键Ctrl+J，复制"图层2"得到"图层2副本"。新建"图层3"，执行"编辑>填充"命令，为该图层填充灰色（R144、G144、B144），完成后在按住Ctrl键的同时单击"图层2副本"缩览图，载入该图层选区 **2-1**。选中"图层3"，按下Delete键，删除选区内图像，并隐藏其余图层 **2-2**。执行"窗口>3D"命令，打开3D面板，选中"3D凸出"单选按钮，完成后单击"创建"按钮，将2D图像转换为3D效果 **2-3**。

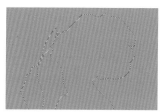

2-1 新建图层，填充灰色，并载入人物轮廓选区。

2-2 隐藏其余图层，按下Delete键，删除选区内图像。

2-3 打开3D面板，利用3D凸出功能制作人物轮廓的立体效果。

STEP 3 在 3D 面板中设置参数，完善人物轮廓的立体效果

在3D面板中，打开"网格"属性面板，在其中拖动"凸出深度"滑块，设置参数值，并取消勾选"投影"复选框，完善人物的立体轮廓效果。接着结合3D对象工具，调整图像的大小和位置 3-1 。完成后切换至"图层"面板，执行"图层>栅格化>3D"命令，栅格化3D图层 3-2 。按下快捷键Ctrl+J复制图层，得到"图层3副本"，执行"图像>变换>水平翻转"命令，将图像水平翻转，单击移动工具 ，适当移动图像，制作对应人物的轮廓效果 3-3 。

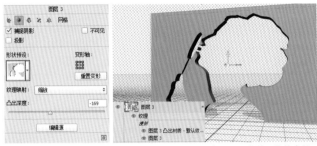

3-1 在3D"网格"面板中设置各项参数，结合3D对象工具，完善人物轮廓的立体效果。

3-2 栅格化3D图层。

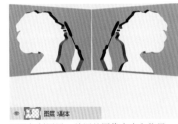

3-3 复制图层，并调整图像大小和位置。

STEP 4 添加素材文件，并改变其图层混合模式，丰富版面效果

选中"图层3"，单击魔棒工具 ，在人物轮廓外的部分单击，创建选区，完成后按下快捷键Ctrl+J，复制选区内图像，得到"图层4"。载入该图层选区，执行"编辑>填充"命令，填充选区为酒红色（R138、G36、B57） 4-1 。使用相同方法，新建"图层5"，并填充酒红色，制作左端人物轮廓的背景 4-2 。选中"图层3"，使用相同方法，使用魔棒工具，创建选区并复制图层，然后填充绿色（R110、G98、B20），完善人物轮廓的色调效果 4-3 。最后使用横排文字工具 与自定形状工具 完善画面的整个版面效果 4-4 。

4-1 使用魔棒工具，快速创建选区，并为其填充酒红色。

4-2 使用相同方法，填充图层，并使用移动工具，制作对应人物轮廓。

4-3 使用魔棒工具，创建选区，并为其填充绿色。

4-4 结合横排文字工具与自定形状工具，丰富版面效果。

STEP 1

执行"文件 > 打开"命令，打开"花.jpg"素材文件 **1-1**。使用相同方法，运用磁性套索工具抠取出花朵轮廓，并结合 3D 功能，使花朵轮廓呈现 3D 立体效果 **1-2**。

1-1 执行"文件>打开"命令，打开素材照片。

1-2 抠取出花朵轮廓，创建3D凸出，将平面图像转换为立体效果。

STEP 2

将 3D 图层栅格化后，使用魔棒工具分别创建背景与花朵选区，并为其填充绿色和酒红色 **2-1**。使用横排文字工具，在画面中间输入文字信息，丰富版面效果 **2-2**。

2-1 栅格化3D图层，使用魔棒工具，分别创建选区，并为其填充颜色。

2-2 使用横排文字工具，在画面中添加具有设计感的文字。

利用照片表现剪影效果

光盘路径：Chapter 01 \ Complete \ 13 \ 13 利用照片表现剪影效果.psd
视频路径：Video \ Chapter 01 \ 13 利用照片表现剪影效果.swf

❀ 设计构思

以照片的构图和色调为基础，将鹦鹉图像转换为矢量图，为图像赋予剪贴画效果；在色调方面，以高明度的橘色为基础，并添加矢量树木剪影，与动物主体相呼应，表现温暖清新的设计构思。

❀ 设计要点

使用磁性套索工具抠取动物图像，添加素材，结合图层混合模式，使其与图像相融合；使用"木刻"滤镜，将图像转换为矢量图效果。

STEP 1 填充图层，并结合图层混合模式制作背景效果

执行"文件>打开"命令，打开"鹦鹉.jpg"文件 **1-1**。新建"图层1"，执行"编辑>填充"命令，填充图层颜色为橘黄色（R255、G197、B40）**1-2**。打开素材文件"树.png"，并将其拖曳至当前图像文件中，生成"图层2"。按下快捷键Ctrl+T，在按住Shift键的同时拖动控制点，适当调整图像的大小和位置，并设置该图层的混合模式为"正片叠底"、"不透明度"为70%，使图像与背景色调相融合 **1-3**。

1-1 执行"文件>打开"命令，打开素材照片。

1-2 新建图层，为图层填充暖色调的橘黄色。

1-3 添加素材文件"树.png"，结合图层混合模式，统一素材与背景色调。

STEP 2 绘制选区抠取图像，为照片素材替换背景

单击"图层1"和"图层2"前方的"指示图层可见性"按钮，隐藏这两个图层。选中"背景"图层，单击磁性套索工具，沿鹦鹉边缘绘制选区，完成后按下快捷键Ctrl+J，复制选区内图像，得到"图层3"，然后调整其图层顺序至最上方 **2-1**。单击"图层1"和"图层2"前方的"指示图层可见性"按钮，将隐藏的图层显示出来，为照片素材替换背景 **2-2**。

2-1 隐藏"图层1"和"图层2"，选中"背景"图层，结合磁性套索工具抠取鹦鹉图像。

POINT
精确创建选区

使用磁性套索工具可以为图像中颜色交界处反差较大的区域精确创建选区，图像与背景颜色的反差越大，创建的选区精度就越高。

2-2 单击"指示图层可见性"按钮将隐藏的图层显示出来，制作暖色调的背景效果。

STEP 3 应用"木刻"滤镜，丰富画面效果

执行"滤镜>滤镜库"命令，在弹出的对话框中的"艺术效果"选项组中选择"木刻"滤镜，并设置各项参数 3-1。选中"背景"图层，单击磁性套索工具，沿右边鹦鹉边缘绘制选区，完成后按下快捷键 Ctrl+J，复制选区内图像，得到新图层"图层4" 3-2。

3-1 使用"木刻"滤镜，着重将鹦鹉下方的横木转换为矢量图效果。

POINT

应用上次滤镜操作

当应用了一次滤镜效果后，如果觉得效果不够，或想再次应用上一次执行的滤镜效果参数，可以通过执行"滤镜"菜单下的第一个命令或按下快捷键 Ctrl+F 的方式实现。

3-2 使用磁性套索工具，沿右边鹦鹉的边缘绘制选区，抠取图像。

STEP 4 结合"木刻"滤镜和调整图层，完善版面效果

选中"背景"图层，单击磁性套索工具，沿左边鹦鹉绘制选区，使用相同方法复制图层，得到"图层5"。选中"图层4"，执行"滤镜>滤镜库"命令，在弹出的对话框中的"艺术效果"选项组中选择"木刻"滤镜，并设置各项参数，将鹦鹉转换为矢量图效果。选中"图层5"，使用相同方法，将另一只鹦鹉图像转换为矢量图效果 4-1。单击横排文字工具，新建文字图层，在图像左上方输入文字信息 4-2。单击"图层"面板中的"创建新的填充或调整图层"按钮，新建"色阶1"调整图层，调整图像的对比度效果 4-3。

4-1 使用磁性套索工具，抠取图像，得到"图层5"。使用"木刻"滤镜，将鹦鹉图像转换为矢量图效果。

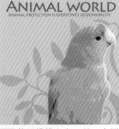

4-2 使用横排文字工具，在图像左上方输入文字。

4-3 新建调整图层，完善画面的色调效果。

转换为木刻插画风格

STEP 1

执行"文件 > 打开"命令，打开"企鹅.jpg"素材照片 **1-1**。新建图层并填充浅蓝色，打开素材文件"山.png"，并将其拖曳至当前图像中，设置该图层的混合模式为"滤色" **1-2**。

1-1 执行"文件>打开"命令，打开素材照片。

1-2 打开素材文件"山.png"，并拖曳至当前图像文件中，并设置其图层混合模式。

STEP 2

使用相同方法，沿企鹅边缘绘制选区，并抠取出企鹅图像，使用"木刻"滤镜，制作剪贴画效果 **2-1**。使用横排文字工具输入文字，并新建"色阶"调整图层，完善版面效果 **2-2**。

2-1 使用"木刻"滤镜，将照片素材转换为矢量图效果。

2-2 使用横排文字工具输入文字，并创建调整图层，以完善版面效果。

抠取照片表现层次感构思

光盘路径：Chapter 01 \ Complete \ 14 \ 14 抠取照片表现层次感构思.psd

视频路径：Video \ Chapter 01 \ 14 抠取照片表现层次感构思.swf

❀ 设计构思

结合照片素材的构图，将设计基调定位为海洋沙滩效果。通过抠取照片，将不同的设计元素以远近有序的方式置于同一版面中，绘制矢量图形，融洽结合各个元素，表现具有层次感的设计构思。

❀ 设计要点

使用钢笔工具绘制路径并将其转换为选区后，填充颜色；使用磁性套索工具抠取照片并使其融入图像中；盖印图层并将其置入相机图像中。

STEP 1 绘制选区并填充颜色，使用"添加杂色"等滤镜制作背景

新建图像文件 **1-1**。新建图层，单击钢笔工具 ，在图像中绘制路径并转换为选区，为其填充棕色（R199、G159、B133）。执行"滤镜 > 杂色 > 添加杂色"命令，设置参数，为图像添加杂色 **1-2**。新建图层，绘制选区，单击渐变工具 ，为选区填充由蓝色（R166、G200、B229）、白色、黄色（R220、G218、B154）、橘黄色（R203、G146、B112）到紫色（R89、G89、B125）的线性渐变 **1-3**。执行"滤镜 > 模糊 > 高斯模糊"命令，并设置参数，对图像进行模糊处理，完成后新建"曲线 1"调整图层，创建剪贴蒙版，调整该图层亮度 **1-4**。

1-1 执行"文件>新建"命令，新建图像文件。

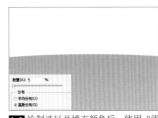

1-2 绘制选区并填充颜色后，使用"添加杂色"滤镜，为其添加杂色。

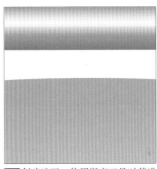

1-3 创建选区，使用渐变工具对其进行渐变填充。

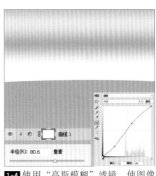

1-4 使用"高斯模糊"滤镜，使图像更柔和。

STEP 2 绘制选区并添加素材，完善背景效果

新建图层，单击椭圆选框工具 ，按住Shift键，在图像中创建正圆选区，完成后为其填充淡黄色（R246、G251、B217）**2-1**。按下快捷键Ctrl+J，复制该图层，并执行"滤镜>模糊>高斯模糊"命令，在弹出的对话框中，拖动滑块，设置参数，完成后单击"确定"按钮，制作柔和光晕效果 **2-2**。新建图层，绘制矩形选区，并填充黑色，完成后打开素材文件"建筑.png"，并放置于图像右上方 **2-3**。打开素材文件"海滩.png"，然后将其拖曳至当前图像文件中后，适当调整其大小和位置 **2-4**。

2-1 使用椭圆选框工具，绘制圆形选区，并为其填充浅黄色。

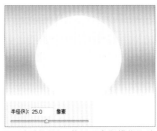

2-2 复制图层，使用"高斯模糊"滤镜，制作太阳效果。

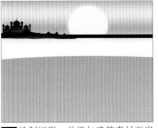

2-3 绘制矩形，并添加建筑素材至当前图像中。

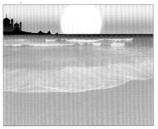

2-4 打开素材文件"海绵.png"，并将其拖曳至当前图像文件中。

STEP 3 抠取图像，并将其添加到当前图像文件中

打开素材文件"海鸥.jpg"，并将其拖曳至当前图像文件中，按下快捷键Ctrl+T，拖动控制点，适当调整其大小和位置。将海鸥图像置于海面上方，完成后按下快捷键Ctrl+J，复制两个图层，并分别调整对应图像的位置和大小，丰富画面效果 3-1。

打开照片素材"人物.jpg"文件，放大视图至充分显示人物部分。单击磁性套索工具，沿人物边缘绘制选区，抠取人物并删除背景，完成后将人物图像拖曳至当前图像文件中，并适当调整其大小和位置，结合图层蒙版与画笔工具使其与沙滩相融合，按下快捷键Shift+Ctrl+Alt+E盖印图层，得到"图层10" 3-2。

3-1 打开素材文件，添加海鸥图像。使用磁性套索工具抠取人物图像，并将其拖曳至当前图像文件中，添加图层蒙版融洽结合图像与背景。

3-2 按下快捷键Shift+Ctrl+Alt+E，盖印可见图层，得到"图层10"。

STEP 4 添加素材并输入文字，完善版面效果

打开素材文件"相机.png"，并将其拖曳至当前图像文件中，适当调整其大小和位置后，将其放置于图像右下侧 4-1。单击魔棒工具，单击白色矩形部分，并按下Delete键将其删除，选中"图层10"并将其图层顺序移至最顶层，按下快捷键Ctrl+T，对图像进行自由变换，并将其置于相机屏幕内部 4-2。单击横排文字工具，新建多个文字图层，在图像下方输入文字信息 4-3。完成后复制并栅格化文字图层，并执行"滤镜>模糊>动感模糊"命令，在弹出的对话框中设置参数，制作模糊横条效果，丰富版面内容 4-4。

4-1 打开素材文件，并将其拖曳至当前图像文件中。

4-2 将图像放置于相机屏幕中，制作屏幕内效果。

4-3 使用横排文字工具，在图像中输入文字信息。

4-4 使用"动感模糊"滤镜，为文字增添动感效果。

作品风格转换　　转换为木刻插画风格

STEP 1

执行"文件 > 新建"命令，新建图像文件，使用相同的方法，结合渐变工具、图层蒙版等制作背景效果 **1-1**。添加丰富的素材，并结合适当的图层样式，使其与背景相融合 **1-2**。

1-1 新建图像文件，结合渐变工具、画笔工具、图层蒙版等，制作背景效果。

1-2 添加素材文件，结合图层样式与图层蒙版，使其与背景图像完全融合。

STEP 2

使用横排文字工具输入文字，使用相同的方法，利用"动感模糊"滤镜，制作文字的动感阴影效果 **2-1**。新建"曲线"调整图层，适当设置其参数，调整图像色调，完善版面效果 **2-2**。

2-1 使用横排文字工具在图像中输入文字，并使用"动感模糊"滤镜命令，制作动感效果。

2-2 新建"曲线"调整图层，完善画面的色调效果。

将风景照转换为艺术海报设计

光盘路径：Chapter 01 \ Complete \ 15 \ 15 将风景照转换为艺术海报设计.psd
视频路径：Video \ Chapter 01 \ 15 将风景照转换为艺术海报设计.swf

❀ 设计构思

以记忆里的风景为设计主题，根据照片素材的构图及色调，将清新的暖色调定为版面基础色调。在天空部分添加浪漫云朵文字，增强空间感。添加具有怀旧质感的旧纸张，与主题相呼应。

❀ 设计要点

添加素材，并结合图层混合模式与图层蒙版，制作文字丰富版面纹理；添加"曲线"、"渐变映射"等调整图层，赋予版面温暖清新的色调。

STEP 1 打开素材照片，结合图层蒙版与调整图层制作文字效果

执行"文件>打开"命令，打开"铁轨.jpg"文件。打开素材文件"云朵文字.jpg"，并将其拖曳至当前图像文件中，适当调整其大小后，将其置于素材照片中天空部分的上方，设置该图层的混合模式为"变亮"。单击"图层"面板中的"添加图层蒙版"按钮，添加图层蒙版，设置前景色为黑色，使用柔角画笔，在图像上涂抹，擦除多余图像，使其与背景相融合 1-1。新建"曲线1"调整图层，在打开的"属性"面板中拖动曲线，调整图像的亮度效果 1-2。

1-1 执行"文件>打开"命令，打开素材照片。添加素材文件，结合图层混合模式与图层蒙版使之与背景相融合。

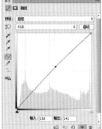

1-2 新建"曲线1"调整图层，拖动曲线，增强图像的亮度。

STEP 2 新建"渐变映射"调整图层，并结合素材添加材质纹理

单击"图层"面板中的"创建新的填充或调整图层"按钮，新建"渐变映射1"调整图层，在打开的"属性"面板中，单击渐变编辑条，打开"渐变编辑器"对话框，设置由朱红色（R149、G82、B87）到深绿色（R127、G155、B109）的渐变映射，完成后设置该图层的混合模式为"颜色减淡"、"不透明度"为40%，以调整图像色调效果 2-1。打开素材文件"旧纸张.jpg"，并将其拖曳至当前图像文件中，适当调整其大小和位置后，设置该图层的混合模式为"变暗"、"不透明度"为80% 2-2。

2-1 新建"渐变映射1"调整图层，设置由朱红色到深绿色的渐变效果，结合图层混合模式，为图像赋予清新的暖色调效果。

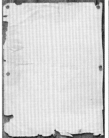

2-2 添加素材文件，结合图层混合模式与不透明度，使图像具有怀旧纹理。

STEP 3 结合图层蒙版与调整图层，进一步完善背景效果

按下快捷键Ctrl+J复制"图层3"得到"图层3副本"，单击"图层"面板中的"添加图层蒙版"按钮 ▣ ，为该图层添加图层蒙版，设置前景色为黑色，单击画笔工具，在其属性面板中选择"柔角圆"画笔，并适当降低其"不透明度"，完成后在画面中涂抹，以增强图像材质效果 3-1 。单击"图层"面板中的"创建新的填充或调整图层"按钮 ◑ ，新建"色阶1"调整图层，在弹出的属性面板中拖动滑块，设置各项参数，增强图像的对比度 3-2 。

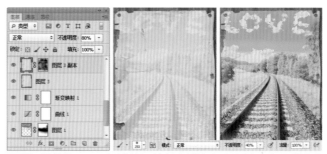

3-1 按下快捷键Ctrl+J，复制图层，结合图层蒙版与不透明度，增强图像的纹理效果。

POINT
应用上次滤镜操作

在设计过程中，如需创建蒙版以隐藏图层，可按住 Alt 键的同时单击"添加图层蒙版"按钮 ▣ ；或执行"图层 > 图层蒙版 > 隐藏全部"命令。即可创建蒙版以隐藏图层。创建矢量蒙版以隐藏图层可应用相同的方法。

3-2 新建"色阶1"调整图层，在其属性面板中拖动滑块，增强图像对比度，增添立体感。

STEP 4 结合横排文字工具与矩形选框工具制作文字，完善版面效果

设置前景色为白色，单击横排文字工具 [T]，新建多个文字图层，在图像中输入文字信息，并在"属性"面板中设置文字的大小和样式 4-1 。新建多个图层，单击矩形选框工具 [▣]，绘制三个矩形，并分别为其填充深灰色（R47、G49、B50）、黄色（R181、G175、B17）与桃红色（R216、G70、B101），完成后适当调整图层顺序，制作底部的文字效果 4-2 。

4-1 使用横排文字工具，在图像左下角输入文字。

4-2 在文字处添加不同颜色的矩形，加强文字效果。

转换为忧郁海报风格

STEP 1

执行"文件>打开"命令，打开素材照片，新建"黑白1"调整图层，将图像转换为黑白色调图像。

执行"文件>打开"命令，打开素材照片，添加调整图层，转换图像色调。

STEP 2

添加材质素材，结合图层混合模式与调整图层，制作怀旧背景。在图像中输入文字，将其栅格化后添加图层样式，完善图像效果。

添加材质，调整其混合模式与色调，制作怀旧背景，结合图层样式制作文字效果。

拼贴照片表现完整艺术画面

光盘路径：Chapter 01 \ Complete \ 16 \ 16 拼贴照片表现完整艺术画面.psd

视频路径：Video \ Chapter 01 \ 16 拼贴照片表现完整艺术画面.swf

🕮 设计构思

以城堡的形象为基础进行联想，通过添加丰富的材质，使版面具有斑驳的裂痕效果，传递强烈的颓废之感；在色调上，以深绿色为基调，添加低明度的棕色、黄色等色调，表现黯淡的古堡形象。

🕮 设计要点

添加纸质与裂痕材质，结合图层混合模式与图层蒙版，为版面赋予丰富的纹理。新建"渐变映射"等调整图层，使版面变黯淡。

STEP 1 添加素材，结合图层混合模式与不透明度，表现纸质效果

执行"文件>新建"命令，在弹出的"新建"对话框中设置各项参数，新建图像文件 **1-1**。打开"城堡.jpg"文件，并将其拖曳至当前图像文件中，生成"图层1"，然后适当调整其大小和位置 **1-2**。打开素材文件"纸张.jpg"，并将其拖曳至当前图像文件中，适当调整其大小和位置后，设置该图层的混合模式为"正片叠底"、"不透明度"为50%，使材质与图像融洽结合，为版面赋予纸质效果 **1-3**。

1-1 执行"文件>新建"命令，新建图像文件。

1-2 打开素材照片并将其放置于当前图像文件中。

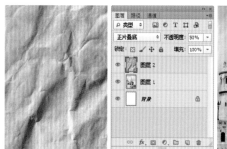

1-3 将素材文件"纸张.jpg"拖曳至当前图像文件中，结合图层混合模式与不透明度，为素材照片赋予纸质效果。

STEP 2 添加"渐变映射"、"曲线"调整图层，调整图像基础色调

单击"图层"面板中的"创建新的填充或调整图层"按钮，新建"渐变映射1"调整图层，在打开的"属性"面板中单击渐变编辑条，打开"渐变编辑器"对话框，设置由深绿色（R56、G85、B1）到灰色（R145、G145、B145）的渐变映射，完成后设置该调整图层的混合模式为"正片叠底"，适当调整图层的色调效果 **2-1**。继续单击"图层"面板中的"创建新的填充或调整图层"按钮，新建"曲线1"调整图层，在打开的"属性"面板中拖动曲线，调亮画面色调 **2-2**。

2-1 新建"渐变映射1"调整图层，结合图层混合模式，使图像具有黯淡的灰绿色调效果。

2-2 新建"曲线1"调整图层，通过拖动曲线，调整图像的亮度。

STEP 3 添加素材文件，丰富画面效果

打开素材文件"裂痕.jpg"，并将其拖曳至当前图像文件中，生成相应的"图层3"，适当调整其位置和大小，使其覆盖在城堡之上，完成后设置该图层的混合模式为"颜色叠加"，使图像具有裂痕效果 3-1。单击"图层"面板中的"添加图层蒙版"按钮，为图层添加图层蒙版，设置前景色为黑色，使用柔角画笔在画面中涂抹，恢复天空色调，将裂痕效果只应用于城堡上。打开素材文件"铁锈.jpg"，将其拖曳至当前图像文件中，设置图层混合模式为"划分"、"不透明度"为60%，为版面添加斑驳的锈迹，增强版面颓废感 3-2。

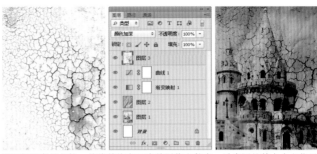

3-1 打开素材文件，并将其拖曳至当前图像文件中，适当调整其大小和位置后，结合图层混合模式，使素材与图像融合。

3-2 结合图层蒙版与画笔工具，擦除天空处的裂痕。结合图层混合模式与不透明度，为图像添加铁锈材质。

STEP 4 添加素材与文字，并改变其混合模式与图层顺序，完善效果

使用相同方法，结合图层蒙版与柔角画笔工具，完善版面锈迹效果 4-1。打开素材文件"相框.jpg"，单击魔棒工具，选取相框以外的部分，将其删除后，将相框拖曳至当前图像文件中，对图像进行自由变换，将其置于图像外围，制作边框效果 4-2。完成后设置该图层的混合模式为"颜色加深"、"不透明度"为80%。设置前景色为浅棕色（R195、G166、B120），使用横排文字工具，输入文字，并分别设置图层混合模式，适当调整图层顺序，将文字色调与版面统一 4-3。

4-1 结合图层蒙版与柔角画笔工具，完善图像纹理效果。

4-2 打开相框素材，完成抠取后，适当变换位置和大小，制作边框效果。

4-3 结合图层混合模式与不透明度，完善边框效果，并输入适当的文字信息。

作品风格转换

转换为怀旧人体破碎风格

Chapter 01

NOTE

16

拼贴照片表现完整艺术画面

STEP 1

执行"文件＞打开"命令，打开素材照片，使用相同方法，为图像添加丰富的裂痕效果。

执行"文件＞打开"命令，打开照片素材，添加材质，制作裂痕效果。

STEP 2

添加相框素材，制作相框效果，新建图层，并填充棕色（R195、G166、B120），结合图层混合模式与调整图层，完善版面效果。

添加相框素材，适当调整其大小和位置，并为版面赋予怀旧的棕色调，制作复古质感的版面。

设计构思笔记

WOW！不一样的 Photoshop 创意设计

设计构思笔记

Chapter 02

活用质感材质
构思

拼贴纸张表现层次感构思

光盘路径：Chapter 02 \ Complete \ 17 \ 17 拼贴纸张表现层次感构思.psd

视频路径：Video \ Chapter 02 \ 17 拼贴纸张表现层次感构思.swf

◉ 设计构思

在纸面的世界里，拥有许多不一样的变化，纸间的交叠可以表现出丰富的层次感，通过制作出在纸片上运动的人物以及具有动感的弧线等元素，让画面的元素以及层次感更为丰富。

◉ 设计要点

在制作剪纸效果的人物等元素时，先运用钢笔工具等将元素的轮廓绘制出来，然后通过"描边"等图层样式让剪纸更为立体、突出。

STEP 1 添加"图案叠加"图层样式，制作纸张效果

执行"文件>新建"命令，设置好各项参数和"名称"后单击"确定"按钮 1-1。新建图层并设置前景色为橄榄绿（R79、G90、B50），然后按下快捷键Alt+Delete填充图层 1-2。完成后单击"图层"面板中的"添加图层样式"按钮 fx，在弹出的菜单中选择"图案叠加"命令，并在弹出的"图层样式"对话框中选择恰当"图案"样式并设置"混合模式"等各选项，然后单击"确定"按钮 1-3。

1-1 执行"文件>新建"命令，新建图像文件。

1-2 填充底层纸张颜色。

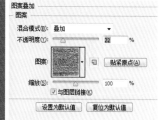
1-3 添加"图案叠加"图层样式，制作出纸纹的效果。

STEP 2 执行"色相/饱和度"命令，调整色调

继续新建图层，然后设置当前颜色为灰蓝色（R59、G91、B138），并填充当前图层，然后使用椭圆选框工具 在左侧创建圆形选区，并按下Delete键删除选区内图案，制作出复古的纸张图案，然后按下快捷键Ctrl+T旋转纸张方向，并单击"添加图层样式"按钮 fx，选择"投影"命令，添加投影 2-1。按下快捷键Ctrl+J复制纸张图形，并分别调整各图像的角度和位置，然后按下快捷键Ctrl+U执行"色相/饱和度"命令，分别调整纸张颜色 2-2。添加"皲裂.jpg"文件到当前文件中，并调整图像大小、位置和图层顺序等，创建剪贴蒙版再设置图层混合模式为"正片叠底"、"不透明度"为20% 2-3。

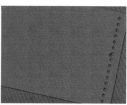
2-1 制作出复古镂空的灰蓝色纸张图案。

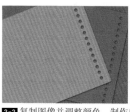
2-2 复制图像并调整颜色，制作出层叠的纸张。

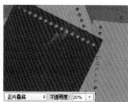
2-3 运用皲裂的纹理效果为纸张赋予更为自然的纹理，让画面中纸张效果更真实。

STEP 3 添加"描边"图层样式，制作剪纸效果

按下快捷键Ctrl+J，多次复制皲裂图像图层，并分别调整其图层顺序至纸张图层上方，然后创建剪贴蒙版，并分别调整图案的摆放位置和旋转角度等 3-1。新建图层，使用钢笔工具 绘制出守门员的剪影路径，然后将路径转换为选区并为其填充黑色 3-2。隐藏守门员图像图层，然后按下快捷键Ctrl+Shift+Alt+E，盖印可见图层，再载入守门员图像选区，并删除选区外图像，然后单击"添加图层样式"按钮 ，选择"描边"命令，制作出剪影图案，使用相同方法制作更多不同形状的剪影 3-3。

3-1 制作出其他纸张的纹理。

3-2 绘制守门员的剪影图案。

3-3 运用之前绘制的图案制作出剪影的效果，丰富画面。

STEP 4 使用横排文字工具制作文字信息

单击横排文字工具 ，输入文字并将其填充为白色，按下快捷键Ctrl+T，旋转文字方向并适当调整摆放位置，然后设置图层"不透明度"为20%，并适当调整图层顺序 4-1。复制多个文字图层并分别调整图层顺序和对应文字的大小及摆放位置。然后结合横排文字工具 和钢笔工具 制作出标志图案，并设置图层"不透明度"为60%。然后使用钢笔工具 绘制出胶带的路径并将其转换为选区，再将其填充为白色，然后设置图层"不透明度"为40% 4-2。多次复制胶带图层并分别调整各图像的摆放位置及大小。创建"色相/饱和度"调整图层，仅调整灰蓝色纸张色调 4-3。

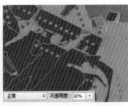
4-1 制作文字图层，并调整图层顺序，点缀单调的纸纹背景。

4-2 绘制更多文字，制作出标志和胶带图案。

4-3 复制胶带图案，以丰富画面效果，然后适当调整纸张的颜色。

转换为堆叠层次风格

拼贴纸张表现层次感的构思

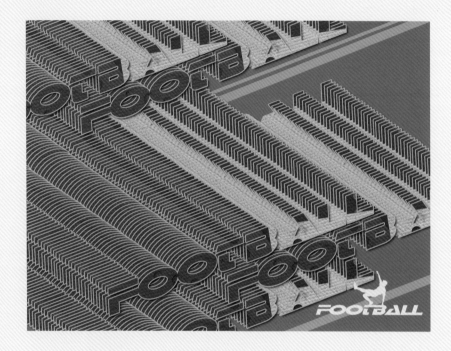

STEP 1

使用多边形套索工具和椭圆选区工具制作出纸张形状，并结合"图案叠加"、"投影"图层样式和纹理素材制作出层叠效果 **1-1**。制作出文字后，添加"描边"和"投影"图层样式 **1-2**。

1-1 运用不同颜色堆叠的纸张制造出层次感。

1-2 制作鲜艳的文字效果，增强画面冲击力。

STEP 2

复制文字图层并调整相应文字的位置，结合"属性"面板中的"对齐"按钮，使文字排列更有规则 **2-1**。填充好背景色后，使用多边形套索工具绘制出条纹，然后添加标志，完成制作 **2-2**。

2-1 通过有序排列的文字，表现强烈的画面效果。

2-2 设置与文字主体色互补的背景颜色，增强画面的冲击感。

利用羊皮纸表现怀旧感构思

光盘路径：Chapter 02 \ Complete \ 18 \ 18 利用羊皮纸表现怀旧感构思.psd
视频路径：Video \ Chapter 02 \ 18 利用羊皮纸表现怀旧感构思.swf

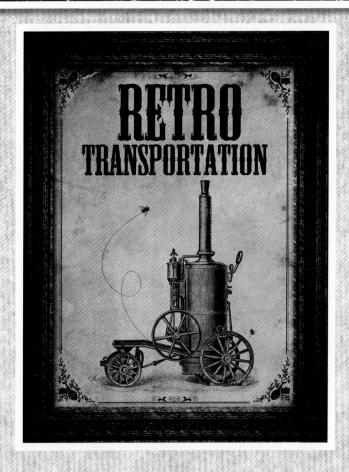

🕮 **设计构思**••••••••••

使用老式的欧洲交通工具插画作为画面主要元素，配合华丽复古的文字以及漂亮的欧式边框花纹，使整体画面呈现出浓烈的文艺复古感，在用色上主要运用泛黄的色调，强调怀旧感。

🕮 **设计要点**••••••••••

选择文艺感十足的复古衬线字体，并添加"图案叠加"和"内阴影"图层样式，使文字效果更为突出，同时具有复古的设计感。

STEP 1 添加图层样式，增加怀旧感

执行"文件>新建"命令，设置各项参数和"名称"后单击"确定"按钮 **1-1**。新建图层并设置当前颜色为灰色，然后按下快捷键Alt+Delete填充图层，完成后执行"文件>打开"命令，打开"画框.png"文件，将其拖曳至当前文件中后适当调整其大小及摆放位置 **1-2**。然后单击"图层"面板中的"添加图层样式"按钮 fx.，添加"图案叠加"、"斜面和浮雕"以及"投影"图层样式，并在弹出的"图层样式"对话框中设置各项参数，然后单击"确定"按钮 **1-3**。

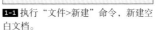

1-1 执行"文件>新建"命令，新建空白文档。

1-2 添加画框素材。

1-3 添加"投影"及"斜面和浮雕"等图层样式，为画框制作出立体感，并通过纹理的叠加让画面更有艺术感。

STEP 2 运用调整图层调整色调

单击"图层"面板中的"创建新的填充或调整图层"按钮 ⊙.，在弹出的菜单中选择"曲线"命令，并在其属性面板中调整曲线，并创建剪贴蒙版，然后使用黑色画笔在调整图层蒙版中的局部进行涂抹，制作出光影效果 **2-1**。然后继续单击"创建新的填充或调整图层"按钮 ⊙.，依次创建"色彩平衡1"和"自然饱和度1"调整图层，并分别在其属性面板中拖动滑块设置参数，然后按下快捷键Ctrl+Alt+G，创建剪贴蒙版。完成后执行"文件>打开"命令，打开"牛皮纸.png"文件，将其拖曳至当前文件中，并适当调整其大小和位置，再适当调整图层顺序 **2-2**。

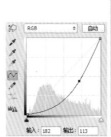

2-1 运用"曲线"调整图层让画框呈现出光影过渡的感觉，并添加图层蒙版制作出旧画框的效果。

2-2 进一步调整画框的色调，使其呈现复古感。添加牛皮纸素材，增加艺术感。

STEP 3 结合图层混合模式，使插画融入画面

继续创建"自然饱和度2"调整图层，在其属性面板中设置参数并创建剪贴蒙版，仅调整牛皮纸的色调 **3-1**。完成后执行"文件>打开"命令，打开"花纹.png"文件，将其拖曳至当前文件中并适当调整其大小和位置，然后对其进行多次复制并调整各图像的位置和旋转角度，制作出四个角的花纹，然后新建图层，使用画笔工具 ✏ 绘制出边框 **3-2**。新建图层，使用钢笔工具 ✒ 绘制出底边的花纹，并复制出多个。然后将"古典图案.psd"文件，拖曳至当前文件中，并设置图层混合模式为"正片叠底" **3-3**。新建图层，结合钢笔工具 ✒ 和"描边路径"命令绘制虚线 **3-4**。

3-1 调整牛皮纸的色调。

3-2 添加欧式复古花纹制作出边框效果，增加画面怀旧的感觉。

3-3 添加欧洲交通工具插画。

3-4 绘制虚线。

STEP 4 执行"应用图像"命令，调整整体色调

单击横排文字工具 T，输入文字并为其填充深棕色（R41、G27、B22），然后单击"图层"面板中的"添加图层样式"按钮 fx，添加"内阴影"和"图案叠加"图层样式，制作出复古的文字效果 **4-1**。执行"文件>打开"命令，打开"纹理.jpg"文件，将其拖曳至当前文件中并设置对应图层的混合模式为"叠加"、"不透明度"为30%。然后按下快捷键Ctrl+Shift+Alt+E盖印可见图层，并执行"图像>应用图像"命令，在弹出的"应用图像"对话框中设置参数并单击"确定"按钮，调整画面色调 **4-2**。

4-1 将文字制作出古旧感，统一画面视觉。

4-2 运用纹理素材进一步提高画面的怀旧感，并调整整体的色调，使画面色调更复古。

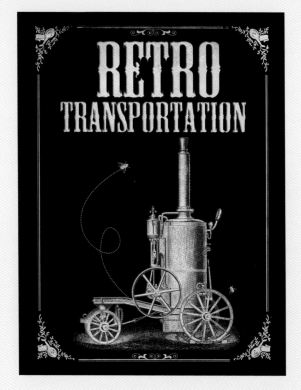

STEP 1

新建图像文件，并填充颜色制作背景，将花纹元素拖曳至当前文件中装饰画面 **1-1**。添加复古的交通工具插画，并通过调整混合模式及色调，强调画面主题 **1-2**。

1-1 运用欧式环纹点缀画面效果。

1-2 添加复古的交通工具插画。

STEP 2

输入文字并添加"内阴影"图层样式，让文字更突出 **2-1**。依次打开纹理素材并将其拖曳至当前图像文件中，通过调整图层混合模式，为图案赋予纹理 **2-2**。

2-1 运用具有立体感的复古字体突出主题。

2-2 添加牛皮纸纹理表现复古感。

剪贴旧纸素材表现平面构图

光盘路径：Chapter 02 \ Complete \ 19 \ 19 剪贴旧纸素材表现平面构图.psd

视频路径：Video \ Chapter 02 \ 19 剪贴旧纸素材表现平面构图.swf

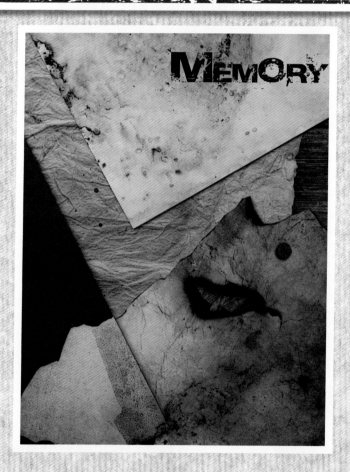

◉ 设计构思 ••••••••••••

旧纸素材能带给人充满回忆的感觉，通过对这些素材进行剪贴可以呈现出能带给人回忆的画面。在本案例中运用不同颜色、材质及纹理的纸张进行交叉堆叠，表现出具有复古感觉的平面构图。

◉ 设计要点 ••••••••••••

在运用素材进行剪贴的时候，添加"投影"图层样式可以让素材之间的合成更自然、真实。通过纸张纹理的叠加，使画面纹理感更强烈。

STEP 1 使用调整图层调整纸张色调

执行"文件>新建"命令，设置各项参数和"名称"后单击"确定"按钮 1-1。执行"文件>打开"命令，打开"纸纹1.jpg"文件，将其拖曳至当前文件中并适当调整大小和位置，然后单击"创建新的填充或调整图层"按钮 ⊘，在弹出的菜单中选择"色相/饱和度"命令，并拖动滑块设置参数 1-2。使用钢笔工具 ⊿ 勾绘局部的路径并创建选区，添加图层蒙版仅调整该选区色调 1-3。执行"文件>打开"命令，打开"纸纹2.jpg"文件，将其拖曳至当前图像文件中，并添加"投影"图层样式 1-4。

1-1 执行"文件>新建"命令，新建空白文件。

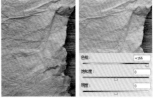

1-2 添加纸纹图像，并调整纸纹色调。

1-3 添加图层蒙版，仅调整局部。

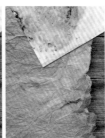

1-4 添加层叠的纸张表现构图。

STEP 2 结合图层混合模式叠加纹理

执行"文件>打开"命令，打开"纸纹3.jpg"文件，将其拖曳至该文件中并适当调整大小和位置，然后使用钢笔工具 ⊿ 进行抠像处理。单击"添加图层样式"按钮 ƒx，添加"投影"图层样式 2-1。完成后继续执行"文件>打开"命令，打开"纸纹4.jpg"文件，将其拖曳至该文件中并适当调整大小和位置，结合钢笔工具 ⊿ 和图层蒙版调整纸张的构图，并单击"添加图层样式"按钮 ƒx，添加"投影"图层样式 2-2。再次执行"文件>打开"命令，打开"纸张纹理.jpg"文件，将其拖曳至当前文件中，并设置图层混合模式为"正片叠底"，再添加图层蒙版隐藏部分纹理 2-3。

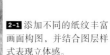

2-1 添加不同的纸纹丰富画面构图，并结合图层样式表现立体感。

2-2 继续添加纸张素材丰富画面构图。

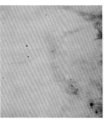

2-3 运用纸张的纹理进行叠加，丰富画面的纹理感。

STEP 3 运用"曲线"调整图层调整画面亮度

单击"图层"面板中的"创建新的填充或调整图层"按钮 ◎., 在弹出的菜单中选择"曲线"命令,并在其属性面板中的曲线上单击,创建并拖动锚点 3-1。继续单击"创建新的填充或调整图层"按钮 ◎., 在弹出的菜单中选择"自然饱和度"命令,并在其属性面板中拖动滑块设置参数 3-2。完成后执行"文件>打开"命令,打开"纸纹2.jpg"文件,并将其拖曳至当前文件中,并设置图层混合模式为"正片叠底",增加画面的纹理 3-3。

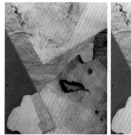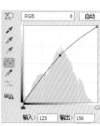

3-1 添加"曲线"调整图层,一扫画面阴沉、晦暗的色调,让画面的整体色调更明亮。

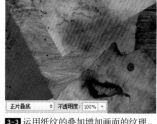

3-2 通过"自然饱和度"调整图层增加怀旧感。

3-3 运用纸纹的叠加增加画面的纹理。

STEP 4 创建"渐变"调整图层表现色调过渡

单击"图层"面板中的"添加图层蒙版"按钮 ◎., 为纹理图层添加图层蒙版,然后使用黑色画笔在蒙版上涂抹,隐藏部分的纹理图像 4-1。然后单击"创建新的填充或调整图层"按钮 ◎., 在弹出的菜单中选择"色相/饱和度"命令,并在其属性面板中拖动滑块设置参数,再按下快捷键 Ctrl+Alt+G 创建剪贴蒙版仅调整纹理色调 4-2。继续单击"创建新的填充或调整图层"按钮 ◎., 在弹出的菜单中选择"渐变"命令,并在弹出的"渐变填充"对话框中设置参数,并设置图层混合模式为"叠加"、"不透明度"为 30% 4-3。

4-1 添加图层蒙版隐藏部分纹理。

4-2 结合"色相/饱和度"调整图层仅调整局部的色调。

4-3 最后创建"渐变"调整图层,强调画面色调的过渡效果,让画面更有层次感。

STEP 5 使用矩形选框工具制作边框

单击"图层"面板中的"创建新图层"按钮，创建新图层，然后单击矩形选框工具，在画面中创建矩形选区，并按下快捷键Ctrl+Shift+I反选选区。然后设置前景色为浅灰色，并按下快捷键Alt+Delete为选区填充颜色，完成后调整图层"不透明度"为80%，制作出半透明的效果 **5-1**。然后单击横排文字工具，输入文字并在"字符"面板中选择特殊的字体，并调整不同的字号大小，完善画面构图 **5-2**。

5-1 制作边框表现出复古的感觉。

5-2 结合个性的字体表现画面独特的艺术感，并完善画面的构图。

STEP 6 运用"海报边缘"滤镜加强艺术效果

按下快捷键Ctrl+Shift+Alt+E盖印可见图层，然后执行"滤镜>滤镜库"命令，在"艺术效果"选项组中选择"海报边缘"选项，在弹出的"海报边缘"对话框中设置好参数后单击"确定"按钮，应用滤镜效果 **6-1**。然后单击"图层"面板中的"创建新的填充或调整图层"按钮，在弹出的菜单中选择"色彩平衡"，并在其属性面板中拖动滑块设置参数 **6-2**。继续单击"创建新的填充或调整图层"按钮，创建"自然饱和度2"调整图层，调整画面色调 **6-3**。

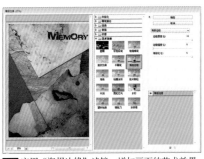

6-1 应用"海报边缘"滤镜，增加画面的艺术效果。

6-2 调整画面色调。

6-3 添加"自然饱和度2"调整图层，再进一步强调画面的怀旧感觉。

STEP 1

打开纸张素材后，结合"色相/饱和度"调整图层和图层蒙版调整素材的局部色调 1-1 。继续添加纸张素材，并结合"色相/饱和度"调整图层进行调整 1-2 。

1-1 调整局部色调，使画面颜色变化更丰富。

1-2 添加不同颜色的纸张丰富画面。

STEP 2

依次打开纸张素材，结合图层蒙版调整素材的轮廓，并适当调整素材的摆放位置，突出平面构图感 2-1 。复制纸张素材，并调整图层混合模式制作出纹理感 2-2 。

2-1 继续添加不同的纸张元素，以丰富画面。

2-2 调整画面色调突出复古构思。

利用墨迹污点纸张表现颓废感构思

光盘路径：Chapter 02 \ Complete \ 20 \ 20 利用墨迹污点纸张表现颓废感构思.psd

视频路径：Video \ Chapter 02 \ 20 利用墨迹污点纸张表现颓废感构思.swf

❀ 设计构思 ·············
运用墨迹、污渍和划痕等视觉元素可以很好地表现出颓废感。在本案例中将人物图像处理为照片的效果，并在背景纸张上添加一些划痕及磨损的效果，使画面具有颓废感。

❀ 设计要点 ·············

在制作时，通过调色使素材呈现纹理感，结合"差值"混合模式让其呈现出斑驳纹理，再运用划痕笔刷绘制划痕，进一步凸显颓废感。

STEP 1 运用"渐变"调整图层增加色调层次

执行"文件>新建"命令，设置各项参数和"名称"后单击"确定"按钮 1-1。执行"文件>打开"命令，打开"纸纹1.jpg"文件，并将其拖曳至当前文件中，调整好大小和摆放位置 1-2。然后单击"图层"面板中的"创建新的填充或调整图层"按钮 ，在弹出的菜单中选择"自然饱和度"命令，并在其属性面板中拖动滑块设置参数 1-3。继续创建"渐变填充"调整图层，并设置图层混合模式为"叠加"、"不透明度"为50% 1-4。

1-1 执行"文件>新建"命令，新建空白文档。

1-2 添加纸纹素材作为背景。

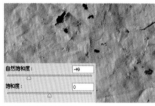

1-3 调整背景色调。

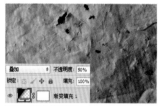

1-4 强化色调过渡。

STEP 2 调整图层混合模式，加强背景纹理

执行"文件>打开"命令，打开"纹理.jpg"文件，并将其拖曳至当前文件中，调整好大小和摆放位置，然后设置图层混合模式为"正片叠底" 2-1。新建图层，单击矩形选框工具 ，在画面中创建矩形选框并为其填充浅灰黄色（R241、G237、B228），然后单击"图层"面板中的"添加图层样式"按钮 ，在弹出的菜单中选择"投影"命令，在弹出的"图层样式"对话框中设置参数并单击"确定"按钮 2-2。然后执行"文件>打开"命令，打开"人物.jpg"文件，并将其拖曳至当前文件中，调整好大小和摆放位置。单击矩形选框工具 创建相片的选区，并单击"添加图层蒙版"按钮 2-3。

2-1 结合纹理素材，增强背景的颓废效果。

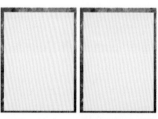

2-2 制作相片的底框效果，并添加"投影"样式增加立体感。

2-3 打开人物图像并制作出相片的内容。

STEP 3 运用"色阶"调整图层强化纸张纹理

执行"文件>打开"命令，打开"纸纹2.jpg"文件，并将其拖曳至当前文件中，调整好大小和摆放位置后，单击"图层"面板中的"创建新的填充或调整图层"按钮 ◎，在弹出的菜单中选择"色相/饱和度"命令，在其属性面板中拖动滑块设置参数，并创建剪贴蒙版仅调整纸张的色调 **3-1**。创建"色阶"调整图层，并创建剪贴蒙版，再在其属性面板中拖动滑块增强纹理的对比 **3-2**。

3-1 添加斑驳的纸纹图像，并结合"色相/饱和度"调整图层调整纸张的色调，增强纹理的表现力。

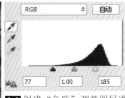

3-2 创建"色阶"调整图层进一步强调纹理效果。

STEP 4 使用"反相"命令调整纹理

合并斑驳纸纹图层及其调整图层，并按下快捷键Ctrl+I执行"反相"命令 **4-1**。然后调整图层混合模式为"差值" **4-2**。完成后单击"添加图层蒙版"按钮 ◻，并使用黑色画笔在蒙版图像的局部涂抹，隐藏部分纹理图像。选择所有照片图层并按下快捷键Ctrl+G进行群组，选择图层组，按下快捷键Ctrl+ Alt+E进行合并，再按下快捷键Ctrl+T执行"自由变换"命令，调整好照片的摆放位置和角度 **4-3**。设置前景色为土黄色（R186、G142、B100），创建"颜色填充1"调整图层，并设置图层混合模式为"颜色"、"不透明度"为20% **4-4**。

4-1 利用"反相"命令增加颓废感。

4-2 结合"差值"混合模式混合纹理。

4-3 调整纹理以及照片的角度和摆放位置。

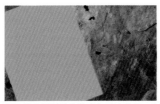

4-4 结合图层混合模式和不透明度，使照片具有泛黄的怀旧色调。

STEP 5 使用横排文字工具制作文字

选择金属纹理图层并按下快捷键Ctrl+J进行复制，调整图层顺序至"颜色填充1"调整图层上方，再按下快捷键Ctrl+Alt+G创建剪贴蒙版，然后设置图层混合模式为"减去"、"不透明度"为50% 5-1。新建图层并创建剪贴蒙版，单击画笔工具并载入"划痕.abr"笔刷，在"画笔预设"选取器中选择合适的笔刷，在照片上绘制划痕 5-2。单击横排文字工具，输入文字并结合"自由变换"命令调整文字的角度 5-3。

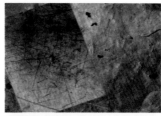

5-1 复制背景的底纹图层，并结合图层混合模式增强纹理。

5-2 运用划痕增加颓废感。

5-3 添加文字完善构图。

STEP 6 运用"投影"图层样式制作文字的立体感

新建图层，结合钢笔工具和"描边路径"绘制出文字之间的直线，然后在直线和文字交接的位置绘制出加宽的效果 6-1。选择之前绘制的直线和文字图层，按下快捷键Ctrl+Alt+E合并图层，并单击"图层"面板中的"添加图层样式"按钮，在弹出的菜单中的选择"投影"命令，在弹出的"图层样式"对话框中设置参数后单击"确定"按钮，继续单击横排文字工具，输入文字并添加"投影"图层样式 6-2。新建图层，并结合矩形选框工具，绘制出边框效果，然后继续新建图层，单击画笔工具，绘制出画面中的划痕图案 6-3。

6-1 绘制出文字之间的连线，并在线条与文字交接的地方呈现加宽效果。

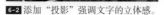

6-2 添加"投影"强调文字的立体感。

6-3 绘制边框，运用划痕增强颓废感。

STEP 1

依次打开纸张和划痕的素材，并通过调整图层和混合模式使纹理相互交叠 1-1。继续添加人物图像和纸张纹理，通过划痕笔刷及图层混合模式的运用，制作出斑驳的照片 1-2。

STEP 2

将人物图像进行群组并对其进行复制，然后分别调整摆放位置及所对应图层的混合模式，使画面元素与背景更融合 2-1。输入文字后，结合图层蒙版和划痕笔刷制作出斑驳的文字 2-2。

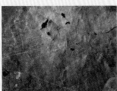

1-1 运用素材的交互叠加，表现出具有丰富纹理和颓废感的背景。

1-2 将人物图像处理为具有斑驳的照片效果，与画面背景相呼应。

2-1 复制照片元素，并通过调整混合模式使照片与背景融合更自然。

2-2 制作出具有划痕的纹理效果，与设计主题相呼应。

利用彩色卡纸完成炫彩立体海报构思

光盘路径：Chapter 02 \ Complete \ 21 \ 21 利用彩色卡纸完成炫彩立体海报构思.psd

视频路径：Video \ Chapter 02 \ 21 利用彩色卡纸完成炫彩立体海报构思.swf

❀ 设计构思

将卡纸制作出特殊的形状并相互交叠，表现出立体海报效果。在本案例中，将卡纸制作成贺卡形式，运用小船乘风破浪的图案表现活泼的立体艺术，并运用低饱和对比的色调突出温馨设计感。

❀ 设计要点

如何制作具有立体感的卡纸造型是要点。首先使用钢笔工具绘制基本形状，然后添加"投影"图层样式，让卡纸更有立体感。

STEP 1 运用"色相/饱和度"调整图层调整背景色调

执行"文件>新建"命令，设置各项参数和"名称"后单击"确定"按钮 1-1。执行"文件>打开"命令，打开"纸张.jpg"文件，并将其拖拽至当前文件中，调整好大小和摆放位置后，单击"图层"面板中的"创建新的填充或调整图层"按钮，在弹出的菜单中选择"色相/饱和度"命令，并在其属性面板中设置参数 1-2。新建图层，使用矩形选框工具绘制出条纹图案，然后复制纸张图像并调整其图层顺序至上方，且适当调整其摆放位置 1-3。

1-1 执行"文件>新建"命令，新建空白文档。

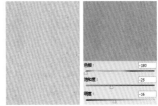

1-2 调整纸张的色调，使其作为背景。

1-3 绘制条纹图案装饰背景，并复制纸张制作出贺卡的折页，增强海报的立体感和层次感。

STEP 2 添加图层蒙版，制作出镂空效果

单击自定形状工具，在属性栏中的"自定形状"拾色器中选择适合的形状，在折页前段绘制路径并为折页图层创建蒙版，然后将路径转换为选区并为其填充黑色。完成后单击"图层"面板中的"添加图层样式"按钮，在弹出的菜单中选择"投影"命令，并在弹出的"图层样式"对话框中设置参数后单击"确定"按钮 2-1。创建"自然饱和度1"调整图层，调整折页图像的色调，并创建剪贴蒙版 2-2。完成后新建图层，然后复制折页图层并结合图层蒙版制作出弧形的形状，然后添加"投影"图层样式，复制"自然饱和度1"调整图层，再创建剪贴蒙版调整色调 2-3。

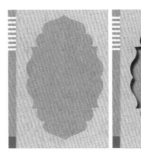

2-1 运用古典的边框制作出镂空效果，并结合"投影"图层样式制作出立体感。

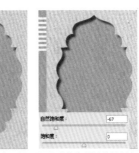

2-2 适当降低纸张的颜色饱和度。

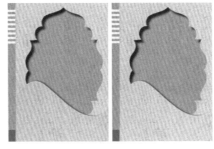

2-3 继续复制纸张图层，并结合图层蒙版制作出折叠的形状变化，然后添加"投影"图层样式增加立体感。

STEP 3 运用"图案叠加"图层样式制作出纸纹

新建图层并适当调整图层顺序，然后使用矩形选框工具 □ 创建矩形选区，使用渐变工具 ■ 对选区进行径向渐变填充 3-1。然后单击"图层"面板中的"添加图层样式"按钮 fx，在弹出的菜单中选择"图案叠加"命令，在弹出的"图层样式"对话框中设置参数后单击"确定"按钮 3-2。新建图层，结合椭圆工具 ◎ 和矩形工具 □ 制作出海浪的形状 3-3。然后单击"图层"面板中的"添加图层样式"按钮 fx，添加"投影"图层样式，并继续使用椭圆工具 ◎ 和渐变工具 ■ 制作出另一层海浪，并添加"投影"图层样式 3-4。

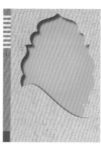
3-1 制作出贺卡内页的颜色变化。

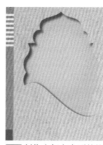
3-2 制作出贺卡内页的纹理效果。

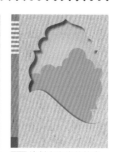
3-3 绘制出海浪的轮廓。

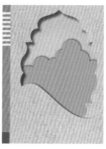

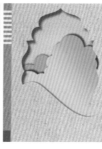

3-4 为海浪添加"投影"图层样式，增强立体感，并结合渐变工具表现出海浪的色调变化，增强图像的层次感。

STEP 4 运用"投影"图层样式表现出立体感

使用椭圆工具 ◎ 绘制出更多层次的海浪，并分别为其对应的图层添加"投影"图层样式 4-1。新建图层，使用钢笔工具 ∅ 绘制船身的路径，并将路径转换为选区，然后使用渐变工具 ■ 制作出具有立体感颜色变化的船身 4-2。单击"图层"面板中的"添加图层样式"按钮 fx，在弹出的菜单中选择"投影"命令，在弹出的"图层样式"对话框中设置参数后单击"确定"按钮。使用相同的方式依次绘制出船桅和船帆的形状，并分别为其对应的图层添加"投影"图层样式 4-3。

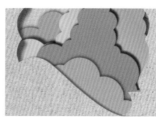
4-1 绘制更多层次的海浪。

4-2 绘制船身轮廓。

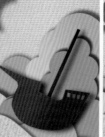

4-3 依次绘制出完整的船体并为其对应图层添加"投影"图层样式。

STEP 5 使用渐变工具表现海浪立体感

新建图层，使用钢笔工具绘制出海浪的路径，再将路径转换为选区，然后使用渐变工具对其进行径向渐变填充，表现出海浪的颜色过渡效果。然后单击"图层"面板中的"添加图层样式"按钮，在弹出的菜单中选择"投影"命令，在弹出的"图层样式"对话框中设置参数后单击"确定"按钮 5-1。使用相同的方式绘制更多层次的海浪 5-2。绘制海浪后，使用钢笔工具绘制出形状可爱的浪花，并为图层添加"投影"图层样式，然后对其进行复制，并调整图像大小和摆放位置 5-3。

5-1 绘制前方的海浪。

5-2 绘制更多的海浪。

5-3 绘制形状可爱的浪花，并对其进行复制调整，完善折卡内页的构图，并结合"投影"图层样式强调图像的立体感。

STEP 6 运用剪贴蒙版绘制文字花纹

新建图层，使用钢笔工具绘制出最前端的海浪图案，并添加"投影"图层样式，然后单击"锁定透明像素"按钮，再使用画笔工具绘制出折页在海浪上的投影 6-1。新建图层，使用钢笔工具和渐变工具绘制出画面上方的飘带的图案 6-2。然后分别为飘带的各个局部添加"投影"图层样式 6-3。使用钢笔工具绘制出曲线路径，然后使用横排文字工具在路径上输入文字 6-4。新建图层并创建剪贴蒙版，然后使用画笔工具绘制出文字的花纹。打开"复古标志.png"文件，并将其拖曳至当前文件中，为其图层添加"投影"图层样式，然后使用横排文字工具输入文字信息 6-5。

6-1 绘制前端的浪花图案。

6-2 绘制出飘带，完善画面上方的构图。

6-3 为飘带图层添加"投影"图层样式。

6-4 添加文字，完善画面内容。

6-5 结合剪贴蒙版绘制文字的花纹，为画面增加设计亮点。

作品风格转换　　**转换为立体剪纸风格**

STEP 1

打开纸纹素材，运用"色相／饱和度"调整图层调整背景颜色，并使用矩形选框工具制作条纹 **1-1**。复制纸纹，并结合图层蒙版制作出镂空图案，为相应图层添加"投影"图层样式 **1-2**。

1-1 使用暗粉色的背景突出前端卡纸。

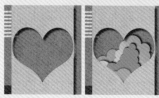

1-2 运用"投影"图层样式表现层次感。

STEP 2

继续使用钢笔工具绘制更多的海浪图形，并绘制出垂坠的桃心图案，然后为相应图层添加"投影"图层样式 **2-1**。添加文字后，结合剪贴蒙版改变文字颜色 **2-2**。

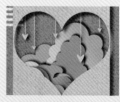

2-1 绘制更多海浪和桃心的图案，装饰画面效果。

2-2 运用糖果色的文字突出画面可爱感觉。

利用 T 恤图案为背景表现艺术招贴设计

光盘路径： Chapter 02 \ Complete \ 22 \ 22 利用T恤图案为背景表现艺术招贴设计.psd
视频路径： Video \ Chapter 02 \ 22 利用T恤图案为背景表现艺术招贴设计.swf

🎨 设计构思 ••••••••••••••

T 恤图案作为背景的招贴可以表现出街头艺术的自由感。在本案例中绘制卡通形象插画作为 T 恤图案，运用粗线描边凸显插画的涂鸦感，并结合简单的红、黄、蓝三色使图案简单却具有冲击力。

🎨 设计要点 ••••••••••••••

先对画面构图和卡通形象有一定构思，运用画笔工具进行绘制，再使用钢笔工具进行描边。结合魔棒工具可以轻松地为各个部分填充颜色。

STEP 1 载入工具预设，绘制线稿

执行"文件>新建"命令，设置各项参数和"名称"后单击"确定"按钮 **1-1**。新建图层并填充背景颜色，然后新建图层并使用矩形选框工具 **□** 创建矩形选区，使用渐变工具 **■** 对其进行亮黄色（R248、G232、B4）到中黄色（R233、G186、B1）的径向渐变填充 **1-2**。新建图层，单击画笔工具 **✐** 并载入"绘画.tbl"，在"工具预设"选取器中选择6B画笔绘制线稿，然后新建图层，使用钢笔工具 **✐** 根据线稿绘制出卡通人物的轮廓线稿 **1-3**。

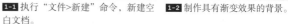

1-1 执行"文件>新建"命令，新建空白文档。

1-2 制作具有渐变效果的背景。

1-3 使用画笔工具绘制出构思后，再使用钢笔工具进行细化。

STEP 2 使用钢笔工具绘制人物线稿

新建图层，使用钢笔工具 **✐** 根据角色线稿勾勒出眼镜框的路径并对路径进行描边，然后调小画笔，并继续使用钢笔工具 **✐** 绘制镜片上反光的路径，并执行"描边路径"命令，在弹出的对话框中勾选"模拟压力"复选框，然后单击"确定"按钮 **2-1**。继续新建图层，并使用钢笔工具 **✐** 绘制出角色两旁蘑菇的线稿，并结合"模拟压力"复选框绘制细节 **2-2**。完成后继续新建图层并勾绘出飘带等处的线稿，然后单击自定形状工具 **✐**，在"自定形状"拾色器里选择黑桃的图案，在角色肚子上绘制图案 **2-3**。然后继续新建图层，使用椭圆工具 **○** 绘制圆环形状 **2-4**。

2-1 绘制眼镜、胡子细节。

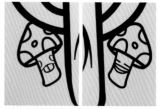

2-2 分别绘制左右两侧的蘑菇线稿。

2-3 在肚子的位置绘制黑桃图案，使卡通形象更完善。

2-4 使用椭圆工具绘制卡通人物身后的圆环路径，制作出图章效果。

STEP 3 使用魔棒工具填充颜色

新建图层，并调整图层顺序至线稿下方，然后单击魔棒工具，在角色身体区域单击创建选区，然后按住Shift键继续在帽子两侧单击创建选区，设置前景色为蓝色（R34、G184、B211），按下快捷键Alt+Delete为选区填充颜色，然后设置前景色为柠檬黄（R240、G231、B43），并结合魔棒工具为帽子中间及肚子填充颜色 3-1。然后继续使用魔棒工具分别填充角色各个部分的颜色，并适当调整图层顺序，使颜色与线稿的结合更完善 3-2。

3-1 运用与背景对比强烈的蓝色突出卡通人物的形象，并运用柠檬黄使人物形象与背景更有联系。

3-2 使用简单的红、黄、蓝三色为主要的图案上色，表现出简单却富有视觉冲击力的色彩。

STEP 4 运用剪贴蒙版绘制投影

新建图层并调整图层顺序至圆环颜色图层上方，按下快捷键Ctrl+Alt+G创建剪贴蒙版，设置前景色为中黄色（R223、G184、B18），然后单击画笔工具，绘制出人物在黄色圆环上的投影，并调整图层混合模式为"正片叠底"。调整前景色为暗红色（R186、G13、B4），使用相同的方式绘制出红色圆环上的投影 4-1。继续新建图层并调整图层顺序至角色上色图层的上方，然后按下快捷键Ctrl+Alt+G创建剪贴蒙版，使用画笔工具绘制出手臂上的投影 4-2。然后使用相同的方式绘制出角色其他部分的投影 4-3。

4-1 绘制出角色在圆环上的投影，呈现出立体感。

4-2 绘制角色手臂的投影。　4-3 绘制其他部分的投影，完善角色。

STEP 5 使用横排文字工具制作文字

新建图层并调整图层顺序至蘑菇图层上方，使用魔棒工具创建出蘑菇头的选区，然后单击画笔工具，绘制蘑菇头的阴影，在绘制蘑菇上的斑点时，可适当调整画笔颜色并结合魔棒工具进行绘制 **5-1**。然后继续新建图层并调整图层顺序至飘带上方，结合魔棒工具和画笔工具绘制出阴影和投影，然后调整对应图层的图层混合模式为"正片叠底" **5-2**。完成后使用椭圆工具绘制较大于圆环的路径，然后单击横排文字工具，在路径上输入文字，再继续使用横排文字工具制作飘带上的文字，并对文字进行变形 **5-3**。

5-1 绘制角色旁边蘑菇的阴影，增加图案的立体感。

5-2 绘制出飘带上的阴影，使图案更完整。

5-3 制作出圆环外的环形文字，并添加卡通角色帽子上的图案，完善角色形象。

STEP 6 运用图层混合模式制作褶皱

新建图层，设置前景色为白色，单击画笔工具并调整画笔大小后，单击钢笔工具，绘制底部光泽的路径，并执行"描边路径"命令，在弹出的对话框中勾选"模拟压力"复选框，并单击"确定"按钮，然后使用橡皮擦工具擦除多余的图像 **6-1**。使用相同的方式绘制插画中各个局部的光泽 **6-2**。添加"T恤.png"文件到图像文件中，并适当调整图层顺序，然后将插画进行群组并合并图层，调整好大小和摆放位置后复制T恤图层并调整图层混合模式为"正片叠底"，结合图层蒙版隐藏部分图像，然后使横排文字工具添加文字 **6-3**。

6-1 绘制底部的光泽。

6-2 绘制各个部分的光泽。

6-3 添加T恤图像，制作出完整的招贴效果。

转换为劲爆 T 恤图案风格

利用 T 恤图案为背景表现艺术招贴设计

STEP 1

使用钢笔工具分别绘制出各个水晶块面的颜色，然后结合剪贴蒙版、画笔工具和渐变工具等绘制水晶细节 1-1 。使用相同的方法绘制更多水晶，并添加 T 恤素材 1-2 。

1-1 绘制色彩斑斓的水晶块作为主体。

1-2 继续绘制更多水晶块，丰富画面。

STEP 2

复制 T 恤图案，并调整对应图层的图层顺序至上方，然后结合"正片叠底"图层混合模式突出褶皱 2-1 。复制水晶图层，并适当调整图层顺序使其作为背景，与 T 恤上的图案相呼应 2-2 。

2-1 结合图层混合模式表现出真实的褶皱感。

2-2 运用相同的图案效果，使背景与T恤相呼应。

利用羊毛毡文字表现活跃构思

光盘路径：Chapter 02 \ Complete \ 23 \ 23 利用羊毛毡文字表现活跃构思.psd

视频路径：Video \ Chapter 02 \ 23 利用羊毛毡文字表现活跃构思.swf

◈设计构思

羊毛毡制作的图案可以给人活泼、轻松的感觉，运用羊毛毡制作的文字还可以表现出活跃的构思。本案例中运用纸纹作为背景，添加飞机、椰树等剪影增加休闲感，通过羊毛毡的文字使画面更活跃。

◈设计要点

首先使用文字工具制作文字，然后结合"图案叠加"表现质感，并添加"投影"表现立体感，最终结合剪贴蒙版修改颜色。

STEP 1 运用"投影"图层样式制作背景立体感

执行"文件>新建"命令，设置各项参数和"名称"后单击"确定"按钮 **1-1**。设置当前颜色为浅灰色，并按下快捷键Alt+Delete填充背景图层样式 **1-2**。然后执行"文件>打开"命令，打开"纸张.jpg"文件，并将其拖曳至当前文件中，按下快捷键Ctrl+T执行"自由变换"命令，调整好图像的大小，然后单击"图层"面板中的"添加图层样式"按钮 *fx.*，在弹出的菜单中选择"投影"命令，在弹出的"图层样式"对话框中设置参数后单击"确定"按钮 **1-3**。

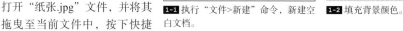

1-1 执行"文件>新建"命令，新建空白文档。

1-2 填充背景颜色。

1-3 打开纸纹素材并结合图层样式制作出立体感。

STEP 2 运用"高斯模糊"滤镜制作背景的厚度感

单击"图层"面板中的"创建新的填充或调整图层"按钮 *◐.*，在弹出的菜单中选择"色相/饱和度"命令，并在其属性面板中拖动滑块设置参数，适当调整背景图层的颜色 **2-1**。继续单击"图层"面板中的"创建新的填充或调整图层"按钮 *◐.*，在弹出的菜单中选择"曲线"命令，并在其属性面板中调整曲线 **2-2**。新建图层，并单击矩形选框工具 *□*，在画面中部创建选区并为其填充白色 **2-3**。执行"滤镜>模糊>高斯模糊"命令，并调整图层"不透明度"为30%，然后使用相同的方式制作黑色的边框，并设置图层混合模式为"叠加"、"不透明度"为10% **2-4**。

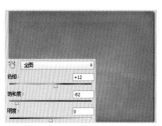

2-1 使用"色相/饱和度"调整图层调整背景的色调，使其呈现怀旧的感觉。

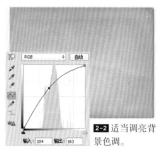

2-2 适当调亮背景色调。

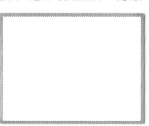

2-3 填充中间区域为白色。

2-4 使用"高斯模糊"滤镜制作出背景中间凸起的质感。

STEP 3 使用文字工具制作文字

执行"文件>打开"命令，打开"椰树和飞机.psd"文件，并将其拖曳至当前文件中，按下快捷键Ctrl+T执行"自由变换"命令，分别调整图像的大小和摆放位置，然后设置图层混合模式为"叠加"、"不透明度"为40% **3-1**。单击横排文字工具 **T**，输入文字并为其填充黑色 **3-2**。然后新建图层，使用圆角矩形工具 **□** 绘制圆角矩形，然后载入文字选区并删除选区内图像，单击属性栏中的"创建文字变形"按钮 **A**，在弹出的"变形文字"对话框中，设置各项参数，然后单击"确定"按钮 **3-3**。

3-1 结合剪影图案增加画面的休闲感。

3-2 适当添加文字信息。

3-3 创建文字的变形效果。

STEP 4 运用"斜面和浮雕"图层样式制作描边的立体感

选择文字图层和圆角矩形图层，并按下快捷键Ctrl+Alt+E合并图层。然后单击"图层"面板中的"添加图层样式"按钮 **fx**，在弹出的菜单中选择"投影"命令，并在弹出的"图层样式"对话框中勾选"图案叠加"复选框，设置参数后单击"确定"按钮 **4-1**。然后新建图层，载入羊毛毡图层选区，并使用油漆桶工具 **□** 为其填充颜色，然后按下快捷键Ctrl+Alt+G创建剪贴蒙版 **4-2**。载入文字选区，并执行"建立工作路径"命令，然后结合属性面板中的"描边"选项，制作出虚线描边效果，并添加"斜面和浮雕"、"投影"图层样式 **4-3**。

4-1 添加"图案叠加"以及"投影"图层样式，制作出具有羊毛毡质感的文字。

4-2 结合剪贴蒙版调整羊毛毡文字的颜色。

4-3 结合"斜面和浮雕"图层样式制作出羊毛毡文字内侧描边的立体感。

转换为炫彩牛仔文字风格

利用羊毛毡文字表现活跃构思

STEP 1

添加纸纹、椰树和飞机等素材后，适当调整对应图层的图层混合模式，制作出剪影的效果 1-1。使用横排文字工具添加文字，并创建文字变形效果，制作出弧形文字 1-2。

1-1 运用椰树和飞机剪影结合纸纹突出休闲感。

1-2 制作出具有弧形效果的文字，突出复古的感觉。

STEP 2

将文字图层合并成一个图层后，添加"图案叠加"和"投影"图层样式，然后使用渐变工具对文字进行渐变填充 2-1。创建剪贴蒙版，为羊毛毡文字上色 2-2。

2-1 结合图层样式制作出羊毛毡文字的立体感和质感。

2-2 七彩变化的文字效果给人轻松感。

利用金属质感文字表现厚重感

光盘路径：Chapter 02 \ Complete \ 24 \ 24 利用金属质感文字表现厚重感.psd
视频路径：Video \ Chapter 02 \ 24 利用金属质感文字表现厚重感.swf

◉ 设计构思‧‧‧‧‧‧‧‧‧‧‧‧‧

具有金属质感的物体往往能带给人硬朗、厚重的感觉。在本案例中运用水泥质感的背景以及立体感的 3D 文字和方块给人厚重的感觉，然后通过橘色和蓝色的光给人以科技感和视觉冲击力。

◉ 设计要点‧‧‧‧‧‧‧‧‧‧‧‧‧

立体的金属感文字是画面的重点，首先使文字呈现出立体感，然后结合剪贴蒙版和纹理素材表现出金属感，再绘制边缘的发光效果。

STEP 1 利用"正片叠底"图层混合模式叠加纹理

执行"文件>新建"命令，设置各项参数和"名称"后单击"确定"按钮 1-1。执行"文件>打开"命令，打开"金属.jpg"文件并拖曳至当前文件中，使用"自由变换"命令适当调整其大小和位置 1-2。然后执行"文件>打开"命令，打开"墙面.jpg"文件，并将其拖曳至当前文件中，使用"自由变换"命令调整其大小和位置后，设置其图层混合模式为"叠加"、"不透明度"为70% 1-3。

1-1 执行"文件>新建"命令，新建空白文档。

1-2 打开纹理背景。

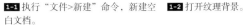

1-3 利用图层混合模式制作出叠加的纹理，让背景纹理更有金属的厚重感。

STEP 2 利用"叠加"图层混合模式制作光感

新建图层，设置前景色为橘红色（R207、G92、B12），然后单击渐变工具，在画面上方进行径向渐变填充，并设置图层混合模式为"叠加" 2-1。继续新建图层，并使用渐变工具在画面下方填充蓝色（R8、G142、B179）到透明色的径向渐变填充，并设置图层混合模式为"叠加" 2-2。完成后设置前景色为白色，使用渐变工具在画面下方进行白色到透明色的径向渐变填充，然后继续在画面上方进行白色到透明色的径向渐变填充，完成后调整图层混合模式为"叠加"，加强背景的光感效果 2-3。

2-1 绘制出墙面上方的发光效果。

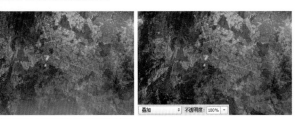

2-2 使用相同方法绘制下方的发光效果。

2-3 通过"叠加"图层混合模式加强发光的效果。

STEP 3 运用多种滤镜制作划痕效果

新建图层，并按下D键恢复默认颜色，然后执行"滤镜>渲染>云彩"命令。继续执行"滤镜>杂色>添加杂色"命令，完成后继续执行"滤镜>模糊>动感模糊"命令 **3-1**。调整图层混合模式为"叠加"，制作出背景的划痕效果 **3-2**。新建图层，分别再次执行"滤镜>渲染>云彩"命令和"滤镜>杂色>添加杂色"命令，然后再执行"滤镜>模糊>径向模糊"命令 **3-3**。调整图层混合模式为"叠加"，制作出背景的划痕效果，并单击横排文字工具 T，在图像中输入文字，且适当调整文字的大小 **3-4**。

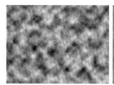  

3-1 结合多个滤镜制作出金属划痕的质感。

3-2 运用"叠加"图层混合模式为背景赋予划痕质感。

3-3 运用不同的滤镜制作出径向的划痕效果。

3-4 运用"叠加"图层混合模式加强背景径向划痕质感。

STEP 4 应用"3D"功能制作出 3D 效果

选择文字图层并执行"3D>从所选图层新建3D凸出"命令，并适当调整文字的倾斜角度和凸出厚度以及材质等，制作3D的文字效果 **4-1**。新建图层，使用矩形选框工具 □ 创建正方形选区，并为其填充颜色。然后执行"3D>从所选图层新建3D凸出"命令，并适当调整正方形的倾斜角度和凸出厚度以及材质等 **4-2**。新建图层并调整图层顺序至3D对象的下方，使用多边形套索工具 ☑ 创建选区，并结合渐变工具 ■ 和画笔工具 ☑ 绘制出投影 **4-3**。

4-1 制作出3D的文字效果。

4-2 使用相同的命令制作出不同角度的3D立体方块图像。

4-3 绘制出右下向上的投影，使文字和背景的合成更真实。

STEP 5 运用剪贴蒙版制作纹理

单击"图层"面板中的"创建新的填充或调整图层"按钮，在弹出的菜单中选择"色相/饱和度"命令，并按下快捷键Ctrl+Alt+G创建剪贴蒙版，仅调整文字色调，然后使用黑色画笔在蒙版上涂抹，恢复部分色调 5-1。继续单击"图层"面板中的"创建新的填充或调整图层"按钮，在弹出的菜单中选择"亮度/对比度"命令，创建剪贴蒙版后在其属性面板中拖动滑块设置好参数 5-2。执行"文件>打开"命令，打开"岩石纹理1.jpg"文件，将其拖曳至当前文件后创建剪贴蒙版，然后设置图层混合模式为"正片叠底" 5-3。

5-1 创建"色相/饱和度"调整图层，调整文字色调。

5-2 继续创建"亮度/对比度"调整图层，调整文字色调。

5-3 运用图层混合模式增强文字的金属纹理。

STEP 6 运用"曲线"调整图层调整方块色调

单击"创建新的填充或调整图层"按钮，在弹出的菜单中选择"色相/饱和度"命令，按下快捷键Ctrl+Alt+G创建剪贴蒙版，仅调整方块的色调，然后使用黑色画笔在蒙版上涂抹，恢复部分色调。再复制之前的"亮度/对比度1"调整图层，适当调整图层顺序后创建剪贴蒙版 6-1。执行"文件>打开"命令，打开"岩石纹理2.jpg"，将其拖曳至当前文件后创建剪贴蒙版，然后设置图层混合模式为"正片叠底" 6-2。继续创建"曲线1"调整图层 6-3。

6-1 添加图层蒙版，仅调整方块局部的色调。

6-2 为方块添加金属纹理。

6-3 适当调整方块的亮度。

STEP 7 使用钢笔工具绘制边缘高光

按住 Ctrl 键的同时分别单击文字图层和方块图层的缩览图，载入该图层选区，然后新建图层，单击画笔工具✐，并设置前景色为柠檬黄（R255、G242、B0），在局部上涂抹后设置图层混合模式为"叠加" 7-1。继续新建图层，并载入文字图层和方块图层选区，然后设置前景色为草绿色（R79、G170、B11），在局部上涂抹并设置图层混合模式为"叠加" 7-2。新建图层并设置前景色为白色，然后单击画笔工具✐设置好画笔大小后，结合钢笔工具和"描边路径"命令绘制出文字边缘的高光 7-3。

7-1 绘制出文字和方块的局部亮色，增强色调变化。

7-2 继续绘制更为丰富的色调变化，强化光感。

7-3 使用钢笔工具绘制文字边缘的高光，增强金属的质感。

STEP 8 运用"径向模糊"滤镜增强光感

复制高光图层，并单击"锁定透明像素"按钮☑，使用画笔工具在局部涂抹柠檬黄色（R255、G242、B0），然后设置图层混合模式为"叠加" 8-1。新建图层，使用画笔工具✐继续在高光中部涂抹，然后设置图层混合模式为"滤色" 8-2。按下快捷键 Ctrl+Shift+Alt+E 盖印可见图层，并设置图层混合模式为"叠加"，然后添加图层蒙版，使用黑色画笔在蒙版上涂抹，恢复局部区域的色调 8-3。完成后继续盖印可见图层，并执行"滤镜 > 模糊 > 径向模糊"命令，调整"不透明度"为50%，并结合图层蒙版隐藏部分图像 8-4。

8-1 运用"叠加"图层混合模式强化高光的光感。 8-2 绘制出绿色的光芒。

8-3 运用"叠加"混合模式增强色调层次。

8-4 应用"径向模糊"滤镜增强画面光感。

120

转换为金属立体质感风格

 STEP 1

打开场景图像和纹理图像，运用图层混合模式叠加纹理 **1-1**。使用画笔工具结合图层混合模式绘制出上下的光线，并使用文字工具添加文字，再结合 3D 功能为文字制作出立体感 **1-2**。

STEP 2

打开纹理素材，结合图层混合模式和剪贴蒙版为制作纹理，结合画笔工具和图层混合模式表现文字的色调变化 **2-1**。使用钢笔绘制发光效果，并结合"径向模糊"滤镜表现动感 **2-2**。

1-1 水泥空间图像和斑驳墙面纹理呈现出粗犷背景。

2-1 添加纹理素材，表现出文字的金属感。

1-2 运用光线和立体文字表现出科技感。

2-2 通过文字边缘的光线突出金属感。

利用水晶质感表现科技感设计

光盘路径：Chapter 02 \ Complete \ 25 \ 25 利用水晶质感表现科技感设计.psd
视频路径：Video \ Chapter 02 \ 25 利用水晶质感表现科技感设计.swf

❀ 设计构思 ••••••••••••••

水晶质感的物体可以带给人纯净的感觉。在本案例中，制作蓝色水晶质感的地球图案和地球掉落在水面上的效果，运用水花四溅的瞬间画面给人以震撼力，整体画面科技感十足。

❀ 设计要点 ••••••••••••••

首先结合图层蒙版和画笔工具隐藏水花部分图像，隐约透出地球图案，增加通透的感觉，再使用画笔绘制水花阴影，使合成更真实。

STEP 1 使用渐变工具制作科技感背景

执行"文件>新建"命令,设置各项参数和"名称"后单击"确定"按钮 **1-1**。新建图层,单击渐变工具 ■ 并对画面进行白色到蓝灰色(R204、G214、B223)的径向渐变填充 **1-2**。新建图层,使用椭圆工具 ● 绘制水晶球的形状,然后单击"图层"面板中的"添加图层样式"按钮 **fx**,在弹出的菜单中选择"内阴影"命令,并在弹出的"图层样式"对话框中勾选"光泽"、"渐变叠加"和"外发光"复选框,设置参数后单击"确定"按钮 **1-3**。

1-1 执行"文件>新建"命令,新建空白文档。

1-2 制作渐变效果的背景。

1-3 运用图层样式制作出水晶球的基本轮廓。

STEP 2 运用"云彩"滤镜制作水晶球纹理

新建图层,创建水晶球图像选区并将其填充为黑色。按下D键恢复默认颜色,然后执行"滤镜>渲染>云彩"命令,设置对应图层的图层混合模式为"亮光",复制云彩图像并按下快捷键Ctrl+T旋转图像,然后按下Enter键结束"自由变换"命令,再单击"添加图层蒙版"按钮 ■,并使用黑色画笔在蒙版上涂抹,隐藏部分图像 **2-1**。新建图层,载入水晶球图像图层选区,使用画笔工具 ✎ 在选区内绘制星点,并设置该图层的图层混合模式为"叠加" **2-2**。新建图层,并使用钢笔工具 ✎ 绘制陆地板块的形状,然后添加"斜面和浮雕"、"渐变叠加"和"投影"图层样式 **2-3**。

2-1 运用"云彩"滤镜制作水晶地球的通透感。

2-2 绘制发光的星点,装饰水晶地球的细节,使水晶球更具有真实感。

2-3 绘制地球上的陆地板块,使水晶球通过质感的对比增加设计感。

STEP 3 运用"渐变叠加"图层样式制作水晶球上的反光

新建图层，单击画笔工具 ✎ 并降低画笔的"不透明度"，在陆地板块形状内绘制色块，然后设置其图层混合模式为"差值"、"填充"为70% **3-1**。继续新建图层，使用画笔工具 ✎ 绘制更多的白色星点，并设置其图层混合模式为"叠加"、"填充"为70%。然后新建图层，使用椭圆工具 ◯ 绘制水晶球上反光的形状，然后单击"添加图层样式"按钮 fx.，在弹出的菜单中选择"渐变叠加"命令，并调整图层的"填充"为0% **3-2**。将绘制的水晶球图层进行群组，进行合并后再调整图像的大小，然后单击"创建新的填充或调整图层"按钮 ◒.，依次创建"色彩平衡1"、"亮度/对比度1"调整图层，仅调整水晶球的色调 **3-3**。

3-1 绘制具有金属感陆地的色调深浅变化，增加水晶球质感的真实度。

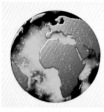 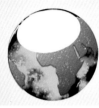 

3-2 运用"渐变叠加"图层样式表现出水晶球顶部的反光。

 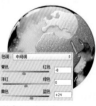 

3-3 运用调整图层使水晶球的色调更通透。

STEP 4 运用"色彩平衡"调整图层调整水花色调

执行"文件>打开"命令，打开"水花.png"文件，并将其拖曳至当前文件中，使用"自由变换"命令调整其大小和摆放位置 **4-1**。单击"添加图层蒙版"按钮 ▢，再使用黑色画笔在蒙版上涂抹，隐藏部分水花的图像 **4-2**。单击"图层"面板下方的"创建新的填充或调整图层"按钮 ◒.，在弹出的菜单中选择"色彩平衡"命令并创建剪贴蒙版，然后继续创建"亮度/对比度2"调整图层，并创建剪贴蒙版，仅调整水花的色调 **4-3**。

4-1 添加水花素材完善画面。

4-2 表现出水的通透。

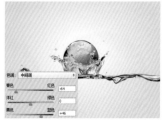 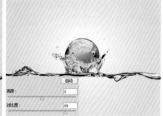

4-3 运用调整图层让水花的色调与水晶球更贴合。

STEP 5 使用画笔工具绘制投影

新建图层并调整图层顺序至水晶球上方，按下快捷键Ctrl+Alt+G创建剪贴蒙版，然后单击画笔工具，设置前景色为黑色并降低画笔的不透明度，沿着水花边缘绘制出水花在水晶球上的投影，增加合成的真实感 5-1 。执行"文件>打开"命令，打开"水珠1.png"文件，并将其拖曳至当前文件中，使用"自由变换"命令适当调整其大小和摆放位置，然后复制之前调整水花的"色彩平衡2"调整图层，并调整图层顺序至水珠上方。按下快捷键Ctrl+Alt+G创建剪贴蒙版，仅调整水珠的色调 5-2 。

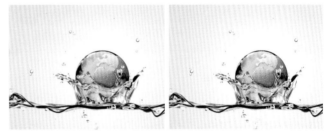

5-1 使用画笔沿着水花的边缘绘制出其在水晶球上的投影，增加合成的真实感。

5-2 添加更多水珠素材点缀画面，增强画面的张力，并适当调整水珠的色调。

STEP 6 使用横排文字工具制作文字

单击横排文字工具，输入文字并在"字符"面板中分别设置字体的大小，制作标题文字 6-1 。继续单击横排文字工具，输入段落文字，并在"字符"面板设置字体的大小 6-2 。执行"文件>打开"命令，打开"水珠2.png"文件，并将其拖曳至当前文件中，执行"自由变换"命令，适当调整其大小和摆放位置。复制之前调整水花的"色彩平衡2"调整图层，并调整图层顺序至水珠上方，然后按下快捷键Ctrl+Alt+G创建剪贴蒙版，仅调整水珠的色调 6-3 。

6-1 使用横排文字工具，制作出标题文字。

6-2 继续制作说明文字。

6-3 添加水珠素材点缀文字，并运用调整图层使水珠的色调与画面更融合。

转换为地球质感风格

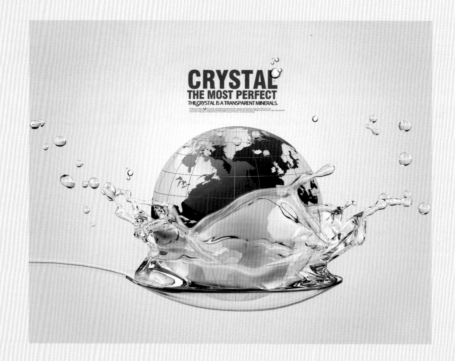

STEP 1

　使用椭圆工具绘制地球仪轮廓，然后结合钢笔工具和图层混合模式制作地球仪的细节 **1-1**。然后依次添加汤匙和水花图像，并调整好大小和摆放位置，完善画面 **1-2**。

1-1 制作出具有水晶质感的地球仪。

1-2 添加汤匙和水花素材，完善画面。

STEP 2

　分别添加"色彩平衡"调整图层以调整水花和汤匙的颜色，然后使用画笔工具绘制水花在地球仪上的投影 **2-1**。最后再运用"色彩平衡"调整图层突出画面的科技感 **2-2**。

2-1 分别调整汤匙和水花的色调。

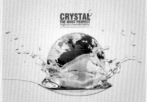

2-2 调整画面整体的色调，增加科技感。

表现闪耀的钻石构想

光盘路径：Chapter 02 \ Complete \ 26 \ 26 表现闪耀的钻石构想.psd

视频路径：Video \ Chapter 02 \ 26 表现闪耀的钻石构想.swf

❀ 设计构思 ·············

在本案例中，使用不同形状的钻石素材，拼合成一只美丽的蝴蝶饰品，并使用独特纹理的蓝色调背景凸显出钻石蝴蝶闪耀的光芒，然后绘制出闪光图案完善钻石蝴蝶闪闪发光的耀眼构想。

❀ 设计要点 ·············

先使用素材拼出局部图案，再通过复制制作出完整的蝴蝶。添加"投影"图层样式，并运用调整图层，使其色调与画面更统一。

STEP 1 创建调整图层，调整背景色调

执行"文件>新建"命令，设置各项参数和"名称"后单击"确定"按钮 **1-1**。执行"文件>打开"命令，打开"纸纹.jpg"文件，并将其拖曳至当前文件中，使用"自由变换"命令适当调整其大小和摆放位置。然后单击"图层"面板下方的"创建新的填充或调整图层"按钮 ◎.，在弹出的菜单中选择"色相/饱和度"命令，并在其属性面板中设置各项参数 **1-2**。执行"文件>打开"命令，打开"钻石.jpg"文件，并将其拖曳至当前文件中，适当调整其大小和摆放位置后，设置对应图层的图层混合模式为"叠加" **1-3**。

1-1 执行"文件>新建"命令，新建空白文档。

1-2 添加背景图像并调整色调。

1-3 通过钻石素材增加背景的华丽感，并运用图层混合模式使钻石素材与背景融合更自然。

STEP 2 通过素材的复制调整制作蝶翼

单击"添加图层蒙版"按钮 ▢，为钻石图层添加蒙版，使用黑色画笔在蒙版上涂抹，隐藏部分图像效果。添加"色相/饱和度2"调整图层并按下快捷键Ctrl+Alt+G，创建剪贴蒙版。然后按下快捷键Ctrl+J复制图像及其调整图层，并使用"自由变换"命令调整图像的摆放位置和倾斜方向，并调整图层蒙版隐藏的区域 **2-1**。依次添加"圆钻.png"和"水滴钻.png"文件，并适当调整其大小和摆放位置，复制钻石图像并调整其摆放位置制作出蝶翼轮廓 **2-2**。使用相同的方式，添加钻石素材后，适当调整其大小和摆放位置，制作出翅膀的细节 **2-3**。

2-1 复制钻石素材，制作对称的构图。

2-2 分别添加单个钻石素材，通过摆放位置的调整拼合成蝴蝶翅膀轮廓。

2-3 继续使用钻石素材，拼合出蝴蝶翅膀的细节，使画面更具有华丽的视觉效果。

STEP 3 运用"自由变换"命令拼贴蝴蝶形状

按住Shift键的同时选择之前的蝴蝶翅膀，并按下快捷键Ctrl+Alt+E合并图层，然后按下快捷键Ctrl+T执行"自由变换"命令，进行水平翻转后适当调整其倾斜角度和摆放位置，制作出另一只翅膀 3-1 。依次添加"椭圆钻.png"和"水滴钻.png"文件，并适当调整图像的大小和摆放位置，复制钻石图像并调整其摆放位置，制作出蝴蝶躯干图像 3-2 。继续添加"圆钻.png"、"水滴钻.png"和"桃心钻.png"文件，复制钻石图像并调整其位置制作出蝴蝶的触角、尾翼图案 3-3 、 3-4 ，然后选择钻石蝴蝶的所有图层，进行群组后合并图层组，并适当调整图像的摆放位置 3-5 。

3-1 复制蝴蝶翅膀，完善构图。

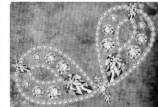

3-2 添加素材制作蝴蝶躯干。

3-3 使用小钻石制作出蝴蝶美丽的触角。

3-4 拼贴蝴蝶尾翼。

3-5 将钻石蝴蝶进行行群组，合并图层后调整其摆放的位置，使构图更饱满。

STEP 4 添加"投影"图层样式，表现立体感

单击"图层"面板中的"添加图层样式"按钮 fx ，在弹出的菜单中选择"投影"命令，在弹出的"图层样式"对话框中设置参数并单击"确定"按钮 4-1 。然后单击"图层"面板中的"创建新的填充或调整图层"按钮 ，在弹出的菜单中选择"色彩平衡"命令，在其属性面板中拖动滑块设置参数 4-2 。然后继续创建"色相/饱和度3"调整图层，并创建剪贴蒙版，仅调整蝴蝶色调 4-3 。

4-1 添加"投影"图层样式，制作出钻石蝴蝶的投影，增加立体感。

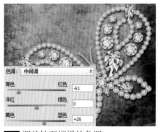

4-2 调整钻石蝴蝶的色调。

4-3 进一步调整蝴蝶的色调。

STEP 5 使用钢笔工具绘制闪光图案

新建图层，设置前景色为白色，然后单击画笔工具 ✐ 并在"画笔预设"选取器中选择"柔边圆压力不透明度"笔刷，适当调整画笔大小后，使用钢笔工具 ✐ 绘制出十字闪光的一条路径，并执行"描边路径"命令，在弹出的对话框中勾选"模拟压力"复选框，然后单击"确定"按钮。使用同样的方式绘制出闪光的另一边，使用相同的方式绘制出闪光旁另一个交叠的图案 5-1。使用相同的方式在钻石蝴蝶上绘制更多的闪光图案，增加画面的视觉冲击力 5-2。按下快捷键Ctrl+J复制闪光图案，并调整图像大小和摆放位置，然后使用橡皮擦工具 ✐ 擦除多余的图像 5-3。

5-1 绘制蝴蝶上的发光图案，增加画面闪亮的视觉效果，使画面更具魅力。

5-2 绘制出更多的闪光图案，点缀钻石蝴蝶。

5-3 使用闪光点缀画面。

STEP 6 运用图层样式制做钻石感文字

单击横排文字工具 T，输入文字并为其填充黑色，然后单击"图层"面板中的"添加图层样式"按钮 fx，在弹出的菜单中选择"投影"命令，在弹出的"图层样式"对话框中勾选"斜面和浮雕"、"描边"、"内发光"、"光泽"和"颜色叠加"复选框，设置参数并单击"确定"按钮，然后调整文字图层的"填充"为0% 6-1。继续单击横排文字工具 T，输入文字并为其填充白色，然后在"字符"面板中调整字号大小，并调整其图层顺序至闪光图层的下方 6-2。

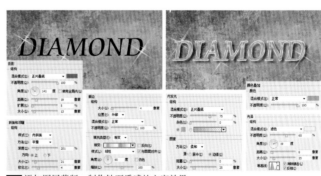

6-1 添加图层蒙版，制作钻石质感的文字效果。

6-2 调整文字图层顺序，让闪光图案为文字增加亮点，突出文字效果。

转换为神秘钻石风格

STEP 1

打开纹理素材，并运用"色相／饱和度"调整图层调整背景颜色 **1-1**。然后添加钻石素材，并结合图层混合模式制作纹理，然后继续添加单个钻石素材，将其拼合成完整的蝴蝶造型 **1-2**。

1-1 将背景色调处理成紫色调，凸显神秘高贵的气质。

1-2 使用钻石素材拼合成蝴蝶，造型凸显出华丽感。

STEP 2

合并蝴蝶图层，并添加"投影"图层样式，增加立体感，再结合调整图层使蝴蝶的色调呈现紫色 **2-1**。载入"蝴蝶"笔刷，绘制出纷飞的蝴蝶，并添加"外发光"图层样式 **2-2**。

2-1 制作投影，使钻石蝴蝶更立体，并调整图像色调。

2-2 绘制纷飞的发光蝴蝶，点缀画面。

利用麻布纹理背景表现古朴绘画感

光盘路径：Chapter 02 \ Complete \ 27 \ 27 利用麻布纹理背景表现古朴绘画感.psd
视频路径：Video \ Chapter 02 \ 27 利用麻布纹理背景表现古朴绘画感.swf

❀ 设计构思 ••••••••••••••

在本案例中，将人物和背景都制作成素描的效果，运用水彩笔触给人一种浪漫、流动的美感，使整体色调充满女性的浪漫，最后通过麻布纹理的叠加，为画面增加古朴的绘画感。

❀ 设计要点 ••••••••••••••

将人物图像处理成素描效果，然后使用"扩散亮光"滤镜减淡色调，再运用"照亮边缘"提取线稿，并通过"去色"等命令完成线稿。

STEP 1 运用"照亮边缘"滤镜提取风景图像的线稿

执行"文件>新建"命令，设置各项参数和"名称"后单击"确定"按钮 **1-1**。执行"文件>打开"命令，打开"风景.jpg"文件，并将其拖曳至当前文件中，使用"自由变换"命令适当调整图像的大小和摆放位置 **1-2**。然后执行"滤镜>滤镜库"命令，在弹出对话框的"风格化"选项组中选择"照亮边缘"选项，然后按下快捷键Ctrl+Alt+U，执行"去色"命令，继续按下快捷键Ctrl+I，执行"反相"命令 **1-3**。

1-1 执行"文件>新建"命令，新建空白文档。

1-2 添加风景素材。

1-3 应用"照亮边缘"滤镜，提取风景图像的线稿，并结合"去色"和"反相"命令制作出素描效果。

STEP 2 载入工具预设，绘制水彩底纹

新建图层，执行"编辑>预设>预设管理器"命令，在"预设类型"下拉列表中选择"工具"，再单击"载入"按钮，载入"画笔预设.tpl"工具，然后单击画笔工具，在"工具预设"选取器中选择水彩笔笔刷，在画面中涂抹，绘制出水彩般流动的色彩，然后调整图层顺序至风景线稿下方，并调整线稿图层的图层混合模式为"叠加" **2-1**。执行"文件>打开"命令，打开"人物.jpg"文件，并将其拖曳至当前文件中，使用"自由变换"命令调整图像的大小和摆放位置 **2-2**。单击"图层"面板中的"创建新的填充或调整图层"按钮，在弹出的菜单中选择"选取颜色"命令，并在其属性面板中调整"黄色"和"红色"选项的参数 **2-3**。

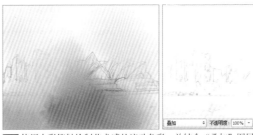

2-1 使用水彩笔触绘制艺术感的流动色彩，并结合"叠加"图层样式制作出具有色调变化的素描效果。

2-2 添加人物素材。

2-3 调整人物皮肤的色调。

STEP 3 运用"扩散亮光"滤镜制作绘画效果

选择人物图层及其调整图层，按下快捷键Ctrl+Alt+E合并图层，然后执行滤镜>滤镜库"命令，在弹出对话框中的"扭曲"选项组中选择"扩散亮光"选项，设置参数后单击"确定"按钮 **3-1**。然后设置图层混合模式为"正片叠底" **3-2**。完成后分别选择风景线稿图层及水彩背景图层，然后单击"添加图层蒙版"按钮 **□**，添加图层蒙版，并使用黑色画笔在蒙版上涂抹，隐藏其与人物交叠部分的线稿，减淡与人物交叠出的背景颜色 **3-3**。

3-1 应用"扩散亮光"滤镜将人物图像处理成绘画般的效果。

3-2 调整图层混合模式使图像与背景更融合。

3-3 添加图层蒙版，隐藏部分风景线稿。

STEP 4 运用"可选颜色"调整图层调整色调

单击"图层"面板中的"创建新的填充或调整图层"按钮 **◑**，在弹出的菜单中选择"可选颜色"命令，创建剪贴蒙版并在其属性面板中调整"黑色"选项的参数 **4-1**。然后选择人物图层及其调整图层，按下快捷键Ctrl+Alt+E合并图层，执行"滤镜>滤镜库"命令，在弹出对话框的"风格化"选项组中选择"照亮边缘"选项，然后按下快捷键Ctrl+Alt+U执行"去色"命令，继续按下快捷键Ctrl+I执行"去色"命令，制作人物素描效果，然后按下快捷键Ctrl+Alt+G创建剪贴蒙版 **4-2**。

4-1 创建"可选颜色"调整图层，通过调整"黑色"选项使人物单调的发色和衣服颜色呈现出不一样的变化。

4-2 运用"照亮边缘"滤镜提取人物图像的线稿。

STEP 5 运用图层混合模式增加人物色调层次感

双击人物线稿图层，在弹出的"图层样式"对话框中设置"混合颜色带"参数，然后单击"确定"按钮，应用"图层样式" 5-1。单击"添加图层蒙版"按钮⬛，添加图层蒙版，并使用黑色画笔在蒙版上涂抹，隐藏人物部分的线稿图像 5-2。完成后新建图层，并按下快捷键Ctrl+Alt+G创建剪贴蒙版，然后单击画笔工具✐，在人物面部涂抹淡淡的肤色，并调整图层混合模式为"颜色加深"，进一步丰富人物的色调层次。继续新建图层并创建剪贴蒙版，吸取人物面部颜色，在人物轮廓边缘涂抹，并设置图层混合模式为"正片叠底" 5-3。

5-1 调整线稿图层的图层样式的"混合颜色带"参数，使线稿与人物图像的融合更具有绘画的感觉。

5-2 利用图层蒙版隐藏部分线稿。

5-3 运用图层混合模式加强人物色调变化。

STEP 6 使用横排文字工具完善内容

新建图层，并调整图层顺序至人物图层下方，单击画笔工具✐，在"工具预设"选取器中选择水彩笔笔刷后，在画面中绘制水彩笔触，并设置对应图层的图层混合模式为"正片叠底" 6-1。添加"水彩纹理.jpg"文件，并调整其大小和摆放位置后，设置图层混合模式为"柔光"，单击"添加图层蒙版"按钮⬛，添加图层蒙版，再使用黑色画笔在蒙版上涂抹，隐藏部分水彩图像。新建图层并设置前景色为白色，选择粉笔笔刷在人物身上绘制高光 6-2。单击横排文字工具T，输入文字，盖印可见图层并添加"图案叠加"图层样式 6-3。

6-1 继续使用水彩笔刷逐层叠加绘制背景的水彩晕染的效果，并运用"正片叠底"混合模式使色调与人物更融合。

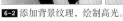

6-2 添加背景纹理，绘制高光。

6-3 添加文字，完善画面内容。

转换为水墨画风格

STEP 1

载入笔刷后，在画面绘制泼墨的效果后添加花纹素材，并调整图层混合模式后创建剪贴蒙版 **1-1**。添加人物素材，然后创建调整图层调整人物色调 **1-2**。

1-1 通过笔刷绘制泼墨般的水彩背景。

1-2 将人物色调处理成黑白色，使画面色调更文艺。

STEP 2

结合剪贴蒙版和画笔工具，并调整结图层混合模式在人物面部绘制出色调的变化 **2-1**。添加纹理素材，然后调整混合模式，并结合图层蒙版，使背景更具绘画纹理 **2-2**。

2-1 人物面部微妙的颜色变化使画面更富有绘画感。

2-2 通过叠加纹理素材增加绘画感。

利用质感背景表现美味食物宣传设计

光盘路径： Chapter 02 \ Complete \ 28 \ 28 利用质感背景表现美味食物宣传设计.psd
视频路径： Video \ Chapter 02 \ 28 利用质感背景表现美味食物宣传设计.swf

✎ 设计构思 ·············

大面积的食物作为宣传背景，可以让人充分感觉到食物诱人的美味，从而勾起人们的食欲。本案例中使用番茄鲜艳的红色刺激眼球，并通过透明的文字底框，使文字内容清晰、准确地传达信息。

✎ 设计要点 ·············

在合成背景时，首先复制番茄图像，然后进行翻转并调整摆放位置，合并图层后使用仿制图章工具和画笔工具在不自然的地方进行修复。

STEP 1 使用"自由变换"命令垂直翻转图像

执行"文件 > 新建"命令,设置各项参数和"名称"后单击"确定"按钮 **1-1**。执行"文件 > 打开"命令,打开"番茄.jpg"文件,并将其拖曳至当前文件中,使用"自由变换"命令适当调整其大小和摆放位置 **1-2**。按下快捷键Ctrl+J,复制番茄图层,并继续按下快捷键Ctrl+T执行"自由变换"命令,然后进行垂直翻转,并适当调整摆放的位置,使番茄图像的轮廓衔接地更自然,再按下Enter键结束"自由变换"命令 **1-3**。

1-1 执行"文件>新建"命令,新建空白文档。

1-2 添加食物素材。

1-3 复制素材并调整其摆放位置和方向,制作出完整的食物背景,为下一步的合成奠定基础。

STEP 2 使用仿制图章工具修复图像

按住Shift键的同时选择番茄图层,然后按下快捷键Ctrl+Alt+E合并图层,再单击仿制图章工具 ,在其属性栏中设置"不透明度"为50%,然后按住Alt键吸取需要修复局部附近的图像,并在需要修复的地方按住鼠标左键进行拖动,逐步修复不自然的地方 **2-1**。新建图层,单击画笔工具 ,并在"画笔预设"选取器中选择"柔边圆"笔刷,按住Alt键吸取需要修复部分的颜色,并在该区域涂抹,进一步修复图像,使颜色的过渡更自然 **2-2**。使用相同的方式将番茄背景合成不自然的地方绘制完整 **2-3**。

2-1 使用仿制图章工具先修复局部不自然的地方。

2-2 使用画笔工具进一步修复。

2-3 修复全图不自然的地方。

STEP 3 运用"亮度/对比度"调整图层调整色调效果

按下快捷键Ctrl+Shift+Alt+E盖印可见图层，然后设置图层混合模式为"叠加"、"不透明度"为50% 。单击"图层"面板中的"创建新的填充或调整图层"按钮，在弹出的菜单中选择"亮度/对比度"命令，并在其属性面板中设置参数 3-2。按下快捷键Ctrl+Alt+2创建高光选区，并设置前景色为柠檬黄（R250、G229、B2），新建图层后按下快捷键Alt+Delete填充选区，完成后设置图层混合模式为"滤色"、"不透明度"为20% 3-3。

3-1 按下快捷键Ctrl+Shift+Alt+E盖印可见图层，然后设置图层混合模式为"柔光"、"不透明度"为50%。

3-2 调整色调。　　3-3 调整高光部分的色调效果。

STEP 4 运用"选取颜色"调整图层调整颜色

按下快捷键Ctrl+Alt+2创建高光选区，并反选选区，设置前景色为暗红色（R178、G27、B9），新建图层后按下快捷键Alt+Delete填充选区，完成后设置图层混合模式为"叠加"、"不透明度"为30% 4-1。单击"图层"面板中的"创建新的填充或调整图层"按钮，在弹出的菜单中选择"可选颜色"命令，然后调整其"绿色"选项的参数 4-2。继续创建"色相/饱和度1"调整图层调整画面色调，然后新建图层，使用矩形选框工具制作文字框，再单击横排文字工具，输入文字 4-3。

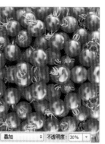

4-1 调整暗部的色调效果。

4-2 增加画面中绿色的鲜嫩感。

4-3 运用"色相/饱和度"调整图层进一步调整画面中绿色的饱和度，并添加文字，完善画面的内容。

转换为水果诱人色调风格

STEP 1

打开橘子素材，使用钢笔工具抠取图像，然后进行复制并调整图像的摆放位置，拼合成完整的背景图像 **1-1**。创建"曲线"和"色相／饱和度"调整图层，调整色调 **1-2**。

1-1 将局部的素材进行拼合完成整体背景。

1-2 适当调整画面色调，使橘子看上去令人更具有食欲。

STEP 2

载入画面的高光选区，并填充颜色，通过调整图层混合模式使橘子色调更让人有食欲，然后创建"亮度／对比度"调整色调 **2-1**。运用"场景模糊"滤镜强调视线集中点 **2-2**。

2-1 继续调整画面的色调，增加诱人的感觉。

2-2 运用滤镜使视线焦点更集中。

利用古老粗糙的质感凸显街头风格艺术

光盘路径：Chapter 02 \ Complete \ 29 \ 29 利用古老粗糙的质感凸显街头风格艺术.psd

视频路径：Video \ Chapter 02 \ 29 利用古老粗糙的质感凸显街头风格艺术.swf

🎵 设计构思 ·············

运用古老、粗糙的质感表现街头风格艺术时，给人奔放、不拘一格的感觉。本案例中在粗糙背景衬托下，使用花纹字体给人华丽、复古的感觉，并结合手势图案，增加画面的艺术感染力。

🎵 设计要点 ·············

花纹复古文字为视觉中心，首先通过蒙版将文字选区外的图案隐藏，然后运用"正片叠底"图层混合模式使文字与背景融合。

STEP 1 运用"色相／饱和度"调整图层调整背景色调

执行"文件>新建"命令，设置各项参数和"名称"后单击"确定"按钮 **1-1**。执行"文件>打开"命令，依次打开"纸纹1.jpg"和"纸纹2.jpg"文件，并分别拖曳至当前文件中，调整好大小和摆放位置，并设置纸纹2图像对应图层的图层混合模式为"正片叠底"、"不透明度"为20% **1-2**。单击"图层"面板中的"创建新的填充或调整图层"按钮，在弹出的菜单中选择"色相/饱和度"命令，在其属性面板中拖动滑块设置参数 **1-3**。然后结合钢笔工具和"自由变换"命令制作发射状图案 **1-4**。

1-1 执行"文件>新建"命令，新建空白文档。

1-2 添加纸纹素材，制作背景。

1-3 调整纸纹的色调使其呈现怀旧感。

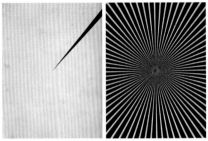

1-4 制作发射状图案，增强画面的视觉冲击力。

STEP 2 运用图层蒙版制作出花朵文字

将之前绘制的发射状图案图层全选后，按下快捷键Ctrl+E合并图层，并设置图层混合模式为"叠加"、"不透明度"为50% **2-1**。打开"复古图案.psd"文件，将其拖曳至当前文件中后适当调整其摆放位置，然后继续打开"花朵.jpg"文件，将其拖曳至当前文件中，对其复制后使用"自由变换"命令进行垂直翻转和水平翻转 **2-2**。创建"色相/饱和度2"调整图层，调整花朵色调，然后将花朵图层进行群组并按下快捷键Ctrl+Alt+E合并图层组，然后调整其大小，并载入文字图层选区，然后单击"添加图层蒙版"按钮，并设置图层混合模式为"正片叠底" **2-3**。

2-1 运用图层混合模式制作纹理。

2-2 添加素材文件，为制作花朵文字做好准备。

2-3 创建"色相/饱和度"调整图层，调整花朵的色调，使文字的底纹呈现出复古、怀旧的色调。

STEP 3 应用"水彩"滤镜制作绘画效果

执行"文件>打开"命令，打开"手势.png"文件，并将其拖曳至当前文件中，使用"自由变换"命令适当调整其大小和摆放位置，然后按下快捷键Ctrl+Alt+U执行"去色"命令，并继续执行"图像>调整>色阶"命令，加强图像的明暗对比 **3-1**。执行"滤镜>滤镜库"命令，并在弹出的对话框中的"艺术效果"选项组中选择"水彩"选项，并设置各项参数，然后单击"确定"按钮，制作出黑白绘画的效果 **3-2**。然后设置手势图像对应图的图层混合模式为"正片叠底" **3-3**。

3-1 将手势素材制作成黑白的效果。

3-2 应用"水彩"滤镜，制作出绘画效果。

3-3 应用图层混合模式使手势图像与背景更融合。

STEP 4 运用"叠加"图层混合模式添加纹理效果

按下快捷键Ctrl+T，执行"自由变换"命令，调整好手势图案的大小后按下Enter键结束命令。然后使用套索工具创建其中一只手的选区，并按下快捷键Ctrl+Shift+J进行剪切复制，并使用移动工具调整图像的摆放位置，然后分别复制两只手的图层，并运用"自由变换"命令调整其摆放的角度等 **4-1**。新建图层，使用矩形选框工具制作出边框图像 **4-2**。打开"金属.jpg"文件，并将其拖曳至当前文件中，运用"自由变换"命令调整其大小和摆放位置，然后设置对应图层的图层混合模式为"叠加" **4-3**。

4-1 调整手势图像并进行复制，运用复古的四角构图表现出平衡、古典的画面效果。

4-2 制作边框。

4-3 叠加纹理凸显街头艺术感。

STEP 1

分别打开纹理素材，并通过图层混合模式叠加纹理，然后创建"色相/饱和度"调整图层，调整画面色调 **1-1**。添加手势素材，并使用滤镜制作出剪影的效果 **1-2**。

STEP 2

创建"色相/饱和度"调整图层，并运用剪贴蒙版调整文字色调 **2-1**。继续添加纹理素材，并分别调整对应图层的图层混合模式为"叠加"和"正片叠底"，为画面赋予纹理效果 **2-2**。

1-1 调整纸纹素材的色调。

2-1 调整文字色调并添加花纹，装饰画面效果。

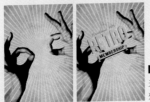

1-2 添加手势素材，并将其处理成剪影的效果。

2-2 添加纹理素材图像，为画面赋予不同的纹理效果。

利用树叶纹理表现个性雕刻艺术海报

光盘路径： Chapter 02 \ Complete \ 30 \ 30 利用树叶纹理表现个性雕刻艺术海报.psd

视频路径： Video \ Chapter 02 \ 30 利用树叶纹理表现个性雕刻艺术海报.swf

🖼 设计构思

树叶往往给人富有诗意的感觉，在本案例中，为树叶制作出镂空雕刻效果，并制作投影使画面效果更真实、立体，背景色为泛红的灰色渐变色，使树叶与背景相得益彰，添加文字完善效果。

🖼 设计要点

首先运用"亮度／对比度"调整图层调整树叶的色调，使用画笔工具绘制树叶上的图案，并结合图层蒙版和魔棒工具制作镂空的效果。

STEP 1 使用渐变工具制作背景

执行"文件 > 新建"命令，设置各项参数和"名称"后单击"确定"按钮**1-1**。新建图层，设置前景色为米色（R238、G222、B214），背景色为杏仁色（R180、G164、B156），然后使用渐变工具对其进行径向渐变填充**1-2**。执行"文件 > 打开"命令，打开"树叶.jpg"文件，并将其拖曳至当前文件中，使用"自由变换"命令适当调整其大小和摆放位置，然后使用魔棒工具在白色图像区域单击，创建选区，并执行"选择 > 修改 > 扩展"命令，然后删除选区内的图像**1-3**。

1-1 执行"文件>新建"命令，新建空白文档。

1-2 制作渐变的背景。

1-3 添加红色树叶的素材并进行抠像，将其置于画面中使画面的构图平衡、饱满。

STEP 2 运用"亮度 / 对比度"调整图层调整树叶色调

单击"图层"面板中的"创建新的填充或调整图层"按钮，在弹出的菜单中选择"亮度/对比度"命令，并创建剪贴蒙版，然后在其属性面板中拖动滑块设置参数，仅调整叶片的色调**2-1**。新建图层，然后单击画笔工具，设置前景色为黑色，调小画笔后在树叶上绘制雕刻的图案**2-2**。选择叶片图层，并单击"图层"面板中的"添加图层蒙版"按钮，添加图层蒙版，然后使用魔棒工具在雕刻图案内容区域单击，创建选区。选择叶片图层蒙版，并填充选区为黑色**2-3**。

2-1 运用"亮度/对比度"调整图层让树叶的色调更为艳丽、饱满。

2-2 绘制具有趣味的雕刻内容。

2-3 运用图层蒙版制作镂空效果。

STEP 3 运用图层蒙版制作镂空雕刻效果

继续使用魔棒工具 在雕刻图案内容区域单击，创建选区，然后填充选区为黑色，依次制作出各个局部的镂空雕刻效果 3-1 。新建图层，并调整图层顺序至叶片图层下方，然后按住Ctrl键的同时单击叶片图层缩览图，载入叶片选区，设置前景色为椰棕色（R72、G28、B19）并按下快捷键Alt+Delete键，填充选区 3-2 。继续载入叶片图层蒙版的选区，并单击"图层"面板中的"添加图层蒙版"按钮 ，添加图层蒙版 3-3 。

3-1 依次制作出各个部分的镂空效果。

3-2 制作投影的形状。

3-3 制作投影的镂空效果。

STEP 4 运用"高斯模糊"滤镜使投影更自然

选择投影图层，并按下快捷键Ctrl+T执行"自由变换"命令，然后按住Ctrl键分别拖动控制点，调整投影的透视角度，然后按下Enter键，结束"自由变换"命令 4-1 。执行"滤镜>模糊>高斯模糊"命令，并在弹出的"高斯模糊"对话框中设置各项参数后单击"确定"按钮 4-2 。执行"文件>打开"命令，打开"树.png"文件，并将其拖曳至当前文件中，使用"自由变换"命令调整好大小和摆放位置后，单击横排文字工具 ，输入文字并将其填充为棕色（R102、G63、B26），并创建文字变形效果。完成后新建图层，使用矩形选框工具 制作出边框 4-3 。

4-1 调整投影的透视角度，使投影更真实。

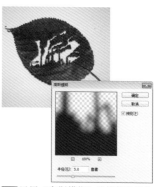

4-2 运用"高斯模糊"滤镜使投影的边缘更为柔和，效果也更为真实。

4-3 添加标志并制作文字，进一步完善画面内容。

转换为环保雕刻风格

STEP 1

使用渐变工具制作出渐变背景后，添加树叶素材并使用钢笔工具进行抠像处理，调整好图像大小和摆放位置 **1-1**。继续使用钢笔工具在树叶上绘制城市的剪影 **1-2**。

1-1 制作渐变背景后添加树叶素材。

1-2 绘制树叶上的城市剪影图案。

STEP 2

运用图层蒙版隐藏城市剪影选区内的图案，然后载入选区并填充深色，并调整图层顺序得到投影 **2-1**。运用"高斯模糊"滤镜使投影更真实，并制作文字，完善画面 **2-2**。

2-1 制作雕刻效果后添加投影，增加立体效果和真实感。

2-2 添加文字，完善画面。

利用毛织纹理构成可爱活泼版面

光盘路径：Chapter 02 \ Complete \ 31 \ 31 利用毛织纹理构成可爱活泼版面.psd
视频路径：Video \ Chapter 02 \ 31 利用毛织纹理构成可爱活泼版面.swf

❀设计构思••••••••••••
猫咪给人慵懒、神秘的感觉，在本案例使用纹理突出的纸纹作为背景，并在其上绘制圣诞猫咪造型，运用毛茸茸的毛织纹理表现出可爱的感觉，并运用相同色调的可爱文字增加活泼的感觉。

❀设计要点••••••••••••

在绘制猫咪时，可以运用特殊的毛皮笔刷表现毛茸茸的皮毛质感，先描绘猫咪的轮廓，再绘制猫咪底色，并逐层加深毛色表现层次感。

STEP 1　运用调整图层调整背景色调

执行"文件>新建"命令，设置各项参数和"名称"后单击"确定"按钮 **1-1**。执行"文件>打开"命令，打开"纸纹.jpg"文件，将其拖曳至当前文件中后，使用"自由变换"命令调整好大小和摆放位置，然后单击"图层"面板中的"创建新的填充或调整图层"按钮 ◎，在弹出的菜单中选择"自然饱和度"命令，并在其属性面板中拖动滑块设置好参数 **1-2**。继续单击"创建新的填充或调整图层"按钮 ◎，创建"曲线1"调整图层，调整背景色调 **1-3**。

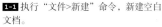
1-1 执行"文件>新建"命令，新建空白文档。

1-2 调整纸纹的色调。

1-3 运用"曲线"调整图层，使纸纹色调更明亮，更能衬托之后绘制的猫咪形象。

STEP 2　载入笔刷，绘制毛织质感

新建图层，然后单击画笔工具 ✐，载入"绘画.tpl"工具，然后在"工具预设"选取器中选择6B铅笔笔刷，在画面下方绘制猫咪的轮廓线稿。单击"添加图层蒙版"按钮 ▣，为线稿图层添加图层蒙版，然后使用黑色画笔在蒙版上涂抹，隐藏部分线稿 **2-1**。继续新建图层，然后载入"动物皮毛.abr"笔刷，在"画笔选取器"中选择合适的毛发笔刷，在猫咪身体轮廓内绘制出毛发的底色 **2-2**。新建多个图层，并运用"正片叠底"图层样式逐层绘制毛发的深色部分，加深层次感 **2-3**。新建图层，继续使用画笔工具 ✐ 绘制猫咪眼睛的颜色，尤其注意瞳孔和高光的刻画 **2-4**。

2-1 绘制猫咪的轮廓线稿。

2-2 绘制毛发底色。

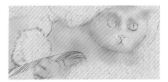
2-3 绘制毛发层次感。

2-4 绘制猫咪具有神秘感的眼睛，猫科动物的瞳孔都是狭长的椭圆形。

STEP 3 运用剪贴蒙版绘制手杖

新建图层，单击画笔工具☑并设置前景色为白色，调小画笔后绘制猫咪的胡须和眉毛**3-1**。新建图层，继续使用画笔工具☑绘制猫咪的鼻子和嘴巴的颜色，可以使用较浅的颜色绘制出高光，增加立体感**3-2**。新建图层，在"画笔预设"选取器中选择合适的毛发笔刷，在猫咪帽子轮廓内绘制底色，然后运用"正片叠底"图层混合模式绘制帽子褶皱处的阴影，再绘制出浅色高光**3-3**。绘制完成帽子后，继续新建图层，使用画笔工具☑绘制白色的手杖，然后新建图层并创建剪贴蒙版，绘制手杖上的条纹**3-4**。

3-1 绘制胡须增加可爱感。   **3-2** 绘制可爱的鼻子和嘴巴。

3-3 绘制帽子的时候也要注意表现出毛织质感。

3-4 运用剪贴蒙版可以绘制手杖的颜色变化。

STEP 4 使用横排文字工具制作文字

新建图层并调整图层顺序至猫咪图层下方，然后单击画笔工具☑，并在"画笔预设"选取器中选择合适的毛发笔刷。绘制猫咪身下的白色毛毯**4-1**。新建图层，单击自定形状工具☑，在"自定形状"拾色器中选择五角星的造型，使用与猫咪毛发和帽子相同的颜色，绘制大小不一的五角星，并调整对应图层的图层混合模式为"叠加"**4-2**。新建图层，使用钢笔工具☑绘制卡通猫咪的路径并填充颜色，然后单击横排文字工具☑，输入文字，并单击"添加图层样式"按钮☑，在弹出的菜单中选择"投影"命令**4-3**。

4-1 绘制毛织地毯。   **4-2** 绘制星星，点缀画面并完善构图。

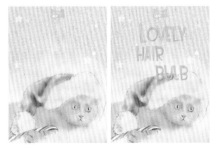

4-3 运用与猫咪相同的色调制作文字，使文字与猫咪相呼应，并添加"投影"图层样式增加文字立体感。

转换为沉闷版面风格

STEP 1

打开纸纹素材，创建"自然饱和度"调整图层调整其色调 **1-1**。合并素材图层以及调整图层，并执行"反相"命令，然后使用画笔工具，绘制猫咪图案 **1-2**。

1-1 调整纸纹素材的色调。

1-2 执行"反相"命令后制作出黑夜的背景效果，并绘制猫咪的图案。

STEP 2

继续使用画笔工具绘制猫咪身下的白色毛毯 **2-1**。使用自定形状工具制作星星图案，并调整对应图层的图层混合模式，使星星图案与背景更融合，然后制作文字，完善画面效果 **2-2**。

2-1 绘制猫咪身下毛绒的地毯，为画面增加毛织的纹理效果。

2-2 添加星星图像，点缀空旷的夜空。

利用牛仔纹理表现个性时尚设计

光盘路径：Chapter 02 \ Complete \ 32 \ 32 利用牛仔纹理表现个性时尚设计.psd
视频路径：Video \ Chapter 02 \ 32 利用牛仔纹理表现个性时尚设计.swf

🎀 设计构思 ·················

运用牛仔纹理可以给人前卫时尚的感觉，在本案例中，使用女性迷人的背面形象作为画面主体，并在裤子荷包上大做文章，通过添加照片和手机等素材，使画面充满时尚和巧妙的设计感。

🎀 设计要点 ·················

在制作合成效果时，运用图层蒙版隐藏部分手机图像，使用画笔工具绘制手机在荷包上凸起的阴影，并绘制荷包边缘在手机上的投影。

STEP 1 创建调整图层调整色调

执行"文件>新建"命令，设置各项参数和"名称"后单击"确定"按钮 1-1。新建图层并设置前景色为绿色（R52、G167、B36）并填充图层，然后执行"文件>打开"命令，打开"人物.jpg"文件，并将其拖曳至当前文件中，使用"自由变换"命令调整好大小和摆放位置，使用魔棒工具 删除人物外的图像 1-2。然后添加"外发光"图层样式，并单击"图层"面板中的"创建新的填充或调整图层"按钮 ，依次创建"色彩平衡1"、"亮度/对比度1"和"曲线1"调整图层，并添加图层蒙版，仅调整牛仔裤的色调 1-3。

1-1 执行"文件>新建"命令，新建空白文档。

1-2 添加人物图像素材。

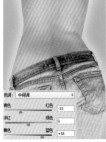  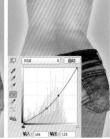

1-3 运用调整图层调整人物牛仔裤的色调，制作出水洗色调的牛仔裤。

STEP 2 使用图层蒙版进行效果合成

执行"文件>打开"命令，打开"手机.png"文件，并将其拖曳至当前文件中，使用"自由变换"命令调整好大小和摆放位置，然后运用图层蒙版隐藏其与荷包交叠部分的图案 2-1。单击"图层"面板中的"添加图层样式"按钮 ，在弹出的菜单中选择"投影"命令，并在弹出的"图层样式"对话框中勾选"内阴影"复选框，设置参数后单击"确定"按钮 2-2。新建图层并调整图层顺序至牛仔裤图像所在图层上方，然后创建剪贴蒙版，使用黑色画笔绘制荷包上的阴影 2-3。使用相同的方式绘制荷包在手机上的投影 2-4。

2-1 添加手机素材并制作放入荷包的效果，不仅填补画面空洞的缺憾，还增加设计的亮点。

2-2 制作阴影，增加合成真实感。

2-3 绘制荷包凸起效果。

2-4 绘制手机上的投影。

STEP 3 运用"高斯模糊"滤镜制作自然的投影

执行"文件>打开"命令，打开"藤蔓.png"文件，并将其拖曳至当前文件中，使用"自由变换"命令调整其大小和摆放位置。载入藤蔓选区，新建图层并填充选区为黑色，使用"高斯模糊"滤镜使投影的边缘更柔和，完成后适当调整图层顺序和图像的摆放位置 **3-1**。新建图层，使用矩形选框工具 分别制作出照片各个部分，然后分别添加"照片1.jpg"、"照片2.jpg"和"照片3.jpg"文件到当前文件中并调整好大小，运用剪贴蒙版制作出照片的效果，然后使用和手机相同的方法，制作照片放入荷包的效果 **3-2**。

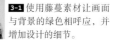
3-1 使用藤蔓素材让画面与背景的绿色相呼应，并增加设计的细节。

3-2 使用人物图像制作出照片的效果，并制作出放入荷包的效果，与右侧手机相呼应。

STEP 4 运用"图案填充"调整图层制作纹理

执行"文件>打开"命令，打开"文字.png"文件，将其拖曳至当前文件中后使用"自由变换"命令调整图像的大小、摆放位置以及透视角度，然后添加"斜面和浮雕"、"渐变叠加"和"投影"图层样式 **4-1**。完成后单击横排文字工具 ，输入文字并填充颜色为棕色（R95、G65、B21），设置图层混合模式为"正片叠底" **4-2**。单击"图层"面板中的"创建新的填充或调整图层"按钮 ，在弹出的菜单中选择"图案"命令，并在弹出的对话框中设置好参数，再单击"确定"按钮，然后设置图层混合模式为"叠加"，并使用黑色画笔在蒙版上涂抹，隐藏部分纹理 **4-3**。

4-1 添加文字素材并调整透视角度，使合成效果更为真实，然后运用图层样式制作出立体的效果。

4-2 制作腰间纹身般的文字。

4-3 叠加纹理效果。

转换为牛仔皮夹风格

STEP 1

填充背景颜色后,运用"添加杂色"滤镜制作纹理质感,然后运用"渐变叠加"图层样式制作渐变效果 **1-1**。结合圆角矩形工具和图层混合模式制作荷包图案 **1-2**。

1-1 制作具有渐变感的牛仔纹理背景,突出画面主题。

1-2 制作具有立体感的荷包,并仔细处理缝线效果。

STEP 2

添加照片和文字素材,然后运用图层蒙版制作出照片放入荷包的效果,并添加"投影"图层样式,增加画面立体感 **2-1**。添加段落文字,完善画面效果 **2-2**。

2-1 添加照片素材,使画面色调更具变化,增加图案设计的亮点。

2-2 添加文字段落,完善画面内容。

利用粗糙墙面表现街头艺术风格

光盘路径： Chapter 02 \ Complete \ 33 \ 33 利用粗糙墙面表现街头艺术风格.psd
视频路径： Video \ Chapter 02 \ 33 利用粗糙墙面表现街头艺术风格.swf

❀ 设计构思••••••••••••
粗糙的墙面结合霓虹灯等元素可以表现出街头艺术效果。在本案例中，运用砖墙图像作为背景，并结合照片、藤蔓等元素突出设计的清新感，然后制作霓虹灯质感的文字效果，凸显街头艺术效果。

❀ 设计要点••••••••••••

制作具有街头艺术的霓虹灯字效果，首先选择个性的字体，再添加"内发光"、"光泽"等图层样式，使文字呈现出霓虹灯绚丽的效果。

STEP 1 创建调整图层，调整背景色调

执行"文件>新建"命令，设置各项参数和"名称"后单击"确定"按钮 **1-1**。执行"文件>打开"命令，打开"砖墙.jpg"文件，并将其拖曳至当前文件中，使用"自由变换"命令调整好大小和摆放位置，然后复制砖墙图层并调整图像的摆放位置 **1-2**。单击"图层"面板中的"创建新的填充或调整图层"按钮 |○.| ，在弹出的菜单中选择"自然饱和度"命令，并在其属性面板中拖动滑块设置参数，然后继续创建"选取颜色1"调整图层，调整画面色调 **1-3**。

1-1 执行"文件>新建"命令，新建空白文档。

1-2 复制图像得到完整的背景图像。

1-3 运用"自然饱和度"调整图层先降低砖墙的饱和度，并运用"选取颜色"调整图层制作墙面泛黄的效果。

STEP 2 运用"投影"图层样式表现立体感

新建图层并将其填充为橘黄色（R250、G156、B5），然后设置图层混合模式为"颜色"、"不透明度"为50% **2-1**。打开"相片.psd"和"夹子.png"文件，并将其依次拖曳至当前文件中，使用"自由变换"命令调整好大小和摆放位置 **2-2**。然后将照片图层进行群组，并单击"图层"面板中的"添加图层样式"按钮 *fx.* ，在弹出的菜单中选择"投影"命令，并在弹出的"图层样式"对话框中设置参数并单击"确定"按钮 **2-3**。使用相同的方法为夹子图层添加"投影"图层样式 **2-4**。

2-1 运用"颜色"混合模式调整色调。

2-2 依次添加素材元素，丰富画面。

2-3 运用"投影"图层样式增加照片的立体感。

2-4 同样制作出夹子的投影。

STEP 3 运用"高斯模糊"滤镜制作出自然的投影

执行"文件>打开"命令，打开"藤蔓.psd"文件，将其依次拖曳至当前文件中，使用"自由变换"命令分别调整其大小和角度，将其置于画面上方的两角 3-1。按住Ctrl键单击藤蔓图层缩览图，载入藤蔓的选区，并新建图层然后填充选区为黑色，使用"高斯模糊"滤镜让投影的边缘更柔和，完成后适当调整图层顺序和图像的摆放位置，制作出投影 3-2。使用相同的方式，分别为各个藤蔓图像制作出相应的投影效果 3-3。

3-1 添加藤蔓素材，丰富画面色调。

3-2 制作投影效果。

3-3 制作各部分藤蔓的投影，注意根据图像的前后关系调整图层顺序，丰富画面细节。

STEP 4 运用图层样式制作出霓虹灯效果的文字

打开"箱子.png"文件，并将其拖曳至当前文件中，对其进行复制并调整好大小及摆放位置后进行群组，并为相应图层添加"投影"图层样式 4-1。完成后单击"图层"面板中的"创建新的填充或调整图层"按钮 ，在弹出的菜单中选择"曲线"命令，再创建剪贴蒙版，并在其属性面板中调整曲线 4-2。单击横排文字工具 T，输入文字并将其填充为白色 4-3。然后为文字图层添加"内发光"、"光泽"、"外发光"和"投影"图层样式，在弹出的"图层样式"对话框中设置参数后单击"确定"按钮 4-4。

4-1 为箱子图像添加"投影"效果，增加画面细节立体感。

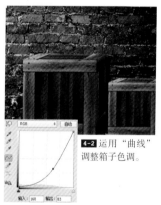

4-2 运用"曲线"调整箱子色调。

4-3 添加文字。

4-4 运用多种图层样式制作霓虹灯效果的文字，增加画面的街头艺术氛围。

转换为墙体涂鸦风格

STEP 1

打开砖墙素材，通过复制和调整图像的位置得到完整的背景，然后为其填充紫红色并调整图层混合模式，制作紫色的墙面 **1-1**。添加木条和藤蔓素材，并适当调整其摆放位置 **1-2**。

1-1 制作紫色的华丽墙面背景。

1-2 添加藤蔓和木条作为设计亮度。

STEP 2

为木条图层添加"投影"图层样式，然后载入藤蔓图像的选区并为其填充深色，运用"高斯模糊"滤镜使投影更自然 **2-1**。输入文字，并运用图层样式制作霓虹灯的效果 **2-2**。

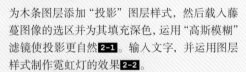

2-1 制作藤蔓和木条的投影，为其增加立体感。

2-2 将文字处理成霓虹灯的效果。

Chapter 03

巧妙手绘与
手作构思

利用指纹表现可爱画报设计

光盘路径：Chapter 03 \ Complete \ 34 \ 34 利用指纹表现可爱画报设计.psd

视频路径：Video \ Chapter 03 \ 34 利用指纹表现可爱画报设计.swf

love & peace

since 2001.5.8.

🎨 设计构思

在设计可爱画报时，可通过鲜亮的色彩、轻盈可人的构图和造型来表现。本案例中使用指纹绘制出五彩缤纷的颜色，使画面呈现多彩的视觉效果，与气球形式相结合，得到轻盈而可爱的视觉效果。

🎨 设计要点

通过图层混合模式、图层蒙版和画笔工具制作色调鲜明而动人的指纹图像效果，使画面呈现可爱的心形图像。

STEP 1 使用图层混合模式调整画面色调

执行"文件 > 新建"命令，设置各项参数和"名称"后单击"确定"按钮 1-1。执行"文件 > 打开"命令，打开"纸张.tif"文件，将其拖曳至当前文件中后适当调整其位置。单击"图层"面板中的"创建新的填充或调整图层"按钮 ◎，选择"曲线"命令，在属性面板中设置其参数并创建剪贴蒙版，以调整其色调对比度 1-2。执行"文件 > 打开"命令，打开"纹理.jpg"文件，将其拖曳至当前文件中后，使用"自由变换"命令对其执行"旋转 90度（顺时针）"操作，按下 Enter键确定变换。然后设置其图层混合模式为"正片叠底"、"不透明度"为 20% 1-3。

1-1 执行"文件>新建"命令，新建空白文档。

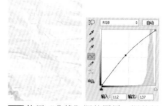

1-2 使用"曲线"调整图层，调整纸张色调。

1-3 使用"自由变换"命令调整图像位置，并运用图层混合模式使画面色调相融合。

STEP 2 制作手绘效果的图像

执行"文件>打开"命令，打开"水晶球.png"文件，并将其拖曳至当前文件中，按下快捷键 Ctrl+T，出现自由变换框，按住 Shift 键拖动控制点，调整水晶球的大小和位置，使其位于画面下方。设置该图层的混合模式为"正片叠底"、"不透明度"为 90% 2-1。新建图层并设置前景色为黑色，单击直线工具 ☑，在属性栏中设置参数后，在画面下方多次绘制直线段。然后结合图层蒙版和画笔工具 ☑ 隐藏局部色调效果，并设置其图层混合模式为"线性加深"、"不透明度"为 60% 2-2。

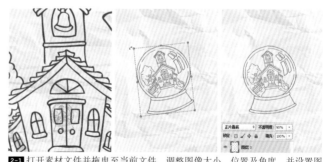

2-1 打开素材文件并拖曳至当前文件，调整图像大小、位置及角度，并设置图层属性。

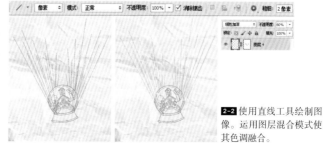

2-2 使用直线工具绘制图像。运用图层混合模式使其色调融合。

STEP 3 使用"曲线"调整图层调整指纹图像色调

新建图层，单击画笔工具，并在属性栏中单击下拉按钮，在弹出的"画笔预设"选取器中设置画笔的大小和样式，然后在水晶球图像上多次涂抹以绘制出蝴蝶结图像。并设置该图层的混合模式为"线性加深"、"不透明度"为80% **3-1**。执行"文件>打开"命令，打开"心形.jpg"文件，将其拖曳至当前文件中后适当调整其大小和位置 **3-2**。单击"创建新的填充或调整图层"按钮，选择"曲线"命令，然后在属性面板中设置其参数并创建剪贴蒙版，以提亮心形图像的色调 **3-3**。

3-1 结合画笔工具、图层混合模式绘制蝴蝶结图像。

3-2 添加心形指纹图像素材。

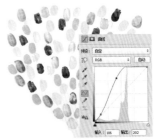

3-3 使用"曲线"调整图层提亮图像色调。

STEP 4 使用图层混合模式加深图像色调

按住Ctrl键的同时选择"图层6"及其调整图层，按下快捷键Ctrl+Alt+E盖印图层得到"曲线2（合并）"图层，并隐藏"图层6"。然后使用魔棒工具为指纹图像创建选区，并单击"添加图层蒙版"按钮以隐藏选区外的图像色调，设置其图层混合模式为"线性加深" **4-1**。按下快捷键Ctrl+J，复制"曲线2（合并）"图层并设置其"不透明度"为37%，以加深指纹图像的色调 **4-2**。单击横排文字工具，在"字符"面板中设置参数后，在画面下方输入文字。使用相同的方法继续输入其他文字，以完善画面效果 **4-3**。

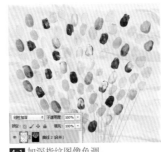

4-1 加深指纹图像色调。

4-2 进一步加深图像色调。

4-3 使用横排文字工具多次输入文字，完善画面效果。

STEP 1

打开圆形素材，并使用"曲线"调整图层提亮画面色调 **1-1**。盖印可见图层后，使用套索工具为部分指纹图像创建选区，并运用"色相/饱和度"调整图层调整选区内的图像色调 **1-2**。

1-1 适当提亮圆形指纹图像的色调。

1-2 结合套索工具和"色相/饱和度"命令调整指纹图像的局部色调。

STEP 2

添加晕染素材，并将其放置在画面中心位置 **2-1**。使用横排文字工具在画面中心位置和指纹图像上多次输入文字，以完善画面效果 **2-2**。

2-1 添加晕染图像。

2-2 使用横排文字工具输入文字，完善画面效果。

利用蜡笔涂鸦制作个性海报

光盘路径：Chapter 03 \ Complete \ 35 \ 35 利用蜡笔涂鸦制作个性海报.psd
视频路径：Video \ Chapter 03 \ 35 利用蜡笔涂鸦制作个性海报.swf

🐾 设计构思 ············

在表现个性海报设计时，可以对画面的纹理质感进行深入表现，形成独特的视觉效果。本案例中使用腊笔涂鸦制作出五彩的气球图像，具有动态的猫咪图像与其形成互动，画面整体生动而传神。

🐾 设计要点 ············

在制作时，结合图层混合模式、椭圆选框工具以及图层蒙版等，强化其质感效果。并使用黑白的猫咪图像与其形成鲜明的对比。

STEP 1 制作纹理背景图像

执行"文件 > 新建"命令, 设置各
项参数和"名称"后单击"确定"
按钮 **1-1**。执行"文件 > 打开"
命令, 打开"材质.jpg"文件, 并
将其拖曳至当前文件中, 按下快
捷键 Ctrl+T 出现自由变换控制
框。对该图层执行"旋转90度
(顺时针)"操作, 并按下 Enter
键确定变换 **1-2**。然后单击矩形
选框工具 , 在画面中创建一
个矩形选区, 并单击"添加图层
蒙版"按钮 , 隐藏选区外的
图像 **1-3**。

1-1 执行"文件>新建"命令, 新建空
白文档。

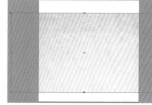

1-2 执行"自由变换"命令。

1-3 结合矩形选框工具和图
层蒙版隐藏局部图像。

STEP 2 使用图层混合模式制作海浪图像

新建图层, 设置前景色为咖啡
色(R110、G62、B23), 单击
椭圆选框工具 , 并在属性栏
单击"添加到选区"按钮 ,
在画面下方创建多个大小不一
的椭圆选区, 为选区填充前景
色后, 按住Ctrl键的同时单击
"图层1"蒙版缩览图, 将其载
入选区, 并单击"添加图层蒙
版"按钮 隐藏选区外的图像
2-1。然后设置该图层的混合
模式为"正片叠底", "不透明
度"为20% **2-2**。打开"猫咪.
png"文件, 将其拖曳至当前文
件中并放置在画面下方 **2-3**。
新建图层, 结合椭圆选框工具
、钢笔工具 、矩形选框工
具 和油漆桶工具 绘制气球
的白色剪影图像 **2-4**。

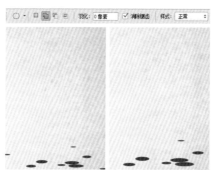

2-1 绘制不规则的椭圆图形。

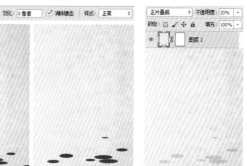

2-2 调整图层混合模式。

2-3 添加猫咪图像。

2-4 绘制气球的剪影图像。

STEP 3 制作蜡笔涂鸦的气球图像

新建一个"气球"图层组，执行"文件>打开"命令，打开"涂鸦1.jpg"文件，使用矩形选框工具为红色涂鸦气球创建选区后，使用移动工具将其拖曳至当前文件中，并设置其对应图层的混合模式为"正片叠底"。结合椭圆选框工具和图层蒙版隐藏局部色调后，多次复制该图层并分别调整图像位置和图层蒙版效果3-1。再次使用矩形选框工具在"涂鸦1.jpg"文件中为绿色和黄色气球创建选区并将其拖曳至当前文件中。然后多次复制各图像并分别调整其位置、图层混合模式，结合椭圆选框工具和图层蒙版隐藏局部色调。并使用"色相/饱和度"调整图层调整"图层7"的色调3-2。

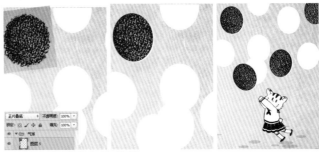

3-1 制作红色的蜡笔涂鸦气球图像。

3-2 制作绿色和黄色的蜡笔涂鸦气球图像，并调整部分气球色调。

STEP 4 绘制图像并使用横排文字工具输入文字

新建图层，使用钢笔工具在画面左侧绘制一个不规则的路径，按下快捷键Ctrl+Enter，将路径转换为选区后，为其填充黑色。按下快捷键Ctrl+J，复制9次该图层，并分别调整各图像的位置和方向4-1。单击横排文字工具，在"字符"面板中设置参数后，在画面左下角多次输入文字4-2。打开"纸板.jpg"文件，将其拖曳至当前文件中并调整其位置。按住Ctrl键的同时单击"图层1"蒙版缩览图将其载入选区，单击"添加图层蒙版"按钮，隐藏选区外的图像并相应调整该图层的混合模式4-3。

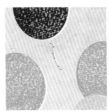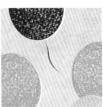

4-1 绘制不规则的图像，多次复制该图像并调整各图像的位置。

4-2 输入文字。　　4-3 使用图层混合模式调整画面色调。

放飞希望

大型公益知识讲座
9月18日下午2点

STEP 1

打开涂鸦2素材，并结合矩形选框工具和移动工具将玫红色涂鸦拖曳至当前文件中，多次复制该图像并调整大小和位置，结合图层混合模式、椭圆选框工具等调整图像效果 **1-1**。使用相同的方法将其他涂鸦拖曳至当前文件中，并运用"色相/饱和度"调整图层调整图像效果 **1-2**。

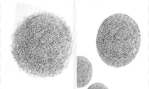

1-1 制作玫红色的涂鸦效果。

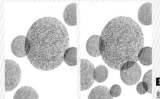

1-2 制作多种颜色的蜡笔涂鸦图像。

STEP 2

使用画笔工具绘制不规则的图像后，多次复制该图像并分别调整其大小和位置，然后锁定各图层透明像素并分别填充相应颜色 **2-1**。使用横排文字工具在画面左上角多次输入文字 **2-2**。

2-1 使用画笔工具绘制图像。

2-2 复制并调整图像颜色后输入文字。

利用墨水和咖啡污渍表现冷酷的风格构思

光盘路径: Chapter 03 \ Complete \ 36 \ 36 利用墨水和咖啡污渍表现冷酷的风格构思.psd

视频路径: Video \ Chapter 03 \ 36 利用墨水和咖啡污渍表现冷酷的风格构思.swf

✿ 设计构思

在表现冷酷的画面主题时，可以通过深沉的色调来体现。本案例中对墨水和咖啡的污渍进行提炼，并使用饱和度较低的色调制作出层次丰富且阴郁的画面效果。

✿ 设计要点

在制作画面的蓝色调时，运用图层混合模式使图层间的色调相融合，形成一定的肌理效果。然后使用多个纹理图像合成层次丰富的效果。

STEP 1 使用调整图层增强图像对比度

执行"文件>新建"命令，设置各项参数和"名称"后单击"确定"按钮 1-1。执行"文件>打开"命令，打开"纸张.png"文件，将其拖曳至当前文件中并调整其位置。单击"图层"面板中的"创建新的填充或调整图层"按钮，执行"曲线"命令，在属性面板中设置其参数并创建剪贴蒙版，以增强其色调对比度 1-2。添加"墨迹.jpg"文件，单击"图层"面板中的"创建新的填充或调整图层"按钮，执行"色阶"命令，并在打开的"属性"面板中设置其参数 1-3。

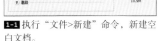

1-1 执行"文件>新建"命令，新建空白文档。

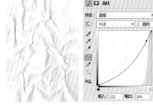

1-2 使用调整图层增强图像色调。

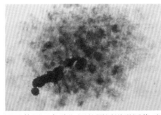
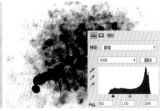

1-3 使用"色阶"调整图层增强图像对比度。

STEP 2 使用锁定透明像素填充图像颜色

单击魔棒工具，并在属性栏单击"添加到选区"按钮，在画面颜色较浅的区域多次单击以创建选区，按下快捷键 Ctrl+Shift+ I反选选区，然后使用移动工具将墨迹选区拖曳至当前文件中 2-1。适当调整图像大小和位置后，按住Ctrl键的同时单击"图层1"览图将其载入选区，并单击"添加图层蒙版"按钮，隐藏选区外的图像 2-2。按下快捷键Ctrl+J复制"图层2" 2-3。单击"锁定透明像素"按钮，为该图层填充蓝紫色（R91、G103、B222），然后设置其图层混合模式为"滤色"，使其与下层图像色调相融合 2-4。

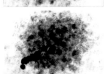

2-1 为墨迹图像创建选区。

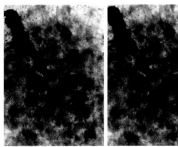

2-2 添加墨迹选区到当前文件中并隐藏局部色调。

2-3 复制图像。

2-4 锁定图层透明像素并为其填充颜色，运用图层混合模式使图像间色调相融合。

STEP 3　使用图层混合模式调和画面色调

执行"文件>打开"命令，打开"指纹.png"文件，将其拖曳至当前文件中并放置在画面中心位置，然后设置其图层混合模式为"划分"、"不透明度"为60%，使其呈现白色效果 3-1。执行"文件>打开"命令，打开"咖啡.jpg"文件，将其拖曳至当前文件中并调整其位置，然后设置图层混合模式为"正片叠底"、"不透明度"为90%，使其与下层图像的色调相融合 3-2。按下快捷键Ctrl+Shift+Alt+E盖印可见图层得到"图层5"，然后使用加深工具 和减淡工具 在画面中涂抹，以增强画面的对比度 3-3。

3-1 添加指纹图像并调整其图层属性。

3-2 调整图层混合模式。

3-3 增强画面对比度。

STEP 4　添加更多小元素并输入文字

执行"文件>打开"命令，打开"地图.png"文件，将其拖曳至当前文件中并放置在画面上方 4-1。新建图层，并使用椭圆选框工具 在画面中创建椭圆选区，然后执行"编辑>描边"命令，在弹出的对话框中设置各项参数，完成后单击"确定"按钮，为该选区描边 4-2。执行"文件>打开"命令，打开"城市.png"和"图标.png"文件，将其分别拖曳至当前文件中并适当调整其位置。然后新建多个图层，并结合矩形选框工具 和油漆桶工具 绘制多个图像 4-3。使用横排文字工具 多次输入文字，并运用"自由变换"命令调整其位置 4-4。

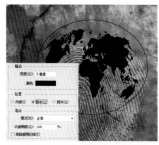

4-1 添加地图图像。

4-2 为选区内图像描边。

4-3 添加素材并绘制图像。

4-4 输入文字。

转换为污渍怀旧风格

STEP 1

打开纸张素材，使用"曲线"调整图层增强其色调对比度。然后添加墨迹图像，复制图像并结合锁定透明像素和图层混合模式调整颜色 **1-1**。依次添加指纹和咖啡素材并运用图层混合模式进行调整，然后盖印可见图层 **1-2**。

1-1 制作蓝色的墨迹图像。

1-2 添加素材，丰富背景图像效果。

STEP 2

依次添加地图、城市和图标素材，使用矩形选框工具等绘制图像。输入文字后盖印图层组并隐藏部分图层 **2-1**。为部分图层创建剪贴蒙版，运用"色阶"调整图层调整图像色调，然后添加图层，结合图层混合模式使画面色调融合 **2-2**。

2-1 添加小元素并输入文字。

2-2 合并并隐藏部分图层，调和色调。

活用手绘图案的设计构思

光盘路径：Chapter 03 \ Complete \ 37 \ 37 活用手绘图案的设计构思.psd
视频路径：Video \ Chapter 03 \ 37 活用手绘图案的设计构思.swf

❀ 设计构思

在进行设计制作时，巧妙地使用手绘图案能够达到意想不到的画面效果。本案例中通过对手绘图案的颜色和构成进行设计制作，形成具有一定韵律且趣味性十足的画面效果。

❀ 设计要点

首先使用调整图层增强其对比度，以便于对其进行处理。抠取图案后，使用多个调整图层调整部分图案的色调，使画面呈现多种色彩效果。

STEP 1 使用调整命令增强图像对比度

执行"文件>新建"命令，设置各项参数和"名称"后单击"确定"按钮 **1-1**。新建图层，使用矩形选框工具 在画面中创建一个矩形选区，并为该选区填充黑色 **1-2**。执行"文件>打开"命令，打开"图案.jpg"文件，复制"背景"图层得到"背景副本"，执行"图像>调整>色阶"命令，在弹出的对话框中设置参数，完成后单击"确定"按钮，增强该图像的色调对比度 **1-3**。

1-1 执行"文件>新建"命令，新建空白文档。

1-2 为选区填充颜色。

1-3 使用"色阶"命令增强图像对比度。

STEP 2 使用调整图层调整图案颜色

单击魔棒工具 ，并在属性栏中单击"添加到选区"按钮 ，在手绘图案上多次单击以创建选区，然后按下快捷键Ctrl+J，复制选区得到新图层并隐藏其他图层。使用套索工具 为部分图案依次创建选区，并使用移动工具 将其拖曳至当前文件中，然后分别调整各图案的大小和位置 **2-1**。单击"图层"面板中的"创建新的填充或调整图层"按钮 ，执行"可选颜色"命令，在属性面板中设置其参数并创建剪贴蒙版，以调整"图层2"的色调效果 **2-2**。使用相同的方法，为各个图案图层分别创建"可选颜色"调整图层，分别设置其参数并创建剪贴蒙版，使这些图案呈现彩色效果 **2-3**。

2-1 复制图案选区并隐藏其他图层，添加图案选区到当前文件中。

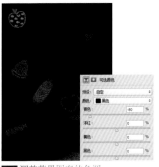

2-2 调整苹果图案的色调。

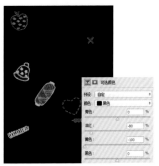

2-3 使用调整图层调整其他图案色调。

STEP 3 使用调整图层调整图像色调

在"图案"文件中继续使用套索工具为其他的图案依次创建选区，并使用移动工具将其拖曳至当前文件中，然后分别调整各图像的大小和位置 **3-1**。选择勺子图案，单击"图层"面板中的"创建新的填充或调整图层"按钮，选择"可选颜色"命令，在属性面板中设置参数并创建剪贴蒙版，使其呈现红色效果。选择钥匙图案，单击"创建新的填充或调整图层"按钮，选择"反相"命令并创建剪贴蒙版，使其呈现白色效果 **3-2**。使用相同的方法，为各个图案图层分别创建"反相"调整图层并创建剪贴蒙版，使这些图像呈现白色效果 **3-3**。

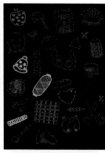

3-1 使用套索工具为部分图案创建选区并添加到新文件中。

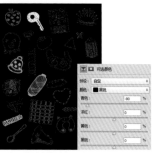

3-2 调整部分图案的色调。

3-3 对图像进行反相处理。

STEP 4 结合图层混合模式和调整图层调整画面色调

执行"文件>打开"命令，打开"纸张.jpg"文件，将其拖曳至当前文件中并调整图像的位置，然后设置该图层的混合模式为"深色"，使其与下层图像色调相融合 **4-1**。单击"图层"面板中的"创建新的填充或调整图层"按钮，选择"曲线"命令，并在属性面板中设置其参数，以调整画面的色调对比度 **4-2**。单击横排文字工具，并在"字符"面板中设置参数，在画面右下角多次输入文字，以完善画面效果 **4-3**。

4-1 添加纸张图像，并运用图层混合模式使画面色调相融合。

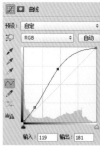

4-2 增强图像的对比度。

4-3 输入文字。

转换可爱的手绘风格

STEP 1

新建图层并结合矩形选框工具和油漆桶工具填充背景颜色 1-1。打开图案素材，使用套索工具 ☟ 为各个图案依次创建选区并将其拖曳至当前文件中，然后分别调整各图案的大小和位置 1-2。

1-1 为选区填充相应颜色，制作背景。

1-2 添加手绘图案素材文件。

STEP 2

盖印图案图层组并隐藏该组，复制盖印的图层并调整图像位置后，使用多个"可选颜色"调整图层调整各图层的色调 2-1。最后在画面右下角多次输入文字，使其与画面色调相统一 2-2。

2-1 使用调整图层，调整各手绘图案的色调。

2-2 使用横排文字工具输入文字。

利用旧纸表现怀旧明信片设计

光盘路径：Chapter 03 \ Complete \ 38 \ 38 利用旧纸表现怀旧明信片设计.psd
视频路径：Video \ Chapter 03 \ 38 利用旧纸表现怀旧明信片设计.swf

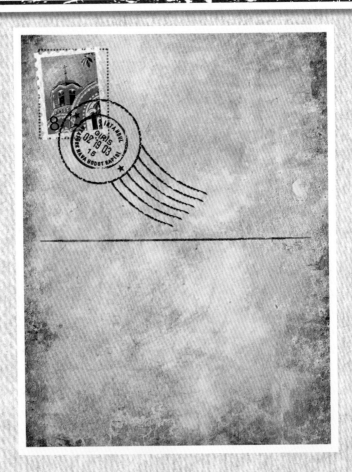

❀ 设计构思 ·················
在表现怀旧效果时，可以使用较为复古的素材和色调来进行表现。本案例中使用复古的旧纸传递怀旧感，并使用富有纹理效果的明信片进一步突出这一效果。

❀ 设计要点 ·················

在制作复古图像时，结合图层混合模式、画笔工具等制作色调统一的效果。然后使用纹理明显的材质合成怀旧的明信片图像，使画面统一。

STEP 1 合成复古的背景图像

执行"文件>新建"命令，设置各项参数后单击"确定"按钮 **1-1**。执行"文件>打开"命令，打开"纸张.jpg"文件，将其拖曳至当前文件中并调整其大小和位置。单击"创建新的填充或调整图层"按钮 ⊙，选择"色相/饱和度"命令，在属性面板中设置其参数并创建剪贴蒙版，以降低图像饱和度 **1-2**。打开"铅笔.jpg"和"手指.jpg"文件，分别将其拖曳至当前文件后，调整其大小、位置和图层混合模式。然后结合图层蒙版和画笔工具 ✐ 分别隐藏局部色调，完善背景图像 **1-3**。

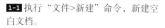

1-1 执行"文件>新建"命令，新建空白文档。

1-2 调整图像色调。

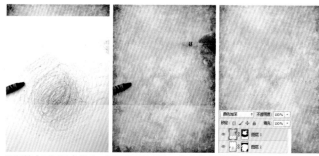

1-3 结合图层混合模式、图层蒙版和画笔工具完善背景图像。

STEP 2 合成明信片图像

使用自定形状工具 ✐，在画面左上角绘制一个邮票形状 **2-1**。执行"文件>打开"命令，打开"建筑.jpg"文件，将其拖曳至当前文件中后适当调整其大小和位置。按下快捷键Ctrl+J，复制图层并创建剪贴蒙版，设置其图层混合模式为"叠加"以增强建筑图像的对比度 **2-2**。单击"图层"面板中的"创建新的填充或调整图层"按钮 ⊙，依次选择"色阶"和"色相/饱和度"命令，在属性面板中分别设置其参数并创建剪贴蒙版，以调整建筑图像的色调效果 **2-3**。

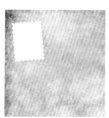
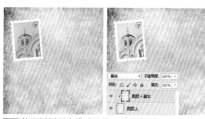

2-1 绘制邮票形状。

2-2 使用图层混合模式强化图像的色调。

2-3 使用多个调整图层调整图像色调。

STEP 3 使用图层混合模式融合图像效果

执行"文件>打开"命令，打开"铅笔.jpg"文件，使用矩形选框工具🔲为手绘的图像创建选区，并使用移动工具🔀将其拖曳至当前文件中，然后调整其大小和位置 **3-1**。设置其对应图层的混合模式为"正片叠底"、"不透明度"为70%后，按住Ctrl键的同时单击"形状1"图层缩览图，将其载入选区，单击"添加图层蒙版"按钮🔲，隐藏选区外的图像 **3-2**。依次打开"圆点.png"和"印章.png"文件，分别将其拖曳至当前文件中后适当调整其位置、图层顺序和图层混合模式 **3-3**。

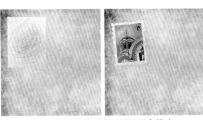

3-1 创建选区并调整其对应图层的混合模式。　　　　**3-2** 添加圆点图像。

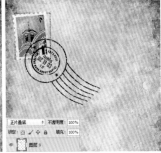

3-3 添加印章图像并调整其对应图层的混合模式。

STEP 4 设置"画笔"面板参数，并绘制图像

单击画笔工具🖌，并单击属性栏中的"切换画笔面板"按钮🔲，在弹出的"画笔"面板中设置"画笔笔尖形状"选项的参数，然后依次勾选"形状动态"、"散布"和"传递"复选框，并分别设置其对应的参数 **4-1**。新建图层并设置前景色为褐色（R100、G31、B14），在画面中心位置绘制一条不规则的直线段 **4-2**。单击横排文字工具🔲，并在"字符"面板中设置文字参数，在明信片左下角输入文字，以完善画面效果 **4-3**。

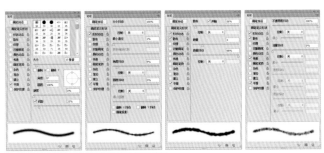

4-1 在"画笔"面板中设置各选项的参数。

4-2 绘制图像。　　　　**4-3** 输入文字。

"旅行的意义"
明信片精品展

地址：朝阳区三里屯路19号三里屯Village南区B1楼
时间：11月1日—11月29日（10:00—19:00）
门票免费，你可以只是来看看这些漂亮的卡片，或者买下你喜欢的明信片，
及时书信给朋友或自己，可以投入现场的邮箱中我们帮你邮递。

STEP 1

添加纸张素材并使用"色相/饱和度"调整图层降低饱和度 **1-1**。添加铅笔和手指素材并结合图层混合模式、图层蒙版等融合画面色调。结合自定形状工具和自由变换命令绘制邮票 **1-2**。

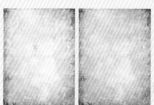

1-1 调整图像的色相和饱和度。

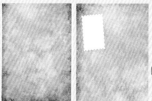

1-2 合成完整的背景图像，并绘制邮票形状。

STEP 2

添加建筑、铅笔、圆点和印章等素材，并结合调整图层和图层混合模式等合成完整的明信片图像 **2-1**。在画面中心位置绘制一条直线段，并在画面下方多次输入文字以丰富画面效果 **2-2**。

2-1 使用调整图层适当调整手绘图案的色调。

2-2 使用横排文字工具输入文字。

利用水彩笔触表现手绘风格构思

光盘路径：Chapter 03 \ Complete \ 39 \ 39 利用水彩笔触表现手绘风格构思.psd

视频路径：Video \ Chapter 03 \ 39 利用水彩笔触表现手绘风格构思.swf

🖋 **设计构思**••••••••

在表现手绘风格的画面效果时，可以使用素描、油画、速写、水粉等效果进行体现。本案例中主要使用水彩笔触，并使用色调较暗的颜色体现神秘而独特的手绘风格画面效果。

🖋 **设计要点**•••••••••••

在制作手绘图像时，结合多个调整图层和滤镜制作素描画面效果。然后使用画笔工具和图层混合模式等添加多种颜色，形成神秘的效果。

STEP 1 运用"特殊模糊"滤镜对人物图像进行模糊处理

执行"文件>新建"命令，设置各项参数后单击"确定"按钮 **1-1**。执行"文件>打开"命令，打开"人物.jpg"文件，将其拖曳至当前文件中后调整其大小和位置。结合矩形选框工具▣和图层蒙版隐藏局部色调 **1-2**。复制该图层并运用"特殊模糊"滤镜对其进行模糊处理 **1-3**。单击"创建新的填充或调整图层"按钮 ◐，选择"曲线"命令，在属性面板中设置其参数并创建剪贴蒙版，以提亮画面色调 **1-4**。

1-1 执行"文件>新建"命令，新建空白文档。

1-2 添加人物图像并调整人物色调。

1-3 应用"特殊模糊"滤镜。

1-4 提亮人物图像的色调。

STEP 2 运用多个滤镜调整人物艺术效果

按下快捷键Ctrl+Shift+Alt+E，盖印可见图层得到"图层2"，然后执行"图像>调整>去色"命令将其去色 **2-1**。执行"滤镜>滤镜库"命令，在弹出的对话框中选择"艺术效果"选项组中的"绘画涂抹"滤镜，并在右侧设置其参数，完成后单击"确定"按钮，以应用该滤镜效果 **2-2**。使用相同的方法，依次应用"调色刀"和"干画笔"滤镜，并设置相应的参数，以调整人物图像的艺术效果 **2-3**。复制该图层并使用加深工具◉和减淡工具◝在人物面部多次涂抹，以强化面部的色调对比度 **2-4**。

2-1 将图像去色。

2-2 运用"绘画涂抹"滤镜调整人物的艺术效果。

2-3 运用多个滤镜进一步强化人物艺术效果。

2-4 增强面部对比度。

新建图层，设置前景色为淡蓝绿色（R0、G160、B200），使用较透明的画笔在画面左侧多次涂抹。然后设置前景色为钴蓝色（R9、G35、B167），继续在画面右侧绘制图像 3-1。设置该图层的混合模式为"叠加"，使其与下层图像色调相融合 3-2。再次新建图层，继续使用较透明的画笔在画面右侧多次涂抹以绘制图像 3-3。然后单击"创建新的填充或调整图层"按钮 ，选择"色相/饱和度"命令，在属性面板中设置参数并创建剪贴蒙版，加深图像右侧的色调效果 3-4。

3-1 替换不同的前景色后绘制图像。

3-2 调整图层混合模式。

3-3 继续绘制图像。

3-4 使用调整图层加深图像颜色。

新建图层并替换不同的前景色，使用较透明的画笔在人物皮肤部分多次涂抹以绘制图像，然后设置该图层的混合模式为"亮光"，使该区域呈现蓝色效果 4-1。再次新建图层，并设置前景色为湛蓝色（R6、G53、B206），继续使用画笔工具 在画面下方多次涂抹以绘制图像 4-2。然后设置该图层的混合模式为"亮光"、"不透明度"为57% 4-3。新建多个图层，并替换不同的前景色，在人物皮肤的亮部和唇部绘制图像，并相应地调整各图层的混合模式，使画面色调呈现融合效果 4-4。

4-1 结合画笔工具和图层混合模式制作蓝色调。

4-2 绘制图像。

4-3 调整图层混合模式。

4-4 绘制人物皮肤和唇部的红色调。

STEP 5 使用图层混合模式制作水彩笔触图像

执行"文件>打开"命令，打开
"水彩1.jpg"文件，将其拖曳至
当前文件中后，适当调整其大
小和位置 5-1。设置其图层混
合模式为"叠加"，并结合图
层蒙版和画笔工具 隐藏人物
面部区域的色调，形成融合的
笔触效果 5-2。单击"创建新
的填充或调整图层"按钮，
选择"色相/饱和度"命令，在
属性面板中依次设置"红色"、
"黄色"和"绿色"选项的参数并
创建剪贴蒙版，以调整其色调
效果 5-3。执行"文件>打开"
命令，打开"水彩2.jpg"文件，
将其拖曳至当前文件中后，适
当调整其大小、位置和图层混
合模式 5-4。

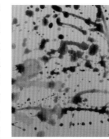

5-1 添加水彩图像。

5-2 将水彩与画面色调相融合。

5-3 调整图像的色相。

5-4 调整图层混合模式。

STEP 6 添加文字和小元素，丰富画面效果

单击横排文字工具，在"字
符"面板中设置文字参数后，
在画面左下角多次输入文字，
并为文字图层分别添加"外发
光"图层样式，以增强文字的
质感效果 6-1。执行"文件>打
开"命令，打开"星光.png"文
件，将其拖曳至当前文件中后
适当调整其位置 6-2。按下快
捷键Ctrl+J，复制两次该图层并
分别调整图像的位置，然后设
置其图层混合模式为"叠加"，
"不透明度"为98%，以丰富画面
效果 6-3。

6-1 为文字图层添加"外发光"图层样式。

6-2 添加星光图像。

6-3 复制图层并调整其图层混合模式。

转换为温馨的手绘风格

STEP 1

添加素材并使用"色相/饱和度"调整图层降低其饱和度 1-1。新建多个图层并结合画笔工具和图层混合模式绘制图像。添加水彩1素材并结合调整图层、画笔工具等，制作出人物的水彩笔触图像 1-2。

1-1 调整图像的色相和饱和度。

1-2 调整人物色调，并合成水彩笔触效果。

STEP 2

添加水彩1和星光素材，并结合调整图层、图层蒙版等制作背景的水彩图像。结合渐变工具和图层混合模式绘制左侧淡粉色背景 2-1。载入水彩笔刷，并选择合适的画笔绘制图像。输入文字，完善画面效果 2-2。

2-1 制作背景中的水彩笔触图像。

2-2 绘制多个水彩笔触图像并输入文字。

利用铅笔画增添手绘感设计

光盘路径：Chapter 03 \ Complete \ 40 \ 40 利用铅笔画增添手绘感设计.psd

视频路径：Video \ Chapter 03 \ 40 利用铅笔画增添手绘感设计.swf

✎ 设计构思

在制作手绘感较强的画面时，可以通过较鲜明的色调和笔触纹理进行表现。本案例中使用较为强烈的铅笔笔触，并使用较为单纯统一的色调制作人物铅笔画效果，形成拥有强烈手绘感的设计。

✎ 设计要点

制作黑白人物效果时，结合调整图层和"木刻"滤镜制作具有艺术感的画面。结合铅笔线和图层混合模式合成手绘感较强的铅笔画。

STEP 1 制作人物木刻效果

执行"文件>新建"命令，设置各项参数和"名称"后单击"确定"按钮 1-1。执行"文件>打开"命令，打开"人物.jpg"文件，将其拖曳至当前文件中后调整其大小和位置。结合矩形选框工具和图层蒙版隐藏局部色调 1-2。单击"创建新的填充或调整图层"按钮，选择"黑白"命令，并在属性面板中设置其参数，将人物做黑白处理 1-3。单击"创建新的填充或调整图层"按钮，选择"色阶"命令，并在属性面板中设置其参数，增强图像的对比度 1-4。按下快捷键Ctrl+Shift+Alt+E，盖印可见图层并隐藏这些图层得到"图层2"，执行"滤镜>滤镜库"命令，在弹出的对话框中选择"艺术效果"选项组中的"木刻"滤镜，并在右侧设置其参数 1-5。

1-1 执行"文件>新建"命令，新建空白文档。

1-2 添加人物图像。

1-3 制作黑白人物图像。

1-4 增强人物图像的对比度。

1-5 应用"木刻"滤镜，制作人物木刻效果。

STEP 2 降低人物图像的透明度和对比度

设置"图层2"的"不透明度"为50% 2-1。使用钢笔工具为人物绘制路径并创建选区，单击"添加图层蒙版"按钮，为该图层添加图层蒙版以抠取人物图像 2-2。单击"创建新的填充或调整图层"按钮，选择"亮度/对比度"命令，在属性面板中设置其参数并创建剪贴蒙版，以降低人物图像的对比度 2-3。

2-1 降低图层透明度。

2-2 抠取人物图像。

2-3 降低人物图像的对比度。

STEP 3 制作铅笔画效果

新建"组1"，执行"文件>打开"命令，打开"铅笔线.png"文件，将其拖曳至当前文件中，并调整其大小和位置 3-1。按下快捷键Ctrl+J，复制16次该图层，并使用"自由变换"命令分别调整各图像的位置 3-2。按住Shift键的同时选择"图层3"至"图层3副本16"之间的图层，按下快捷键Ctrl+J，再次复制图层，并使用"自由变换"命令对其进行旋转，完成后按下Enter键确定变换，使铅笔线呈现交叉效果。再次按下快捷键Ctrl+J，复制"图层 3 副本33"，并适当调整图层图像的位置 3-3。

3-1 添加铅笔线图像。

3-2 多次复制并调整铅笔线的位置。

3-3 制作交叉的铅笔线效果。

STEP 4 使用图层混合模式使图像色调融合

选择"图层2"的蒙版缩览图，在按住Alt键的同时将该蒙版拖动至"组1"上，释放鼠标以应用该蒙版 4-1。然后使用黑色的画笔在人物面部中的白色部分多次涂抹以恢复该区域的色调 4-2。然后设置该图层的混合模式为"线性加深"、"不透明度"为45%，使其与人物图像的色调相融合，形成具有手绘感的铅笔画效果 4-3。单击横排文字工具 ，并在"字符"面板中设置文字参数后，在画面中输入文字 4-4。

4-1 结合画笔工具和图层混合模式制作蓝色调。

4-2 绘制图像。

4-3 调整图层混合模式。

4-4 输入文字。

STEP 5 制作文字铅笔画效果

继续使用横排文字工具 I. 在画面中输入较小的文字，然后选择文字图层，按下快捷键Ctrl+T，出现自由变换控制框，并对其执行"旋转90度（顺时针）"操作，然后将其移动至画面右侧，完成后按下Enter键确定变换 5-1。设置文字图层的"不透明度"分别为70%和75% 5-2。按下快捷键Ctrl+J复制"组1"并将其置于顶层，将其移动至画面右侧，并为其蒙版填充黑色，然后按住Ctrl键的同时单击Ziggy Stardust图层缩览图，载入选区并填充为白色，使文字图层呈现铅笔画效果 5-3。

5-1 使用"自由变换"命令调整文字。

5-2 调整文字图层的不透明度。

5-3 制作文字的铅笔画效果。

STEP 6 使用图层混合模式调整画面色调

单击矩形选框工具 □，在画面中创建一个矩形选区，然后使用渐变工具 ■ 为选区填充渐变颜色 6-1。执行"滤镜>滤镜库"命令，在弹出的对话框中选择"纹理"选项组中的"纹理化"滤镜，并在右侧设置其参数 6-2。完成后单击"确定"按钮，以应用该滤镜效果 6-3。然后设置其图层混合模式为"线性加深"，使画面呈现一定的黄色调 6-4。

6-1 使用渐变工具为选区填充颜色。

6-2 设置"纹理化"滤镜的参数。

6-3 制作纹理化效果。

6-4 调整图层混合模式。

转换为彩铅风格

利用铅笔画增添手绘感设计

STEP 1

添加人物素材，结合"黑白"和"色阶"调整图层以及"木刻"滤镜制作木刻效果 1-1。调整人物图像的不透明度和对比度后，添加铅笔线 2 素材，多次复制该图像并运用"可选颜色"调整图层调整其色调，最后结合图层蒙版和画笔工具隐藏局部色调效果 1-2。

STEP 2

添加铅笔线素材，多次复制该图像并结合图层蒙版、渐变工具和图层混合模式制作文字的铅笔画效果 2-1。最后结合矩形选框工具、渐变工具和图层混合模式调整图像的整体色调效果 2-2。

1-1 制作人物木刻效果。

1-2 制作彩色的铅笔人物画效果。

2-1 制作文字的彩色铅笔画效果。

2-2 调整画面的整体色调。

利用彩色折纸表现层次感设计

光盘路径：Chapter 03 \ Complete \ 41 \ 41 利用彩色折纸表现层次感设计.psd
视频路径：Video \ Chapter 03 \ 41 利用彩色折纸表现层次感设计.swf

✎ 设计构思

在表现层次感设计时，可以通过调整画面中的色彩、构图和虚实来进行。本案例中使用色调靓丽、对比强烈的彩色折纸，制作出层次鲜明、视觉效果强烈的画面。

✎ 设计要点

在制作彩色折纸时，结合多边形套索工具以及"色相／饱和度"调整图层调整各部分图像的色调。然后使用排列自由的文字增强设计感。

STEP 1 调整选区内的图像色调

执行"文件>新建"命令,设置各项参数和"名称"后单击"确定"按钮 1-1。执行"文件>打开"命令,打开"彩纸1.jpg"文件,将其拖曳至当前文件中后适当调整其大小和位置 1-2。单击多边形套索工具,并在属性栏单击"添加到选区"按钮,在画面中的橙色彩纸上创建多个不规则的选区 1-3。然后单击"创建新的填充或调整图层"按钮,选择"色相/饱和度"命令,并在属性面板中设置其参数,以调整选区内图像的色调效果 1-4。

1-1 执行"文件>新建"命令,新建空白文档。

1-2 添加彩纸图像。

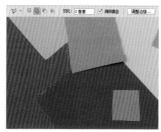

1-3 创建选区。

1-4 调整选区内图像的颜色。

STEP 2 进一步调整图像色调

选择"图层1",单击魔棒工具,在属性栏单击"添加到选区"按钮,为画面中较小的玫红色彩纸创建选区 2-1。单击"创建新的填充或调整图层"按钮,选择"色相/饱和度"命令,并在属性面板中设置其参数,调整选区内的颜色 2-2。再次选择"图层1",使用魔棒工具,为画面中较大的玫红色彩纸创建选区 2-3。单击"创建新的填充或调整图层"按钮,再次选择"色相/饱和度"命令,并在属性面板中设置其参数,调整选区内的颜色 2-4。

2-1 创建选区。

2-2 调整选区内图像的颜色。

2-3 再次创建选区。

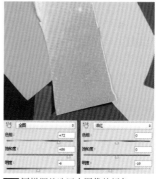

2-4 同样调整选区内图像的颜色。

STEP 3 使用多个调整图层调整画面色调

单击"创建新的填充或调整图层"按钮 ◎ ，选择"色相/饱和度"命令，并在属性面板中设置其参数，然后将该调整图层置为顶层，调整画面中黄色和蓝色区域的色相 **3-1**。单击"创建新的填充或调整图层"按钮 ◎ ，选择"亮度/对比度"命令，并在属性面板中设置其参数，以提亮画面的色调 **3-2**。执行"文件>打开"命令，打开"彩纸2.jpg"文件，并运用"亮度/对比度"命令提亮画面色调 **3-3**。使用钢笔工具 ◢ 在画面右侧绘制路径，并创建选区 **3-4**。使用移动工具 ▸ 将其拖曳至当前文件中并调整其位置，然后设置该图层的混合模式为"线性加深"，使其与画面色调相融合 **3-5**。

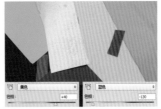

3-1 调整黄色和蓝色区域的色相。

3-2 提亮画面色调。

3-3 提亮画面色调。

3-4 创建选区。

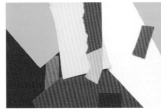

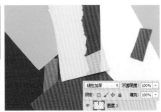

3-5 添加图像并调整图层的混合模式。

STEP 4 添加图像并调整其色调

继续在"彩纸2"图像上使用钢笔工具 ◢ 为部分图像绘制路径并创建选区 **4-1**。然后将其分别拖曳至当前文件中，并设置"图层3"的混合模式为"正片叠底"，使其与下层图像色调相融合 **4-2**。单击"创建新的填充或调整图层"按钮 ◎ ，为"图层3"和"图层4"分别创建多个"色相/饱和度"调整图层，创建剪贴蒙版并设置其参数，使其与画面色调相统一 **4-3**。最后使用横排文字工具 ▼ ，在画面中多次输入文字并调整文字的大小和位置 **4-4**。

4-1 创建选区。

4-2 添加图像并调整其图层混合模式。

4-3 调整图像色调。

4-4 输入文字。

194

STEP 1

添加彩纸 3 和牛皮纸素材，并使用图层混合模式调和图像间的色调 **1-1**。选择彩纸图层，并使用多边形套索工具为部分图像创建选区，然后使用"色相 / 饱和度"调整图层调整选区颜色。使用相同的方法进一步调整彩纸图像的颜色 **1-2**。

1-1 使用图层混合模式使图像色调融合。

1-2 结合多边形套索工具和调整图层调整图像色调。

STEP 2

添加香水素材，并调整其位置 **2-1**。然后使用横排文字工具在画面中多次输入文字，相应地调整文字的大小和位置，以丰富画面效果 **2-2**。

2-1 添加香水素材。

2-2 输入文字，进一步丰富画面效果。

利用修正带制作强视觉海报

光盘路径：Chapter 03 \ Complete \ 42 \ 42 利用修正带制作强视觉海报.psd

视频路径：Video \ Chapter 03 \ 42 利用修正带制作强视觉海报.swf

🎨 设计构思

在表现强烈的画面视觉时，可以通过强烈的色彩、独特的构图和造型进行。本案例中多次使用修正带这一元素，通过解构的重组制作出极具艺术感和视觉冲击力的海报设计。

🎨 设计要点

使用油漆桶工具和图层混合模式制作淡绿色调的背景图像。使用多边形套索工具和移动工具添加多个修正带图像，得到构成感强烈的海报。

STEP 1 使用图层混合模式调和画面色调

执行"文件>新建"命令，设置各项参数和"名称"后单击"确定"按钮 **1-1**。执行"文件>打开"命令，打开"纸张.png"文件，将其拖曳至当前文件中并调整其位置。然后结合矩形选框工具和图层蒙版隐藏局部色调 **1-2**。按住Ctrl键的同时单击"图层1"蒙版缩览图将其载入选区，新建图层并为选区填充荧光绿色（R119、G255、B104）。按下快捷键Ctrl+D，取消选区后设置该图层的混合模式为"颜色加深"、"不透明度"为65%，使其与纸张图像色调相融合 **1-3**。

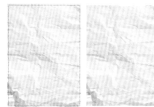

1-1 执行"文件>新建"命令，新建空白文档。

1-2 添加纸张图像。

1-3 为选区填充颜色，并运用图层混合模式使画面色调相融合。

STEP 2 抠取修正带图像

执行"文件>打开"命令，打开"修正带.jpg"文件，单击"图层"面板中的"创建新的填充或调整图层"按钮，选择"曲线"命令，并在属性面板中设置其参数，以增强图像的对比度 **2-1**。再次单击"创建新的填充或调整图层"按钮，选择"色相/饱和度"命令，并在属性面板中设置其参数，以调整图像色调 **2-2**。然后按下快捷键Ctrl+Shift+Alt+E，盖印可见图层得到"图层1"，单击魔棒工具，在属性栏中单击"添加到选区"按钮，为修正带图像创建选区，然后按下快捷键Ctrl+J，复制选区得到"图层2"，并隐藏其他图层 **2-3**。

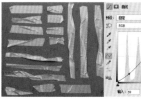

2-1 使用"曲线"调整图层增强画面的对比度。

2-2 添加"色相/饱和度"调整图层，调整图像整体色调。

2-3 创建选区并抠取修正带图像。

STEP 3 制作修正带边框

单击多边形套索工具 ，为画面中心位置的竖向修正带创建选区，并使用移动工具 将其拖曳至当前文件中。按下快捷键Ctrl+T，出现自由变换控制框，并对其执行"旋转90度（顺时针）"操作 3-1 。将该图像缩小并调整其位置后，按下Enter键确定变换 3-2 。继续使用多边形套索工具 在"修正带"文件中为竖向的修正带依次创建选区，并使用移动工具 将其分别拖曳至当前文件中。然后使用"自由变换"命令分别调整各图像的大小、位置和方向，形成修正带边框图像 3-3 。

3-1 使用多边形套索工具创建选区。将图像拖曳至当前文件中并应用"自由变换"命令。

3-2 调整图像大小和位置。

3-3 制作修正带边框图像。

STEP 4 制作修正带文字图像

新建一个"文字"图层组，参照前面的方法，在"修正带"文件中多次使用多边形套索工具 为各个修正带图像创建选区，并使用移动工具 将其分别拖曳至当前文件中。然后运用"自由变换"命令调整其大小和位置，制作出修正带文字效果 4-1 。继续使用相同的方法制作装饰性的修正带图像，并使用"色相/饱和度"命令调整其色调 4-2 。分别调整各绿色修正带图层的混合属性后，结合矩形选框工具 和图层蒙版隐藏部分图像色调 4-3 。然后使用横排文字工具 ，在画面下方多次输入文字，以完善画面效果 4-4 。

4-1 制作修正带文字。

4-2 制作文字的装饰性图像并调整其色调。

4-3 结合图层混合模式、矩形选框工具和图层蒙版调整装饰性修正带的效果。

4-4 输入文字，丰富画面的效果。

作品风格转换

转换为修正带的神秘风格

STEP 1

打开修正带素材，使用"曲线"和"色相/饱和度"调整图层调整图像色调，然后使用魔棒工具抠取修正带图像 **1-1**。使用多边形套索工具依次创建选区并分别拖曳至当前文件中，复制部分图层并调整图像大小、位置和混合模式 **1-2**。

STEP 2

盖印可见图层得到新图层并将其去色，然后调整图层的混合模式以加深画面色调 **2-1**。使用魔棒工具创建选区并填充黑色后，使用钢笔工具绘制斑点图像。然后在画面中多次输入文字，以丰富画面效果 **2-2**。

1-1 抠取图像。

2-1 加深图像色调。

1-2 拖动图像并调整其图层混合模式。

2-2 使用横排文字工具输入文字，完善画面效果。

利用皱纹撕纸表现纹理文字

光盘路径：Chapter 03 \ Complete \ 43 \ 43 利用皱纹撕纸表现纹理文字.psd

视频路径：Video \ Chapter 03 \ 43 利用皱纹撕纸表现纹理文字.swf

🕮 设计构思 ·············

在表现纹理文字时，可以通过各种材质进行叠加，制造出质感十足的文字效果。本案例中利用揉皱的纸张图像，使用多种颜色突出文字效果，呈现出画面充实而醒目的效果。

🕮 设计要点 ·············

使用多边形套索工具和移动工具添加撕纸图像。然后结合"色相/饱和度"调整图层和图层混合模式调整文字效果，使其与背景形成对比。

STEP 1 制作红色的皱纹撕纸图像

执行"文件 > 新建"命令，设置各项参数和"名称"后单击"确定"按钮 **1-1**。执行"文件 > 打开"命令，打开"纸张.jpg"文件，将其拖曳至当前文件中并调整其大小和位置 **1-2**。执行"文件 > 打开"命令，打开"撕纸.jpg"文件，单击多边形套索工具 ，为画面左侧的红色撕纸创建选区，然后使用移动工具 将其拖曳至当前文件中，并调整其大小和位置 **1-3**。单击"添加图层蒙版"按钮 ，为该图层添加图层蒙版，并使用黑色画笔在画面中多次涂抹以隐藏局部色调。然后设置该图层的混合模式为"变暗"，使其与背景图像色调相融合 **1-4**。

1-1 执行"文件>新建"命令，新建空白文档。

1-2 添加纸张图像。

1-3 为左侧红色撕纸创建选区并将其拖曳至当前文件中。

1-4 结合图层蒙版、画笔工具和图层蒙版调和画面色调。

STEP 2 制作更多皱纹撕纸图像

选择"撕纸"文件，单击多边形套索工具 ，为画面左侧的蓝色撕纸创建选区，然后使用移动工具 将其拖曳至当前文件中，并调整其大小和位置 **2-1**。使用相同的方法，继续在"撕纸"文件中使用多边形套索工具 ，为画面右侧的红色和蓝色撕纸依次创建选区，并使用移动工具 将其拖曳至当前文件中，然后分别调整各图像的大小和位置 **2-2**。

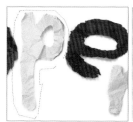

2-1 为左侧蓝色撕纸创建选区并将其拖曳至当前文件中。

2-2 为右侧红色和蓝色撕纸创建选区并将其拖曳至当前文件中。

STEP 3 使用调整图层调整撕纸色调

为"图层3"和"图层4"分别添加图层蒙版，并使用较透明的画笔在画面中涂抹，以隐藏局部色调。然后设置这些图层的混合模式均为"变暗"，使其与画面色调相融合 3-1。选择"图层3"，单击"创建新的填充或调整图层"按钮 ○.，选择"色相/饱和度"命令，在属性面板中设置其参数并创建剪贴蒙版，以调整其色调 3-2。依次选择"图层4"和"图层5"，然后单击"创建新的填充或调整图层"按钮 ○.，分别选择"色相/饱和度"命令，在属性面板中设置其参数并创建剪贴蒙版，以调整各图像的色调效果 3-3。

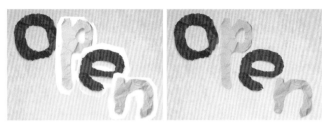

3-1 结合图层蒙版、画笔工具和图层混合模式调整图像效果。

3-2 使用"调整图层"调整图像色调。

3-3 调整图像色调，使撕纸图像呈现多种颜色效果。

STEP 4 完善画面纹理效果并输入文字

执行"文件>打开"命令，打开"纹理.jpg"文件，将其拖曳至当前文件中并调整其位置，然后设置图层的混合模式为"叠加"、"不透明度"为37%，以增强画面的纹理效果 4-1。结合钢笔工具 ∅.和椭圆工具 ○.在画面右上角和左下角依次绘制标贴和电话形状图像，并为"形状1"图层添加"投影"图层样式 4-2。然后使用横排文字工具 T.，在画面左下角多次输入文字并调整其大小和位置，以完善画面效果 4-3。

4-1 使用图层混合模式增强画面纹理效果。

4-2 绘制形状。

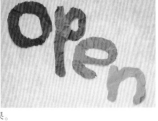

4-3 输入文字。

STEP 1

创建选区并填充颜色，打开撕纸素材，使用多边形套索工具和移动工具将撕纸图像分别拖曳至当前文件中，结合图层蒙版和画笔工具隐藏局部色调 **1-1**。结合"色相/饱和度"调整图层、"反相"调整图层和剪贴蒙版调整图像色调 **1-2**。

STEP 2

盖印撕纸图像，并分别调整新图像位置和图层顺序。结合图层混合模式和"高斯模糊"滤镜制作朦胧的图像效果 **2-1**。结合钢笔工具、椭圆工具、图层样式绘制标贴等形状，使用横排文字工具多次输入文字，完善画面 **2-2**。

1-1 添加撕纸图像。

2-1 制作朦胧的图像效果。

1-2 结合调整图层和剪贴蒙版调整撕纸图像的色调。

2-2 制作标贴和电话形状并输入文字。

利用彩色铅笔添加花砖风格纹理

光盘路径： Chapter 03 \ Complete \ 44 \ 44 利用彩色铅笔添加花砖风格纹理.psd
视频路径： Video \ Chapter 03 \ 44 利用彩色铅笔添加花砖风格纹理.swf

方寸空间
Heart Space

手·工·咖·啡·馆

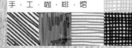
地址：新街口外大街28—31号　　电话：010—88645327

❀ 设计构思·················

在表现花砖风格纹理时，通过多种颜色呈现丰富的视觉效果。本案例中多次使用手绘的彩色铅笔图像，搭配白色的背景，制作出清新、靓丽且主题突出的画面。

❀ 设计要点··········

在抠取图像时，可使用"色阶"调整图层增强画面对比度，以便于抠取图像。然后使用魔棒工具和移动工具将其添加到新文件中。

STEP 1 调整画面的色调对比度

执行"文件>新建"命令，设置各项参数和"名称"后单击"确定"按钮 **1-1**。执行"文件>打开"命令，打开"方格.jpg"文件 **1-2**。单击"图层"面板中的"创建新的填充或调整图层"按钮 ◎，选择"色阶"命令，并在属性面板中设置其参数，以增强画面的色调对比度 **1-3**。然后按下快捷键Ctrl+Shift+Alt+E，盖印可见图层得到"图层1"。

1-1 执行"文件>新建"命令，新建空白文档。

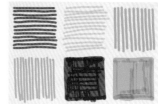

1-2 添加方格图像。

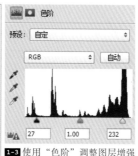

1-3 使用"色阶"调整图层增强画面对比度。

STEP 2 锁定图层透明像素

单击魔棒工具 ⬚，在属性栏中单击"添加到选区"按钮 ◎，为画面中右上角的红色彩铅图像创建选区 **2-1**。然后使用移动工具 ⊕ 将其拖曳至当前文件中，并调整其大小和位置。单击"锁定透明像素"按钮 ◎，设置前景色为水红色（R230、G3、B3），按下快捷键Alt+ Delete，为该图层填充颜色 **2-2**。单击矩形选框工具 ⬚，在红色彩铅图像上方创建一个矩形选区，然后单击"添加图层蒙版"按钮 ◻，为该图层添加图层蒙版以隐藏选区外的图像色调 **2-3**

2-1 创建选区。

2-2 锁定图层透明像素并填充颜色。

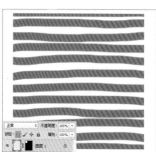

2-3 结合矩形选框工具和图层蒙版隐藏局部色调。

STEP 3 制作具有纹理的花砖风格图像

继续在"方格"文件中使用魔棒工具，为画面中的彩铅图像依次创建选区 **3-1**。使用移动工具分别将其拖曳至当前文件中，并调整其大小和位置。然后分别单击"锁定透明像素"按钮，为各图层填充相应颜色 **3-2**。按下快捷键Ctrl+J，复制部分图层并分别调整其位置和方向，然后设置"图层2副本"和"图层7副本"的图层混合模式分别为"线性加深"和"正片叠底"。结合矩形选框工具和图层蒙版分别隐藏彩铅图像的色调，形成边缘整齐的花砖纹理图像效果 **3-3**。

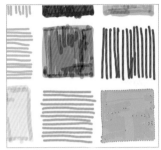

3-1 创建选区。

3-2 锁定图层透明度并填充颜色。

3-3 复制部分图层并调整图像的位置、方向和混合模式，制作花砖风格纹理图像。

STEP 4 添加素材并输入文字

执行"文件>打开"命令，打开"麻布.jpg"文件，将其拖曳至当前文件中并调整其位置，单击矩形选框工具，在麻布图像上方创建一个矩形选区，然后单击"添加图层蒙版"按钮，为该图层添加图层蒙版以隐藏选区外的图像色调 **4-1**。单击横排文字工具，在"字符"面板中设置文字参数后，在画面左侧多次输入文字，以完善画面效果 **4-2**。

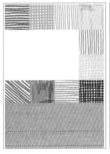

4-1 结合矩形选框工具和图层蒙版隐藏局部色调。

4-2 输入文字，完善画面效果。

作品风格转换

转换为可爱的彩铅风格

STEP 1

使用矩形工具绘制黑色矩形形状，然后使用钢笔工具在画面右下角绘制猫咪形状 **1-1**。继续使用钢笔工具在画面中多次绘制不同的剪影形状，然后复制部分形状并调整其大小和位置 **1-2**。

STEP 2

打开彩铅素材，将紫色彩铅图像拖曳至当前文件中，调整其位置和图层顺序后创建剪贴蒙版。使用相同的方法添加素材并相应调整其他彩铅图像的图层混合模式 **2-1**。复制部分图层并调整其位置和图层顺序后，多次输入文字，以完善画面效果 **2-2**。

1-1 绘制猫咪形状。

1-2 绘制多个形状。

2-1 添加图像并创建剪贴蒙版。

2-2 完善花砖纹理设计并输入文字。

表现铅笔绘制设计构思

光盘路径：Chapter 03 \ Complete \ 45 \ 45 表现铅笔绘制设计构思.psd
视频路径：Video \ Chapter 03 \ 45 表现铅笔绘制设计构思.swf

Tomorrow is
Another day

☙ 设计构思 ·············

在表现铅笔画设计构思时，通过对画面的纹理进行处理，可形成使用铅笔绘画的效果。本案例中通过对可爱的猫咪图像进行铅笔画纹理的制作，形成纹理鲜明、色调清新的画面效果。

☙ 设计要点 ·············

在制作猫咪手绘时，结合运用多个调整图层和滤镜，形成纹理鲜明的铅笔画效果。然后结合画笔工具和图层混合模式为黑白画面上色。

STEP 1 制作黑白的猫咪图像

执行"文件>新建"命令,设置各项参数和"名称"后单击"确定"按钮 1-1。执行"文件>打开"命令,打开"猫咪.jpg"文件,将其拖曳至当前文件中并调整其大小和位置。结合矩形选框工具 和图层蒙版隐藏局部色调 1-2。单击"图层"面板中的"创建新的填充或调整图层"按钮 ,选择"黑白"命令,并在属性面板中设置其参数,以调整猫咪图像的黑白效果 1-3。

1-1 执行"文件>新建"命令,新建空白文档。

1-2 添加猫咪图像。

1-3 运用"黑白"调整图层制作图像黑白效果。

STEP 2 调整猫咪图像的色调效果

单击"创建新的填充或调整图层"按钮 ,选择"色阶"命令,并在属性面板中设置其参数,以增强猫咪图像的色调对比度 2-1。再次单击"创建新的填充或调整图层"按钮 ,选择"色相/饱和度"命令,并在属性面板中设置其参数,以降低猫咪图像的明度 2-2。按下快捷键Ctrl+ Shift+Alt+E,盖印可见图层得到"图层2",将其转换为智能对象后,执行"滤镜>滤镜库"命令,在弹出的对话框中选择"画笔描边"选项组中的"成角的线条"滤镜,并在右侧设置其参数,完成后单击"确定"按钮,以应用该滤镜效果 2-3。

2-1 增强图像的对比度。

2-2 降低图像的明度。

2-3 应用"成角的线条"滤镜,制作手绘效果。

STEP 3 运用多个滤镜制作铅笔画效果

选择"图层2"的智能滤镜蒙版，使用较透明的黑色画笔在猫咪的眼睛周围多次涂抹，以恢复该区域的色调 **3-1**。按下快捷键Ctrl+J复制该图层得到"图层2副本"，双击该图层的智能滤镜，在弹出的对话框右侧设置其参数，完成后单击"确定"按钮，以强化成角的线条效果 **3-2**。依次应用"阴影线"滤镜和"USM锐化"滤镜，并分别设置其参数，制作出具有手绘感的铅笔画效果，以调整各图像的色调效果 **3-3**。然后选择该图层的智能滤镜蒙版，使用黑色画笔在猫咪的身体部分多次涂抹，以恢复该区域的色调 **3-4**。

3-1 恢复眼部色调。

3-2 强化成角的线条效果。

3-3 运用多个滤镜制作铅笔画效果。

3-4 恢复局部色调。

STEP 4 制作淡绿色的背景图像

单击"创建新的填充或调整图层"按钮 ，选择"色阶"命令，在属性面板中设置其参数并创建剪贴蒙版，以增强猫咪图像的色调对比度，然后选择其蒙版，使用较透明的画笔在猫咪的眼球上涂抹以恢复该区域的色调 **4-1**。按住Ctrl键的同时单击"图层1"蒙版缩览图将其载入选区，新建图层并设置前景色为黄绿色（R164、G229、B25），使用较大的画笔在除猫咪以外的区域上多次涂抹以绘制图像。然后设置该图层的混合模式为"滤色"、"不透明度"为65%，使其与背景图像色调相融合 **4-2**。

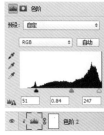

4-1 使用"色阶"调整图层增强画面的对比度。

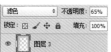

4-2 调整图层混合模式使其与背景图像色调相融合。

STEP 5 制作铅笔绘制的笔触效果

新建图层并设置前景色为土黄色（R252、G209、B130），使用较透明的画笔在猫咪图像上多次涂抹以绘制图像。然后设置该图层的混合模式为"颜色"，使猫咪图像呈现淡黄色调 **5-1**。执行"文件>打开"命令，打开"材质.png"文件，将其拖曳至当前文件中，并放置在画面上方 **5-2**。然后设置其图层混合模式为"正片叠底"、"不透明度"为70%，并结合图层蒙版和画笔工具 隐藏猫咪区域的色调，形成铅笔绘制的笔触效果 **5-3**。

5-1 使用画笔工具绘制图像。调整图层混合模式以改善猫咪图像的色调。

5-2 添加材质图像。　　**5-3** 制作铅笔绘制的笔触效果。

STEP 6 输入文字并添加图层样式

执行"文件>打开"命令，打开"笔触.png"文件，将其拖曳至当前文件中并调整其位置，然后设置其"不透明度"为70% **6-1**。按下快捷键Ctrl+J复制两次该图层并分别调整图像的位置，然后结合矩形选框工具 和图层蒙版隐藏局部色调 **6-2**。使用横排文字工具 ，在画面下方输入文字 **6-3**，然后单击"添加图层样式"按钮 ，在弹出的菜单中选择"外发光"命令，并在弹出的对话框中设置其参数，完成后单击"确定"按钮，丰富文字效果 **6-4**

6-1 添加笔触图像。

6-2 复制图像并隐藏局部色调。

6-3 输入文字。

6-4 添加"外发光"图层样式。

STEP 1

添加人物素材，结合"黑白"、"色阶"和"色相/饱和度"调整图层制作人物黑白效果 **1-1**。盖印部分图层并对其进行复制，然后调整图层顺序和不透明度，分别应用"成角的线条"滤镜和"绘图笔"滤镜后，结合图层蒙版和画笔工具恢复人物面部的局部色调 **1-2**。

STEP 2

新建图层并使用油漆桶工具填充颜色，然后设置图层的混合模式使画面呈现复古的色调，并结合矩形选框工具和图层蒙版隐藏局部色调 **2-1**。多次输入文字，并结合矩形选框工具、图层蒙版和画笔工具隐藏局部色调，以完善画面整体效果 **2-2**。

1-1 制作人物黑白效果。

2-1 制作复古的图像效果。

1-2 制作黑白的铅笔画效果。

2-2 添加文字并适当调整文字效果。

利用麻绳表现典雅咖啡厅招贴设计

光盘路径：Chapter 03 \ Complete \ 46 \ 46 利用麻绳表现典雅咖啡厅招贴设计.psd
视频路径：Video \ Chapter 03 \ 46 利用麻绳表现典雅咖啡厅招贴设计.swf

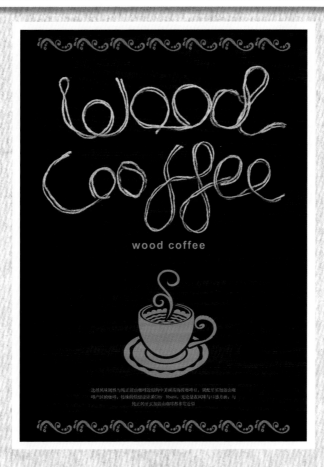

❦ 设计构思 ·················

在表现咖啡厅招贴设计时，可以通过适合咖啡厅主题的色调、构图和文字进行。本案例中使用麻绳制作出艺术化的文字，并使用色调较暗、纹理朦胧的画面体现出咖啡厅的典雅与独特。

❦ 设计要点 ·············

使用多个调整图层、填充图层和图层混合模式等合成色调统一的艺术效果。然后使用木质纹理图像制作暗色调的背景，从而突出艺术文字。

STEP 1 调整麻绳图像的色调

执行"文件 > 新建"命令,设置各项参数和"名称"后单击"确定"按钮 **1-1**。新建图层,使用矩形选框工具 在画面中创建一个矩形选区并为其填充黑色 **1-2**。新建"组1",执行"文件 > 打开"命令,打开"麻绳.jpg"文件,将其拖曳至当前文件中并调整其大小和位置 **1-3**。单击"创建新的填充或调整图层"按钮,选择"色相/饱和度"命令,在属性面板中设置其参数并创建剪贴蒙版,以调整麻绳图像的色调效果 **1-4**。

1-1 执行"文件>新建"命令,新建空白文档。

1-2 为选区填充颜色。

1-3 添加麻绳图像。

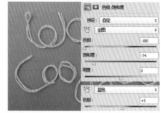

1-4 调整图像的色相/饱和度。

STEP 2 结合调整图层和填充图层调整麻绳色调

单击"图层"面板中的"创建新的填充或调整图层"按钮,选择"曲线"命令,在属性面板中设置其参数并创建剪贴蒙版,以增强麻绳图像的色调对比度 **2-1**。再次单击"创建新的填充或调整图层"按钮,选择"纯色"命令,设置颜色为黑色并创建剪贴蒙版。然后设置该填充图层的混合模式为"叠加",使其与麻绳图像的色调相融合,形成咖啡色的色调效果 **2-2**。

2-1 增强图像的对比度,适当降低图像的明度。

2-2 运用"成角的线条"滤镜,制作手绘效果。

STEP 3 制作纹理质感效果

执行"文件>打开"命令，打开"木纹.jpg"文件，将其拖曳至当前文件中并调整其位置，然后设置其图层混合模式为"强光"、"不透明度"为28%，使其与画面色调相融合 **3-1**。按住Ctrl键的同时单击"图层1"缩览图将其载入选区，然后单击"添加图层蒙版"按钮为其添加图层蒙版，以隐藏选区外的图像色调 **3-2**。执行"文件>打开"命令，打开"花纹.png"文件，将其拖曳至当前文件中并放置在画面左上角 **3-3**。按下快捷键Alt+Shift将图层水平向右移动6次，多次复制该图层 **3-4**。

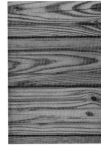

3-1 添加木纹图像并调整其图层混合模式。

3-2 隐藏局部色调。

3-3 添加花纹图像。

3-4 多次复制图像。

STEP 4 使用横排文字工具输入文字

按住Shift键的同时选择"图层4"至"图层4副本6"之间的图层，按下快捷键Ctrl+J复制图层，然后按住Shift键将其向下垂直移动，形成更多花纹图像 **4-1**。执行"文件>打开"命令，打开"咖啡杯.png"文件，将其拖曳至当前文件中并调整其大小和位置，然后设置其图层混合模式为"滤色"、"不透明度"为70%，使其与画面色调相融合。然后使用横排文字工具，在画面中多次输入文字，以完善画面效果 **4-2**。

4-1 制作更多的花纹图像。

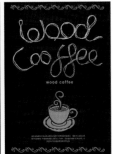
4-2 添加咖啡杯图像并调整其图层混合模式。输入文字，完善画面效果。

转换为复古招贴风格

STEP 1

添加纸张素材后，结合矩形选框工具和图层蒙版隐藏局部色调，并使用矩形选框工具、油漆桶工具和图层混合模式绘制多个图像 **1-1**。添加花纹素材，多次复制该图像并分别调整其位置。添加咖啡素材并调整其图层混合模式，使其与画面色调相融合 **1-2**。

1-1 制作具有纹理质感的背景图像。

1-2 制作黑白的铅笔画效果。

STEP 2

添加麻绳素材后，结合钢笔工具和图层蒙版抠取麻绳图像并添加投影效果，然后使用多个调整图层和剪贴蒙版调整麻绳图像的色调 **2-1**。添加图标和地图素材后，使用横排文字工具多次输入文字，并使用"自由变换"命令调整其位置，以完善画面效果 **2-2**。

2-1 适当调整麻绳图像的色调效果。

2-2 添加文字，完善画面整体效果。

制作烧焦质感艺术招贴设计

光盘路径：Chapter 03 \ Complete \ 47 \ 47 制作烧焦质感艺术招贴设计.psd
视频路径：Video \ Chapter 03 \ 47 制作烧焦质感艺术招贴设计.swf

❀ **设计构思**·········

在表现艺术招贴设计时，可通过对主题物和背景图像的质感等进行处理，强化这一效果。本案例中使用色调较暗且纹理鲜明的背景与色调较亮且造型突出的烧焦纸张形成对比，增强艺术气息。

❀ **设计要点**·········

制作背景时，使用"色相/饱和度"调整图层降低画面的饱和度。在抠取烧焦的图像时，多次使用钢笔工具绘制路径，得到图像。

STEP 1 调整选区内的图像色调

执行"文件>新建"命令，设置各项参数和"名称"后单击"确定"按钮 **1-1**。执行"文件>打开"命令，打开"材质.jpg"文件，将其拖曳至当前文件中并调整其大小和位置 **1-2**。使用矩形选框工具 ，在画面中创建一个矩形选区，然后单击"添加图层蒙版"按钮 ，为该图层添加图层蒙版，以隐藏选区外的图像色调 **1-3**。单击"图层"面板中的"创建新的填充或调整图层"按钮 ，选择"色相/饱和度"命令，在属性面板中设置其参数并创建剪贴蒙版，以降低该图像的饱和度 **1-4**。

1-1 执行"文件>新建"命令，新建空白文档。

1-2 打开纸张图像。

1-3 结合矩形选框工具和图层蒙版隐藏局部色调。

1-4 使用"色相/饱和度"调整图层降低图像的饱和度。

STEP 2 抠取纸张图像并调整其对比度

执行"文件>打开"命令，打开"纸张1.jpg"文件，单击钢笔工具 ，并在属性栏中设置各项参数，在画面中为纸张图像多次绘制路径 **2-1**。绘制完成后按下快捷键Ctrl+Enter将路径转换为选区 **2-2**。然后使用移动工具 将其拖曳至当前图像文件中，并调整大小和位置 **2-3**。单击"创建新的填充或调整图层"按钮 ，选择"曲线"命令，在属性面板中设置其参数并创建剪贴蒙版，以增强纸张图像的对比度 **2-4**。

2-1 使用钢笔工具绘制路径。

2-2 将路径转换为选区。

2-3 添加纸张图像。

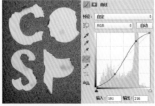
2-4 增强图像对比度。

STEP 3 添加更多纸张图像并调整图像对比度

执行"文件>打开"命令，打开"纸张2.jpg"文件，继续使用钢笔工具为纸张图像多次绘制路径，完成后按下快捷键Ctrl+Enter将路径转换为选区 3-1。然后使用移动工具将其拖曳至当前文件中，并调整其大小和位置 3-2。然后结合矩形选框工具和图层蒙版隐藏局部色调 3-3。单击"创建新的填充或调整图层"按钮，选择"曲线"命令，在属性面板中设置其参数并创建剪贴蒙版，以增强纸张图像的对比度 3-4。然后在按住Ctrl键的同时选择"图层3"及其调整图层，按下快捷键Ctrl+J复制图层并调整图像的位置。然后双击"曲线2副本"图层缩览图，在弹出的属性面板中调整其参数 3-5。

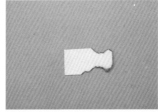

3-1 绘制路径并转换为选区。

3-2 添加纸张图像。

3-3 隐藏局部色调。

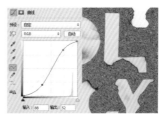

3-4 增强图像对比度。

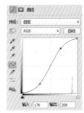

3-5 复制图像并调整"曲线"调整图层的参数。

STEP 4 结合画笔工具和图层混合模式绘制图像

在"图层2"下方新建"图层4"，在按住Ctrl键的同时单击"图层1"图层蒙版缩览图，将其载入选区，然后设置前景色为黑色，使用较透明的画笔在选区内多次涂抹以绘制图像 4-1。然后设置该图层的混合模式为"叠加"，使其与背景图像色调相融合 4-2。再次新建图层，继续使用画笔工具在纸张图像周围多次涂抹以绘制图像 4-3。然后相应地调整该图层的混合模式，形成烧焦质感效果 4-4。

4-1 创建选区并绘制图像。

4-2 调整图层混合模式。

4-3 绘制图像。

4-4 调整图层混合模式。

STEP 5 完善烧焦质感效果

新建图层并设置前景色为浅褐色（R87、G52、B20），单击画笔工具，并在属性栏设置较低的不透明度，在画面中继续涂抹以绘制图像，然后设置该图层的混合模式为"叠加" 5-1。再次新建图层，设置前景色为黑色，在画笔工具属性栏中设置较高的不透明度，继续在较小的纸张图像周围多次涂抹以绘制图像 5-2。然后相应地调整该图层的混合模式，以完善烧焦质感的效果 5-3。

5-1 使用画笔工具绘制图像并调整图层混合模式。

5-2 绘制图像。

5-3 完善烧焦质感效果。

STEP 6 增强图像对比度并输入文字

单击"创建新的填充或调整图层"按钮，选择"色阶"命令，并在属性面板中设置其参数，然后将该调整图层置为顶层，以增强整体图像的色调对比度 6-1。单击横排文字工具，并在"字符"面板中依次设置文字参数后，在画面右下角多次输入文字，完善烧焦质感艺术招贴的设计效果 6-2。

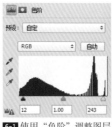

6-1 使用"色阶"调整图层增强画面对比度。

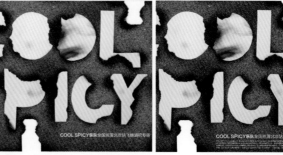

6-2 使用横排文字工具多次输入文字。

COOL SPICY乐队全国巡演
北京站飞蛾酒吧专场

STEP 1

添加纸张 3 素材后，结合"色相 / 饱和度"和"曲线"调整图层调整其色调并盖印可见图层，然后使用魔棒工具为黑色区域创建选区 **1-1**。新建图层并为选区填充颜色，然后在其下方新建图层并填充黑色形成背景图像 **1-2**。

1-1 增强图像对比度。

1-2 填充选区颜色。

STEP 2

多次复制部分图层并分别调整各图像的位置，具有艺术感的效果 **2-1**。然后使用直线工具在画面下方绘制直线段，并使用横排文字工具在画面中多次输入文字，相应地调整文字的大小和位置，以丰富画面效果 **2-2**。

2-1 制作艺术感画面效果。

2-2 输入文字丰富画面效果。

拼贴手绘图案制作剪贴艺术效果

光盘路径：Chapter 03 \ Complete \ 48 \ 48 拼贴手绘图案制作剪贴艺术效果.psd

视频路径：Video \ Chapter 03 \ 48 拼贴手绘图案制作剪贴艺术效果.swf

倾听花雨
Listen To The Rain of flower

这应该是春雨吧，虽然立春还在前方不远处跃跃欲试，
等着接过季节的接力棒，好开始一场意气风发的奔跑，但存
雨早已等不及、精灵般透出了他的俏皮，向大地驱驰。

❀ 设计构思

在表现剪贴艺术效果时，可以通过对多种不同材质和颜色的图像进行剪贴设计来体现。本案例中将手绘的图案进行拼贴设计，制作出色调单纯但艺术气息浓厚的画面效果。

❀ 设计要点

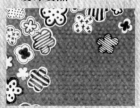

在制作背景图像时，使用多个调整图层调整画面的色调对比度。并结合"图案填充"图层和图层混合模式合成层次感强、纹理丰富的图像。

STEP 1 使用多个调整图层调整图像色调

执行"文件>新建"命令，设置各项参数后单击"确定"按钮 **1-1**。执行"文件>打开"命令，打开"拼贴1.jpg"文件，将其拖曳至当前文件中并调整其大小和位置。然后结合矩形选框工具 □ 和图层蒙版，隐藏局部色调 **1-2**。单击"图层"面板中的"创建新的填充或调整图层"按钮 ○，选择"色相/饱和度"命令，并在属性面板中设置其参数，以调整画面色调 **1-3**。使用相同的方法，创建"色阶"调整图层并设置其参数，以增强画面的对比度 **1-4**。

1-1 执行"文件>新建"命令，新建空白文档。

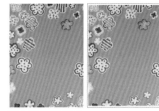

1-2 添加拼贴图像。

1-3 使用"色相/饱和度"调整图层调整图像色调。

1-4 使用"色阶"调整图层增强图像对比度。

STEP 2 抠取底纹图像

执行"文件>打开"命令，打开"底纹.jpg"文件 **2-1**，执行"选择>色彩范围"命令，弹出"色彩范围"对话框，使用吸管工具 ✐ 在画面白色区域单击以吸取颜色，并设置"颜色容差"为60 **2-2**。完成后单击"确定"按钮，为白色区域创建选区 **2-3**。按下快捷键Ctrl+Shift+I反选选区，得到底纹选区。然后按下快捷键Ctrl+J，复制选区得到新图层 **2-4**。

2-1 打开底纹图像。

2-2 执行"色彩范围"命令。

2-3 创建选区。

2-4 反选选区。

STEP 3　填充图案背景

单击"背景"图层左端的"指示图层可见性"按钮 ⊙ 将该图层隐藏 **3-1**。然后执行"编辑>定义图案"命令，在弹出的对话框中单击"确定"按钮，将该图像定义为图案。返回当前文件，单击"图层"面板中的"创建新的填充或调整图层"按钮 ◐，选择"图案填充"命令，在弹出的对话框中设置相应的参数 **3-2**。完成后单击"确定"按钮，使画面中呈现一个底纹图像效果。然后设置该图层的混合模式为"正片叠底"、"不透明度"为32%，使其与画面色调相融合 **3-3**。

3-1 隐藏背景图层。

3-2 定义图案并应用图案。

3-3 填充图案背景，并调整图层的混合模式。

STEP 4　填充蒙版颜色后新建文件

选择"图层1"，单击魔棒工具 ◑，并在属性栏单击"添加到选区"按钮 ◓，在画面中多次单击为拼贴图像创建选区。然后选择"图案填充1"图层的蒙版，设置前景色为黑色，按下快捷键Alt+Delete为其填充黑色，以隐藏选区内的图像色调 **4-1**。然后执行"文件>新建"命令，设置各项参数和"名称"后单击"确定"按钮。单击画笔工具 ◿，并单击属性栏中下拉按钮 ◪，在弹出的"画笔预设"选取器中设置画笔的大小和样式 **4-2**。

4-1 使用魔棒工具创建选区，填充蒙版颜色，隐藏局部色调。

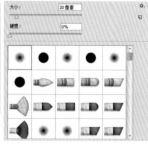

4-2 上图为新建一个透明文档。右图为设置画笔参数。

STEP 5　制作朦胧的白色圆点背景

设置前景色为白色，使用画笔工具 ，在画面中多次涂抹以绘制多个不规则的白色圆点图像 **5-1**。然后执行"编辑＞定义图案"命令，在弹出的对话框中单击"确定"按钮，将该图像定义为图案。返回当前文件，在按住 Ctrl 键的同时单击"图案填充 1"图层蒙版缩览图将其载入选区 **5-2**。然后单击"创建新的填充或调整图层"按钮 ，选择"图案填充"命令，在弹出的对话框中设置相应的参数，完成后单击"确定"按钮，使画面中呈现一个白点图像效果 **5-3**。设置该图层的混合模式为"滤色"、"不透明度"为 18%，使白点图像呈现朦胧效果 **5-4**。

5-1 绘制图像并定义图案。

5-2 创建选区。

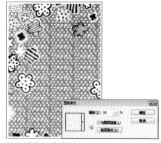

5-3 填充图案背景。

5-4 调整图层混合模式，制作朦胧的白点图像背景。

STEP 6　完善画面的艺术感并输入文字

执行"文件＞打开"命令，打开"斑点.jpg"文件，将其拖曳至当前文件中并调整其大小和位置 **6-1**。设置该图层的混合模式为"正片叠底"、"不透明度"为 20% 后，在按住 Ctrl 键的同时单击"图案填充2"图层蒙版缩览图将其载入选区，然后单击"添加图层蒙版"按钮 为该图层添加图层蒙版，以隐藏选区内的图像。单击横排文字工具 ，并在"字符"面板中依次设置文字参数后，在画面右下角多次输入文字，完善画面效果 **6-2**。

6-1 添加斑点图像。制作纹理效果，完善画面的艺术感。

6-2 使用横排文字工具多次输入文字，进一步完善画面效果。

转换为温馨的剪纸风格

打开拼贴2素材，并拖曳至当前文件中后，结合矩形选框工具和图层蒙版隐藏局部色调 **1-1**。使用"色相/饱和度"调整图层调整拼贴图像的色调，然后添加斑点素材，并调整其图层混合模式 **1-2**。

1-1 添加拼贴素材。

1-2 调整图像色调。

多次复制斑点图像并分别调整其位置，然后结合图层蒙版和画笔工具隐藏局部色调 **2-1**。使用"曲线"调整图层增强画面的色调对比度后，在画面中多次输入文字，以丰富画面效果 **2-2**。

2-1 制作艺术感画面效果。

2-2 输入文字，丰富画面效果。

利用个性手印表现强视觉招贴设计

光盘路径：Chapter 03 \ Complete \ 49 \ 49 利用个性手印表现强视觉招贴设计.psd
视频路径：Video \ Chapter 03 \ 49 利用个性手印表现强视觉招贴设计.swf

❀ 设计构思·············

在表现强烈的视觉效果时，可以对画面中的某一元素进行夸张放大处理来体现。本案例中使用饱和度较低的色调作为背景，通过对手印图像的特写处理，形成色调鲜明、视觉冲击力十足的画面。

❀ 设计要点·············

制作背景时，使用"色相/饱和度"调整图层降低画面饱和度。然后使用图层混合模式将手印图像与画面融合，与背景形成鲜明对比。

执行"文件>新建"命令，设置各项参数和"名称"后单击"确定"按钮 1-1。执行"文件>打开"命令，打开"纸张.jpg"文件，将其拖曳至当前文件中并调整其大小和位置。然后结合矩形选框工具 和图层蒙版，隐藏局部色调 1-2。单击"图层"面板中的"创建新的填充或调整图层"按钮 ，选择"色相/饱和度"命令，并在属性面板中设置其参数，以降低图像的饱和度 1-3。

1-1 执行"文件>新建"命令，新建空白文档。

1-2 添加纸张图像。

1-3 使用"色相/饱和度"调整图层降低图像饱和度。

执行"文件>打开"命令，打开"木箱.jpg"文件，使用钢笔工具 ，在画面中为木箱图像绘制路径 2-1。完成后按下快捷键Ctrl+Enter，将路径转换为选区 2-2。然后使用移动工具 将其拖曳至当前文件中，按下快捷键Ctrl+T出现自由变换控制框，在按住Shift键的同时拖动右上角控制点，以调整其大小和位置，完成后按下Enter键确定变换 2-3。

2-1 绘制路径。

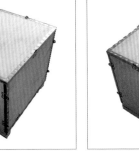

2-1 将路径转换为选区。

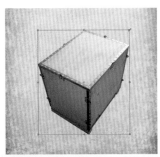

2-3 应用"自由变换"命令，适当调整木箱的大小和位置。

STEP 3 完善木箱图像色调

单击"图层"面板中的"创建新的填充或调整图层"按钮 ⊘，选择"纯色"命令，设置颜色为橘黄色（R233、G183、B74），并设置该图层的混合模式为"线性加深"、"不透明度"为60% **3-1**。然后选择其蒙版，使用多边形套索工具 ☑ 创建选区并为其填充黑色，以隐藏局部色调 **3-2**。在"图层2"下方新建图层，并使用多边形套索工具 ☑ 创建一个不规则选区，然后为选区填充从黑色到透明的线性渐变颜色 **3-3**。然后运用"高斯模糊"滤镜对该图像进行模糊处理，并设置其图层"不透明度"为82%，形成木箱的投影效果 **3-4**。

3-1 使用"颜色填充"调整图层和图层混合模式调整木箱图像的色调。

3-2 隐藏局部色调效果。

3-3 为选区填充颜色。

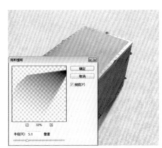

3-4 制作投影效果。

STEP 4 制作红色的图标图像

新建"组1"，使用矩形工具 ▣ 在画面中绘制一个矩形形状，然后复制该图层并在属性栏中调整其参数 **4-1**。执行"文件>打开"命令，打开"骷髅.png"文件，并将其拖曳至当前文件中，复制该图像并调整其大小和位置。然后使用横排文字工具 Ⓣ 在画面中输入文字 **4-2**。按下快捷键Ctrl+Alt+E盖印"组1"得到新图层并隐藏该组，复制该图层并调整图像位置。选择"组1（合并）"图层，按下快捷键Ctrl+T出现自由变换控制框，执行"扭曲"操作并调整其外形后按下Enter键确认。使用相同的方法将"组1（合并）副本"进行扭曲操作 **4-3**。

4-1 绘制矩形形状。

4-2 添加图像并输入文字。

4-3 使用"自由变换"命令对图像进行变形处理。

STEP 5　制作视觉效果强烈的手印图像

按住Ctrl键的同时单击"组1（合并）副本"图层缩览图将其载入选区，然后新建图层并为其填充从黑色到透明的线性渐变颜色 5-1。设置该图层的混合模式为"正片叠底"、"不透明度"为50%，形成暗部图像效果 5-2。执行"文件>打开"命令，打开"手印.png"文件，将其拖曳至当前文件中并调整其位置 5-3。设置其图层混合模式为"线性加深"，然后结合图层蒙版和画笔工具 🖌 隐藏局部色调，使画面呈现强烈的视觉效果 5-4。

5-1 创建选区并为其填充颜色。　　5-2 调整图层混合模式。

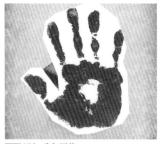

5-3 添加手印图像。　　5-4 增强画面的视觉效果。

STEP 6　完善画面的艺术感并输入文字

执行"文件>打开"命令，打开"斑点.jpg"文件，将其拖曳至当前文件中并调整其位置。然后设置图层的混合模式为"正片叠底" 6-1。单击横排文字工具 🔲，并在"字符"面板中依次设置文字参数后，在画面上方和下方多次输入文字，并相应调整文字的颜色，以丰富画面效果 6-2。

6-1 添加斑点素材图像，并调整图层混合模式。

6-2 然后使用横排文字工具多次输入文字，进一步完善画面效果。

STEP 1

打开砖墙素材，拖曳至当前文件中，结合矩形选框工具和图层蒙版隐藏局部色调 **1-1**。然后添加手印 2 素材，并调整图像的位置和图层混合模式 **1-2**。

1-1 添加砖墙素材。

1-2 调整图层的混合模式。

STEP 2

多次复制手印图像并使用"自由变换"命令分别调整其大小和位置 **2-1**。添加斑点素材后，使用横排文字工具在画面中多次输入文字，以丰富画面效果 **2-2**。

2-1 复制制作多个手印图像。

2-2 输入文字，丰富画面效果。

利用涂鸦效果增强设计趣味感

光盘路径: Chapter 03 \ Complete \ 50 \ 50 利用涂鸦效果增强设计趣味感.psd

视频路径: Video \ Chapter 03 \ 50 利用涂鸦效果增强设计趣味感.swf

🍂 **设计构思**··············

在突出设计趣味感时，可以通过对画面主体的色彩、形态等进行趣味性的设计来进行。本案例中多次使用涂鸦效果的纹理，使用饱和度较高的色调体现出对比鲜明且富有特色的画面效果。

🍂 **设计要点**··············

结合图层混合模式和调整图层等制作背景涂鸦效果。然后使用钢笔工具和图层蒙版等制作涂鸦的可爱动物图像，与背景形成鲜明对比。

STEP 1 使用图层混合模式调和画面色调

执行"文件>新建"命令，设置各项参数后单击"确定"按钮 **1-1**。新建图层，使用矩形选框工具 在画面中创建一个矩形选区，设置前景色为浅橘黄色（R233、G164、B56），按下快捷键Alt+Delete为选区填充前景色 **1-2**。执行"文件>打开"命令，打开"涂鸦.jpg"文件，将其拖曳至当前文件中并调整其大小和位置。然后设置该图层的混合模式为"叠加"，使其与背景图像色调相融合 **1-3**。

1-1 执行"文件>新建"命令，新建空白文档。

1-2 为选区填充颜色。

1-3 添加涂鸦图像效果。使用图层混合模式使画面色调相融合。

STEP 2 在"画笔"面板中设置画笔参数

单击"图层"面板中的"创建新的填充或调整图层"按钮 ，选择"色相/饱和度"命令，在属性面板中设置其参数并创建剪贴蒙版，以调整涂鸦图像的色调 **2-1**。单击画笔工具 ，在属性栏中单击"切换画笔面板"按钮 ，在"画笔"面板中设置"画笔笔尖形状"选项的参数 **2-2**。在"画笔"面板左侧依次勾选"散布"和"传递"复选框，并分别设置其参数 **2-3**。

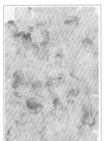

2-1 使用"色相/饱和度"调整图层调整涂鸦图像的色调效果。

2-2 设置参数。

2-3 勾选复选框并设置相应参数。

STEP 3 使用画笔工具绘制图像并调整其图层混合模式

在按住 Ctrl 键的同时单击"图层 1"缩览图将其载入选区，然后新建图层，设置前景色为红褐色（R121、G54、B10），在画面上方多次涂抹以绘制图像 **3-1**。在属性栏中相应地调整画笔的不透明度，继续在画面中绘制图像。然后设置该图层的混合模式为"线性光"、"不透明度"为 59%，使其与下层图像色调相融合 **3-2**。

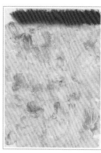

3-1 创建选区并使用画笔工具绘制图像。

3-2 使用较透明的画笔多次绘制图像，并调整图层的混合模式。

STEP 4 制作涂鸦的动物图像

执行"文件>打开"命令，再次打开"涂鸦.jpg"文件，将其拖曳至当前文件中并使用"自由变换"命令调整其大小、位置和方向。然后使用钢笔工具 在画面中心位置绘制一个动物路径 **4-1**。按下快捷键Ctrl+Enter将其转换为选区后，单击"添加图层蒙版"按钮 ，为该图层添加图层蒙版，以隐藏选区外的图像色调 **4-2**。使用多边形套索工具 在画面左侧创建一个不规则选区 **4-3**。然后单击"图层"面板中的"创建新的填充或调整图层"按钮 ，选择"色相/饱和度"命令，在属性面板中设置其参数并创建剪贴蒙版，以调整动物图像嘴部的色调 **4-4**。

4-1 添加涂鸦图像并绘制路径。

4-2 隐藏选区外的图像。

4-3 创建选区。

4-4 调整动物嘴部的色调效果。

STEP 5 完善涂鸦的动物图像效果

使用钢笔工具 在画面右侧绘制多个较小的动物形状 **5-1**。执行"文件>打开"命令，再次打开"涂鸦.jpg"文件，将其拖曳至当前文件中并运用"自由变换"命令调整其大小、位置和方向。然后按下快捷键Ctrl+Alt+G创建剪贴蒙版 **5-2**。按下快捷键Ctrl+J复制"图层5"得到"图层5副本"，调整图像位置后，结合椭圆选框工具 和图层蒙版隐藏局部色调，形成眼睛效果 **5-3**。单击"图层"面板中的"创建新的填充或调整图层"按钮 ，选择"色相/饱和度"命令，在属性面板中设置其参数并创建剪贴蒙版，以调整眼睛的色调 **5-4**。

5-1 绘制多个动物形状。

5-2 使用剪贴蒙版隐藏局部色调。

5-3 制作眼睛图像。

5-4 调整眼睛图像的色调。

STEP 6 完善动物的眼部图像并输入文字

在"图层4"下方新建图层，设置前景色为红褐色（R121、G54、B10），使用较透明的画笔在画面下方绘制图像，并运用图层蒙版隐藏局部色调。设置其图层混合模式为"线性加深"、"不透明度"为65%，形成动物的投影图像 **6-1**。使用椭圆工具 在动物的眼部绘制多个椭圆形状，并在属性面板中设置"羽化"为2.0像素，形成眼白和眼球图像 **6-2**。使用画笔工具 在画面右侧绘制一个黑色图像。使用横排文字工具 ，在画面右侧输入文字并调整其方向，以完善画面效果 **6-3**。

6-1 结合图层蒙版和画笔工具绘制图像，适当调整图层混合模式，形成投影效果。

6-2 制作眼球图像。

6-3 绘制图像后输入文字。

转换为地球油画风格

STEP 1

打开牛皮纸素材，将其拖曳至当前文件中，结合矩形选框工具和图层蒙版隐藏局部色调 1-1。然后打开斑点素材，将其中的斑点图像依次拖曳至当前文件中并调整其位置和图层混合模式 1-2。

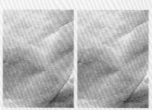

1-1 添加牛皮纸素材文件。

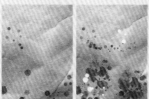

1-2 添加斑点图像。

STEP 2

添加涂鸦素材并复制，然后结合图层蒙版、画笔工具和"色相/饱和度"调整图层制作涂鸦的地球图像 2-1。结合矩形选框工具、油漆桶工具和图层混合模式绘制图像后，在画面中多次输入文字，丰富画面 2-2。

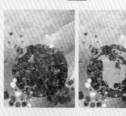

2-1 制作涂鸦的地球图像。

2-2 输入文字，丰富画面效果。

Chapter 04

个性插画构思

利用抽象插画体现设计艺术感

光盘路径：Chapter 04 \ Complete \ 51 \ 51 利用抽象插画体现设计艺术感.psd
视频路径：Video \ Chapter 04 \ 51 利用抽象插画体现设计艺术感.swf

❧ 设计构思

在夜晚的星空中，充满幻想的夜空幻化成海面，身穿白裙子的小精灵趴在荷叶上和粉红色的鲸鱼在交谈，月光照耀，得到波光粼粼的海面，整幅插画通过富有幻想的画面表现出清新的艺术感。

❧ 设计要点

在绘制梦幻色调时，运用画笔在鲸鱼和女孩头发上涂抹，运用"叠加"图层混合模式强调画面的光感和粉红色调，使画面更具艺术感。

STEP 1 运用画笔工具绘制线稿

执行"文件>新建"命令，设置各项参数后单击"确定"按钮 **1-1**。单击画笔工具 ✐，载入"画笔预设.tpl"，打开"工具预设"选取器，选择6B铅笔。新建图层并在画面上方绘制小精灵和荷叶及月牙的线稿 **1-2**。然后根据荷叶的中心位置，向下延伸绘制根茎的线稿，并在画面左边绘制鲸鱼线稿以及鲸鱼头部喷溅的水花 **1-3**。设置前景色为暗紫色（R61、G13、B43），并填充背景 **1-4**。

1-1 执行"文件>新建"命令，新建空白文档。

1-2 打开"工具预设"选取器，执行"载入工具预设"命令。

1-3 在绘制鲸鱼的时候注意画面构图的平衡。

1-4 填充背景颜色，使用暗紫色表现神秘的夜空。

STEP 2 结合剪贴蒙版为人物、荷叶和月亮上色

新建图层，选择"硬边圆压力不透明度"笔刷先为精灵皮肤绘制基础色，然后新建多个图层并创建剪贴蒙版，然后使用"柔边圆"笔刷依次绘制皮肤的阴影和高光，并在精灵脸部绘制可爱的红脸蛋，并使用相同的方式绘制出头发 **2-1**。在"工具预设"选取器中选择丙烯画笔，绘制裙子的颜色，并绘制出明暗变化 **2-2**。使用钢笔工具 ✐ 绘制月牙的路径，并将路径转换为选区，然后绘制精灵脚在月亮上的投影和月牙的明暗变化 **2-3**。新建图层，使用画笔工具绘制荷叶基本色后，新建多个图层，绘制荷叶上的月牙倒影和茎脉 **2-4**。

2-1 绘制皮肤和头发颜色时，表现出柔和的色调过渡。

2-2 运用丙烯笔刷笔触表现裙摆处的半透明飘逸感。

2-3 使用较浅的颜色绘制月牙内侧的色调变化。

2-4 为荷叶绘制淡淡的金色，表现月光笼罩的效果。

STEP 3 结合矢量图案素材制作鲸鱼亮点

新建图层，使用画笔工具 根据线稿绘制鲸鱼腹部和背部的颜色，超出轮廓的部分使用橡皮擦工具 进行擦除 3-1。新建多个图层，并创建剪贴蒙版，运用"正片叠底"图层混合模式绘制背部的阴影，然后再绘制背部的亮面 3-2。新建多个图层并创建剪贴蒙版，先绘制腹部的颜色变化，然后运用"正片叠底"图层混合模式绘制阴影。执行"文件 > 打开"命令，打开"圆环.png"文件，将其拖曳到当前文件中并创建剪贴蒙版，调整图层混合模式为"叠加"，制作出腹部纹理 3-3。新建图层并绘制水花的颜色 3-4。

3-1 分别绘制腹部和背部颜色。

3-2 表现背部的明暗变化。

3-3 添加素材表现腹部纹理。

3-4 绘制水花颜色，完善整体效果。

STEP 4 运用"叠加"图层混合模式表现光感

单击画笔工具 ，载入"CG绘画.abr"笔刷，选择画笔并调整好画笔大小后绘制波浪形的海浪图像，并调整图层顺序至下方 4-1。运用图层蒙版使海浪更自然，然后新建图层，绘制鲸鱼周围淡淡的光芒 4-2。载入"星光.abr"笔刷，选择适当的新光笔刷，在画面中绘制点点星光，然后选择硬边圆笔刷，设置好参数后，在鲸鱼身上绘制圆形的光点以强化画面的浪漫感 4-3。新建多个图层，使用相同的方式在画面上方绘制海浪，并运用"叠加"图层混合模式，表现光点，然后盖印可见图层并调整混合模式为"叠加"，并运用图层蒙版恢复部分图像色调 4-4。

4-1 变换用笔方向绘制海浪。

4-2 运用柔和笔触表现光芒。

4-3 绘制星光，增强梦幻效果。

4-4 强化色调对比，增强感染力。

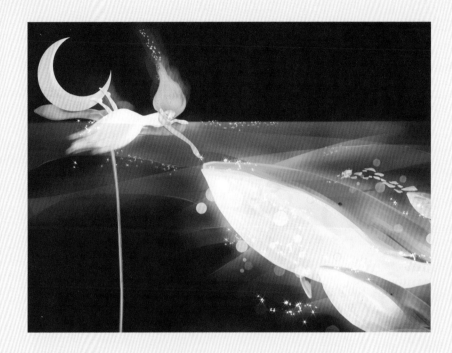

使用画笔工具绘制人物、荷叶和月亮的基本颜色，并运用剪贴蒙版绘制出明暗变化 **1-1**。绘制金鱼的时候采用相同的方式，并为鲸鱼腹部添加圆环的纹理 **1-2**。

复制绘制好的鲸鱼图像并调整其大小和摆放位置 **2-1**。使用画笔工具绘制出海浪和发光的效果，并结合图层蒙版使海浪更自然，然后再绘制星光使画面更有梦幻感觉 **2-2**。

1-1 绘制出右上角精灵躺在荷叶上的画面。

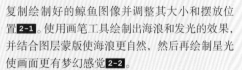

2-1 复制鲸鱼图像并调整其大小和摆放位置。

1-2 绘制出画面左边具有梦幻感觉的蓝色鲸鱼图像。

2-2 绘制波浪的星光，点缀画面效果。

利用儿童绘本表现活泼设计

光盘路径：Chapter 04 \ Complete \ 52 \ 52 利用儿童绘本表现活泼设计.psd

视频路径：Video \ Chapter 04 \ 52 利用儿童绘本表现活泼设计.swf

❧ **设计构思**••••••••••

在绘制儿童绘本时，运用鲜艳的色彩和动物造型来表现活泼的设计，在红蓝相间的花丛中，两只可爱的小鸟惊奇地盯着前方，运用艳丽的色调强化画面色彩层次，并通过云朵增加温馨感。

❧ **设计要点**•••••••••••

在绘制画面中的主体动物时，运用不同颜色的笔刷绘制毛发层次，表现小动物毛茸茸的质感，增加可爱的感觉。

STEP 1 使用画笔工具绘制线稿

执行"文件>新建"命令，设置各项参数和"名称"后单击"确定"按钮 **1-1**。单击画笔工具，载入"画笔预设.tpl"，打开"工具预设"选取器，选择6B铅笔。新建图层，调整好画笔大小后在画面中绘制花朵的线稿，注意花朵图案的变化 **1-2**。然后绘制小动物的线稿，注意要绘制得可爱有趣，并在天空中绘制云朵，使整体构图更为饱满，然后使用橡皮擦工具对线稿进行修饰 **1-3**。

1-1 执行"文件>新建"命令，新建空白文档。

1-2 打开"工具预设"选取器，执行"载入工具预设"命令。

1-3 仔细绘制出花朵和小动物线稿，细致的线稿会使上色更轻松。

STEP 2 运用不同笔刷表现不同手绘纹理

新建图层，并调整图层顺序至线稿下方，然后使用渐变工具对其进行渐变填充，再单击画笔工具，载入"CG绘画.abr"笔刷，选择烟雾状的笔刷绘制出背景的颜色变化 **2-1**。在"工具预设"选取器中，选择粉笔为花朵先绘制出深色，然后新建图层并创建剪贴蒙版，再根据线稿为花瓣的图案分别进行上色 **2-2**。继续新建图层，调小画笔，在花瓣轮廓内勾绘花瓣的纹理并绘制花心的图案 **2-3**。新建多个图层，使用相同的方法绘制远处的蓝色花朵，按住 Alt 键吸取背景的颜色，然后再在蓝色花朵局部上涂抹，绘制出环境色 **2-4**。

2-1 在渐变颜色的基础上，使用手绘笔刷绘制色块，增强手绘感。

2-2 运用粉笔笔刷表现特殊的轮廓边缘。

2-3 绘制一些细致的花纹，增强花朵的艺术感。

2-4 绘制远处的蓝色花朵，运用较为概括的画法进行表现，运用与近处花朵的虚实对比，呈现空间感。

STEP 3 运用"叠加"图层混合模式表现毛发层次

新建图层，在"画笔预设"选取器中选择丙烯画笔，绘制出小动物的底色，然后新建图层并创建剪贴蒙版，绘制出深色的毛发 **3-1**。新建图层，设置图层混合模式为"叠加"，然后使用淡紫色（R160、G160、B212），绘制出较亮的毛发 **3-2**。继续新建多个图层，按住 Alt 键吸取前端花朵的颜色，绘制出部分具有环境色的毛发，然后继续吸取后方蓝色花朵的颜色，继续绘制一些蓝色的毛发 **3-3**。

3-1 绘制动物的毛发时要沿着毛发的生长方向，先逐层绘制出毛发的暗部。

3-2 运用"叠加"图层混合模式增加毛发的层次感。

3-3 添加与红色花瓣相同颜色的毛发，使画面更有联系。

STEP 4 运用钢笔工具绘制动物眼睛

新建图层，使用画笔工具绘制眼睛的轮廓，然后单击"锁定透明像素"按钮，使用"柔边圆"笔刷绘制出眼睛的颜色变化。完成后继续新建多个图层，分别绘制出瞳孔和眼睛上的高光 **4-1**。新建图层，使用钢笔工具绘制嘴巴形状，然后单击"锁定透明像素"按钮，使用画笔工具绘制出明暗变化，新建图层并根据线稿轮廓绘制帽子的颜色 **4-2**。新建多个图层并分别创建剪贴蒙版，绘制帽子的明暗变化，然后再使用丙烯画笔绘制眉毛和下睫毛 **4-3**。

4-1 绘制小动物的眼睛底色，淡淡的颜色变化可以使眼睛更有趣且更立体。

4-2 运用绿色帽子突出动物形象。

4-3 绘制眉毛的时候，绘制几根较亮和较暗的毛发，增加细节。

STEP 5 运用锁定透明像素绘制细节

新建图层，使用之前绘制小动物毛发的方式进行绘制，注意绘制一些带有环境色的毛发，增加画面之间的联系 5-1。绘制眼睛和嘴巴时也采用之前绘制的方法，注意这只小动物的眼睛要稍微圆一些，可以结合椭圆选框工具○进行绘制 5-2。新建图层，在"画笔预设"选取器中选择粉笔笔刷，首先将轮廓绘制出来，然后单击"锁定透明像素"按钮□，绘制出腮红和蝴蝶结上的颜色变化 5-3。

5-1 绘制较小的动物毛发时采用之前的绘制方法，需要注意的是在进行毛发的局部绘画时要有小小变化。

5-2 绘制眼睛下方阴影使眼睛更立体。

5-3 绘制小蝴蝶结，增加可爱的感觉。

STEP 6 使用渐变工具调整色调变化

新建图层，单击渐变工具■，对图层进行黑色到透明色的线性渐变填充，并调整图层混合模式为"叠加"、"不透明度"为50%。然后继续新建图层，并对红色花朵图层组创建剪贴蒙版，再继续进行黑色到透明色的线性渐变填充，完成后调整图层混合模式为"叠加"、"不透明度"为20% 6-1。新建图层并调整图层顺序，单击画笔工具 ，在"画笔预设"选取器中选择云雾画笔，在画面中绘制出形状不同的云朵，并调小画笔，绘制出云朵下方的点状效果。新建图层，绘制小团的蓝色线圈，点缀画面 6-2。

6-1 通过底部颜色由深到浅的变化，使画面更有立体感。

6-2 云朵旁的点状图案及天空中蓝色线圈团可增加画面的趣味感。

作品风格转换

转换为梦幻风格

STEP 1

使用画笔绘制水彩效果的背景,然后继续绘制花朵图案 **1-1**。使用钢笔工具绘制小动物的轮廓,然后结合画笔工具和剪贴蒙版绘制毛发和帽子的颜色变化 **1-2**。

STEP 2

使用相同的方式绘制旁边另一只小动物 **2-1**。然后复制之前绘制的花朵,并适当调整摆放位置,使用橡皮擦工具擦除多余的花朵,再使用画笔工具绘制飞舞的白色花瓣 **2-2**。

1-1 绘制背景及盛开的花朵。

2-1 绘制另一只小动物。

1-2 绘制形象可爱的小动物。

2-2 复制花朵并进行调整,然后绘制飞舞的白色花瓣。

246

突出手绘纹理绘制可爱小插图

光盘路径：Chapter 04 \ Complete \ 53 \ 53 突出手绘纹理绘制可爱小插图.psd
视频路径：Video \ Chapter 04 \ 53 突出手绘纹理绘制可爱小插图.swf

❧ 设计构思‧‧‧‧‧‧‧‧‧‧

鲜黄的树叶上游曳着蓝色的鱼，猫咪的头顶上则构建了温馨的房屋，一个女孩坐在猫咪的背上，而一个女孩则行走在树林和猫咪之间，充满幻想的画面，结合装饰性花卉，表现出独特的个性。

❧ 设计要点‧‧‧‧‧‧‧‧

为了使画面整体不会过于平面，在行走的女孩身上绘制出淡淡的黄色光芒，运用"叠加"图层混合模式可以轻易地表现出发光的感觉。

STEP 1 使用画笔工具绘制线稿

执行"文件>新建"命令，设置各项参数和"名称"后单击"确定"按钮 **1-1**。单击画笔工具 ✍，载入"画笔预设.tpl"，打开"工具预设"选取器，选择6B铅笔。新建图层后，先绘制猫咪的线稿，然后依次绘制猫咪背上和旁边行走的女孩 **1-2**。使用橡皮擦工具 ✐ 擦除女孩和猫咪背部相交部分的线稿，然后再绘制猫咪旁边的大树，再依次绘制猫咪头顶的城堡和脚边的树林 **1-3**。

1-1 执行"文件>新建"命令，新建空白文档。

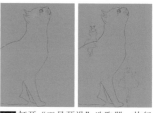

1-2 打开"工具预设"选取器，执行"载入工具预设"命令。

1-3 绘制线稿的时候，运用巧思将树林和猫咪之间进行相交，使画面更具装饰效果。

STEP 2 使用钢笔工具为树林上色

新建图层，单击钢笔工具 ✐，在树干和地面轮廓内绘制路径，然后将路径转换为选区，并为其填充深褐色（R44、G39、B9）。然后新建图层并创建剪贴蒙版，并在"画笔预设"选取器中选择丙烯画笔，再在树干顶端绘制深棕色（R96、G20、B5）**2-1**。使用魔棒工具 ✐ 创建树叶选区并填充颜色，然后新建图层并使用画笔工具 ✍ 分别绘制树叶上的与脚相交区域的图案 **2-2**。新建图层，沿着轮廓向内绘制纹理 **2-3**。

2-1 在树干上绘制出些许颜色变化，使树干的颜色变化更为丰富。

2-2 绘制树林相交区域的颜色。结合点、线、面等使画面更有装饰感。

2-3 绘制树叶的纹理，增加细节。

STEP 3 使用魔棒工具为大块面上色

新建图层，然后单击魔棒工具
，在猫咪线稿内单击以创建选
区，并为其填充暗橘色（R212、
G82、B56），新建多个图层并创
建图层蒙版，然后单击画笔工
具 并载入"CG绘画.abr"笔
刷，选择烟雾状的笔刷绘制出
猫咪身上的颜色变化。然后在
"画笔预设"选取器中选择撒盐
笔刷绘制出颜色变化，再绘制
出猫咪身上的阴影 **3-1**。新建图
层并结合魔棒工具 填充相交
部分的颜色 **3-2**。新建图层，
并使用画笔工具 绘制猫咪背
上的格子桃心线稿 **3-3**。

3-1 运用撒盐笔刷使猫咪身上的纹理更具独特性，并通过绘制阴影使猫更为立体。

POINT
使用魔棒工具添加多个选区

可以在魔棒工具属性栏中单击添加
到选区 按钮，然后在多个选区中
进行单击，也可以按住 Shift 键的
同时单击多个选区。

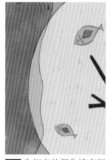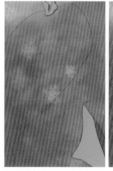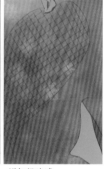

3-2 为相交的部分填充颜色，增加画面装饰感。

3-3 绘制格子组成的桃心，增加趣味感。

STEP 4 运用"叠加"图层混合模式增强色块色调

新建图层并调整至桃心线稿下
方，然后单击画笔工具 ，并
选择烟雾状的笔刷分别为格子
绘制不同的颜色，然后复制图
层并调整图层混合模式为"叠
加"、"不透明度"为50% **4-1**。
新建图层，使用画笔工具 ，
绘制猫咪眼睛的颜色 **4-2**。新
建图层，使用6B铅笔笔刷绘制
猫咪身上的绒毛，然后调整好画
笔大小后，在相交部分绘制圆
点，并调整图层混合模式为"正
片叠底" **4-3**。

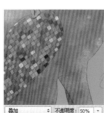

4-1 运用颜色的"叠加"，使色调的对比更强烈。

4-2 为眼睛上色，完善画面。

4-3 绘制绒毛和点状，装饰画面效果。

STEP 5 运用剪贴蒙版分别为人物上色

新建图层，首先使用画笔工具 ☑ 绘制人物皮肤的颜色，然后依次分别绘制出头发和衣领的颜色。新建图层并调整图层顺序至皮肤图层的上方，创建剪贴蒙版，绘制出皮肤的光泽，然后新建图层绘制出裙子的颜色，完成后新建图层并创建图层蒙版，且调整图层混合模式为"正片叠底"，使用和裙子相同的颜色绘制出阴影 5-1。使用相同的方式绘制出另一个女孩的颜色 5-2。新建图层，调整图层混合模式为"叠加"，使用画笔工具 ☑ 在女孩的周围涂抹，绘制出淡淡的光芒 5-3。

5-1 运用简单的颜色变化表现出皮肤的色泽，并运用"正片叠底"图层混合模式绘制衣服的阴影。

5-2 绘制少女时尽量使用简单的颜色，使画面色调更为统一。

5-3 使用光芒让画面视线更集中。

STEP 6 运用图层蒙版使花纹更自然

新建图层，单击画笔工具 ☑ 并在"画笔预设"选取器中选择粉笔画笔，绘制猫咪头顶的房子颜色 6-1。打开"装饰花纹.png"文件，将其拖曳到当前文件中，运用"场景模糊"滤镜使花纹表面边缘更柔和，运用图层蒙版隐藏部分花纹 6-2。打开"牛皮纸.png"和"纹理.jpg"文件，分别将其拖曳当前文件中后，分别调整图层混合模式，制作纹理效果，并结合图层蒙版隐藏部分纹理 6-3。新建图层，使用画笔工具 ☑ 绘制白色方片色块 6-4。

6-1 通过上色表现房子简单的明暗变化。

6-2 结合"场景模糊"滤镜和"图层蒙版"使花纹更自然。

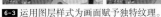

6-3 运用图层样式为画面赋予独特纹理。

6-4 添加装饰色块。

转换为暖系可爱风格

突出手绘纹理绘制可爱小插图

STEP 1

使用画笔工具绘制线稿，然后使用魔棒工具为树林填充颜色，并绘制出交叠部分的细节 **1-1**。继续使用魔棒工具为猫咪填充颜色，然后使用画笔工具绘制出猫咪身上的纹理 **1-2**。

1-1 绘制线稿并为树林上色。

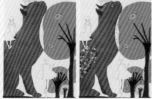

1-2 为猫咪填充颜色并绘制猫咪身上的花纹图案。

STEP 2

分别为女孩上色后，运用图层混合模式绘制女孩身上的发光效果 **2-1**。然后运用魔棒工具绘制房屋的颜色，并填充纹理素材，结合图层蒙版和图层混合模式调整素材 **2-2**。

2-1 分别为两个女孩上色，并绘制发光效果。

2-2 为房子上色并添加纹理效果。

利用矢量动物插画表现可爱设计

光盘路径： Chapter 04 \ Complete \ 54 \ 54 利用矢量动物插画表现可爱设计.psd

视频路径： Video \ Chapter 04 \ 54 利用矢量动物插画表现可爱设计.swf

❀ 设计构思‥‥‥‥‥‥‥‥

在浪漫的山野间，一只可爱的小兔子拿着大大的铅笔书写，前方的桌面上整齐地摆放着课本，画面右方一个男孩为小兔子加油打气，运用可爱的动物形象和清爽的色调呈现出可爱设计。

❀ 设计要点‥‥‥‥‥‥‥‥

绘制可爱的小动物时，可以先将其外形轮廓使用钢笔工具勾绘出来，然后结合剪贴蒙版和画笔工具绘制出立体感并呈现出细节。

STEP 1 使用画笔绘制线稿

执行"文件>新建"命令，设置各项参数和"名称"后单击"确定"按钮 **1-1**。单击画笔工具，载入"画笔预设.tpl"，打开"工具预设"选取器，选择6B铅笔。新建图层并绘制画面前端的线稿 **1-2**。继续绘制画面中部的兔子线稿，绘制时形象要设计得可爱些，然后依次绘制出画面左边的花朵和背景的线稿，绘制过程中可使用橡皮擦工具对错误的地方进行涂抹修改 **1-3**。

1-1 执行"文件>新建"命令，新建空白文档。

1-2 打开"工具预设"选取器，执行"载入工具预设"命令。

1-3 进行矢量风格绘画的线稿要求细致些，分别依次绘制兔子和花朵及背景的线稿。

STEP 2 使用钢笔工具为桌面物体上色

新建图层，使用钢笔工具勾绘出桌面的路径，并将路径转换为选区，然后填充颜色。再新建图层，使用画笔工具，绘制桌面的颜色变化，然后新建图层并调整图层混合模式为"正片叠底"，使用画笔绘制出书本在桌面的投影 **2-1**。新建图层，使用钢笔工具根据线稿分别勾绘路径，将路径转换为选区并为其填充书本的颜色 **2-2**。新建图层并创建剪贴蒙版，然后使用画笔工具绘制简单的书本明暗变化，然后调小画笔后绘制右侧书本封面上的图案 **2-3**。

2-1 桌面的色调过渡使画面更富有艺术感。

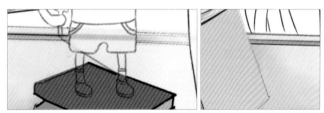

2-2 上色的时候可以适当对线稿确定的轮廓进行修改。

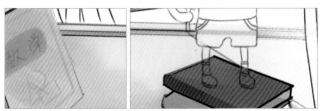

2-3 在书本上绘制细节使画面更精致、富有细节。

Chapter 54

NOTE
54

利用矢量动物插画表现可爱设计

STEP 3 运用"正片叠底"图层混合模式制作窗帘花纹

新建图层，从画面中最后方的花径和花朵开始绘制，首先绘制出基本颜色，然后新建图层并创建剪贴蒙版，绘制花径的阴影和亮面，以及花朵上的纹理细节等。在绘制最前端的花朵时，单击钢笔工具，根据线稿绘制花瓣的路径并转换为选区，再使用画笔工具逐层加深绘制出花心内的颜色变化，然后使用白色绘制出花蕾图案 3-1。新建图层，使用钢笔工具勾绘出窗帘的路径并填充基本色，然后新建图层并创建剪贴蒙版，绘制窗帘的明暗变化和纹理 3-2。新建图层并创建剪贴蒙版，选择枫叶笔刷绘制图案，并调整图层混合模式为"正片叠底" 3-3。

3-1 运用钢笔工具创建选区进行花瓣的绘制，并为花瓣上添加细小的纹理，可以使画面更具有细节。

3-2 先绘制出窗帘的基本明暗变化，然后运用粗糙的笔刷绘制窗帘上的质感，增加画面细节。

3-3 隐约的枫叶图案使窗帘效果更为突出。

STEP 4 运用剪贴蒙版绘制细节

新建图层后，单击画笔工具，根据线稿绘制出男孩的肤色，然后新建图层并创建剪贴蒙版，绘制出男孩脸上的投影、红脸蛋等，增加可爱的感觉，然后再新建图层，分别绘制出上衣、裤子和鞋子的颜色 4-1。新建图层，使用钢笔工具分别绘制出上方和下方书本的路径，将其转换为选区后分别为其填充不同的颜色 4-2。新建多个图层并调整图层顺序，然后创建剪贴蒙版，降低画笔不透明度后，运用笔触的叠加表现出交叠的书页，并绘制出兔子在书页的上投影 4-3。

4-1 为男孩上色时需要注意图层的先后顺序，运用剪贴蒙版绘制皮肤色泽的变化。

4-2 绘制书页的基本颜色，通过明暗对比表现前后关系。

4-3 创建剪贴蒙版绘制出书页间的折痕和投影等。

STEP 5 运用选区绘制细节

单击钢笔工具，根据线稿勾绘出兔子的路径并填充淡黄色（R241、G227、B200），然后新建多个图层，并单击钢笔工具，根据兔子内耳廓的线稿绘制路径，并将路径转换为选区，然后使用画笔工具绘制出颜色变化，然后反向选区并绘制出外耳廓的颜色，使用相同的方式依次绘制出各个部分的颜色变化 5-1。新建图层，继续使用钢笔工具根据线稿勾绘路径并将其转为选区后为其填色，然后单击"锁定透明像素"按钮，绘制出笔杆上的颜色变化。新建图层并运用剪贴蒙版绘制笔尾五角星细节 5-2。新建图层，按住Alt键吸取身体上的颜色，绘制小兔子手臂颜色 5-3。

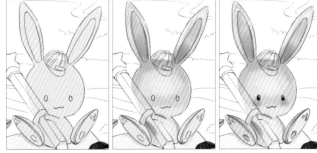

5-1 使用钢笔工具创建选区并绘制出耳朵等部分的色调变化，并运用剪贴蒙版绘制其余部分的明暗变化。

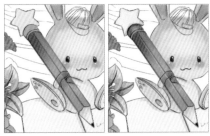
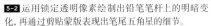

5-2 运用锁定透明像素绘制出铅笔笔杆上的明暗变化，再通过剪贴蒙版表现出笔尾五角星的细节。

5-3 双手的颜色需要和身体的颜色进行接。

STEP 6 运用"叠加"图层混合模式调整整体色调

新建图层，使用画笔工具绘制帽子在兔子头顶的投影，然后继续新建图层，使用钢笔工具绘制帽子轮廓并填充基本色，然后新建多个图层并创建剪贴蒙版，在"画笔预设"选取器中选择海绵画笔，然后绘制出帽子的颜色变化，并分别绘制出帽子上的条纹颜色 6-1。新建图层并填充为浅色，然后使用画笔工具绘制出云层的色彩 6-2，新建多个图层，使用画笔工具由浅到深绘制颜色变化，并盖印可见图层，调整图层混合模式为"叠加"，并结合图层蒙版隐藏部分图像色调 6-3。

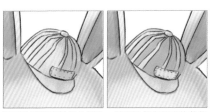

6-1 绘制帽子的基本颜色，并通过笔触的变换使帽子更有质感，在绘制条纹图案时加入淡淡的黄色表现环境色。

6-2 利用淡黄色背景色强调可爱感觉。

6-3 逐层加深背景色，营造层次感并与主体物拉开空间感。

转换为凤舞孤傲风格

STEP 1

使用钢笔工具绘制出鲸鱼轮廓，然后结合画笔工具和剪贴蒙版绘制出明暗变化 **1-1**。结合钢笔工具和"描边路径"命令制作出绳结，然后添加"斜面和浮雕"图层样式 **1-2**。

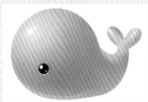

1-1 绘制矢量鲸鱼的图像。

1-2 为鲸鱼图像添加纹理，并绘制出具有立体感的绳结。

STEP 2

结合钢笔工具和画笔工具绘制出气球图像，并绘制出背景图像 **2-1**。然后结合钢笔工具和剪贴蒙版绘制出海浪，继续绘制棱形星点并添加"外发光"图层样式 **2-2**。

2-1 绘制出鲸鱼身上的气球和背景。

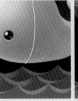

2-2 绘制层叠的海浪和发光的星点。

Chapter 04
个性插画构思

NOTE **55**

利用插画的设计趣味性表现构思

光盘路径：Chapter 04 \ Complete \ 55 \ 55 利用插画的设计趣味性表现构思.psd

视频路径：Video \ Chapter 04 \ 55 利用插画的设计趣味性表现构思.swf

🖾 **设计构思**·············
运用人物图片绘制出具有个性化的头像插画，然后结合圆球、画笔、沙漠和悬浮的海岛来表现出具有趣味感的画面效果，并使用画笔绘制不同的颜色曲线来表现画面的律动感。

🖾 **设计要点**·············

画面中人物头像占据极大的版块，所以要将其刻画得尤为出彩。使用滤镜制作出矢量绘画感觉，加强五官轮廓，并绘制边缘的光感。

STEP 1 应用"调色刀"滤镜表现矢量绘画效果

执行"文件>新建"命令，设置各项参数后单击"确定"按钮 **1-1**。执行"文件>打开"命令，打开女性头像.png"文件。将其拖曳至当前文件中并进行复制，执行"滤镜>滤镜库"命令，在弹出对话框的"艺术效果"选项组中选择"调色刀"滤镜 **1-2**。添加图层蒙版，隐藏局部图像，然后打开"矢量效果.png"文件，并拖曳至当前文件中，调整好大小和位置使其与人物头像重合，然后运用图层蒙版隐藏局部图像，并新建多个图层，使用画笔工具绘制出人物五官的细节，并调整图层混合模式为"叠加"，绘制出明亮的边缘 **1-3**。

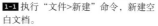

1-1 执行"文件>新建"命令，新建空白文档。

1-2 打开素材进行复制后，运用"调色刀"滤镜制作出绘画效果。

1-3 运用图层蒙版恢复眼睛的局部效果，然后再结合素材制作出矢量绘画效果，运用"叠加"图层混合模式制作出黄色的边缘线，突出人物轮廓。

STEP 2 运用"亮度/对比度"调整图层调整人物色调

将之前绘制的人物头像创建图层组，然后创建"亮度/对比度1"调整图层并创建剪贴蒙版，仅调整人物头像色调 **2-1**。新建图层，使用画笔工具绘制出人物头发的基本颜色，调小画笔后绘制出前额和发尾处的几缕发丝，完成后新建图层并调整图层顺序至头发图层下方，然后调整图层混合模式为"正片叠底"，绘制出头发在人物面部的投影 **2-2**。新建多个图层，先绘制出头发深色的部分，然后再逐层绘制出浅色的发丝和高光等 **2-3**。

2-1 运用调整图层强化面部色调的对比效果。

2-2 绘制出人物头发的基本轮廓，然后运用"正片叠底"调整图层制作出头发的投影。

2-3 运用随意的笔触表现出速写的绘画风格。

STEP 3 运用图层蒙版使素材与画面更贴合

新建图层，并调整图层顺序至人像下方，然后填充背景色，使用画笔工具✎绘制出颜色变化 **3-1**。打开"蓝色光线.jpg"文件，并拖曳至当前文件中，调整图层混合模式为"叠加"，运用图层蒙版隐藏部分图像，然后创建"色相/饱和度1"调整图层，仅调整光线的色调 **3-2**。打开"金字塔.jpg"文件，将其拖曳至当前文件中并运用图层蒙版隐藏图像，然后使用画笔工具✎绘制骆驼的剪影 **3-3**。打开"悬浮岛.jpg"文件，运用图层蒙版隐藏部分图像，然后创建"色相/饱和度2"调整图层，仅调整悬浮岛色调 **3-4**。

3-1 运用图层混合模式强化人物面部的色调过渡，通过背景颜色变化强化人物头像。

3-2 使用科幻感觉的素材使画面更具有想象力，隐藏部分图像，使背景纹理更真实。

3-3 运用充满神秘感的金字塔图像增加画面氛围。

3-4 运用悬浮岛的图像增加画面的趣味性。

STEP 4 运用调整图层调整素材色调

新建图层，使用画笔工具✎在人物头顶绘制太阳，添加"球体.png"文件，并创建"色相/饱和度3"和"亮度/对比度2"调整图层，仅调整球体的色调 **4-1**。多次按下快捷键Ctrl+J，并运用"自由变换"命令调整球体摆放的方向等，适当调整图层顺序和图层混合模式。添加"星云.jpg"文件，并调整大小和方向后设置图层混合模式为"叠加"。运用图层蒙版隐藏部分图像，创建"色相/饱和度4"调整图层，仅调整星云色调。完成后复制星云图像及其调整图层，放到画面下方 **4-2**。

4-1 添加圆球素材，并运用调整图层制作银白具有科技感的色调，使画面更具未来科幻的气氛。

4-2 复制圆球的图像并调整图像大小和摆放方向，使画面构图更为饱满且具有科幻感。运用宇宙星云图像增加画面中神秘的气息，通过调整色调使图像与画面更契合。

STEP 5 运用"自由变换"命令调整素材，丰富画面

执行"文件>打开"命令，打开"画笔.png"文件，将其拖曳至当前文件中，按下快捷键Ctrl+T，调整画笔的透视角度，然后创建"曲线1"调整图层，调整画笔的色调，然后新建图层，运用图层混合模式使画笔颜色更符合画面色调。然后继续创建"亮度/对比度3"调整图层，对画笔色调进行微调 5-1。合并画笔及其调整图层并适当调整图像的摆放位置和大小 5-2。新建图层，使用画笔工具 ✎ 绘制画笔滴落的颜料，并为图层添加"斜面和浮雕"图层样式 5-3。添加"彩条.png"文件，进行多次复制，并分别调整图像色调、摆放位置和透视角度 5-4。

5-1 调整画笔的色调使其与画面更契合，并适当调整透视角度，让画面更有立体感。

5-2 复制画笔图像使画面元素更丰厚。

5-3 运用图层样式使绘制的颜料图像更具立体感。

5-4 适当调整彩色曲线的色调和形状，让画面更具有变化。

STEP 6 运用"叠加"图层混合模式调整局部色调

新建图层，使用画笔工具 ✎ 在画面局部涂抹橘黄色（R254、G112、B25），并调整图层混合模式为"叠加" 6-1。打开"光线.png"文件，将其拖曳至当前文件中的画面上方，然后调整图层混合模式为"叠加"，并运用图层蒙版隐藏部分图像 6-2。新建图层，单击画笔工具 ✎，载入"星光.abr"笔刷，打开"画笔预设"选取器，选择合适的笔刷，在"画笔"面板中调整好参数后在画面绘制星光图案，并调整图层混合模式为"叠加"，然后选择硬边圆笔刷并在"画笔"面板中设置参数后，在画面中绘制彩色的小圆点 6-3。

6-1 运用"叠加"图层混合模式调整画面局部色调，使画面更炫目。

6-2 运用光线的素材丰富画面。

6-3 绘制十字星光和彩色点使画面元素更丰厚，增强吸引力。

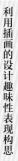

利用插画的设计趣味性表现构思

STEP 1

打开照片文件，结合"图章"滤镜和画笔工具绘制矢量插画效果 **1-1**。填充背景色后使用画笔工具绘制颜色变化，添加向日葵和星空素材后，适当调整各图层的图层混合模式 **1-2**。

STEP 2

添加云朵、线条和圆球等素材，适当调整图层混合模式，丰富画面 **2-1**。使用画笔工具绘制出星光和圆点的图案，并适当调整图层混合模式，然后添加手的素材，完善画面 **2-2**。

1-1 打开照片文件，并制作成矢量绘画效果。

2-1 添加素材并通过调整图层混合模式使元素更融合。

1-2 绘制背景并添加素材，丰富画面效果。

2-2 添加更多素材，丰富画面。

拼贴重复元素表现可爱角色

光盘路径：Chapter 04 \ Complete \ 56 \ 56 拼贴重复元素表现可爱角色.psd

视频路径：Video \ Chapter 04 \ 56 拼贴重复元素表现可爱角色.swf

❀ 设计构思 ••••••••••••••

首先绘制造型和动作都很可爱的人物形象，然后使用淡雅的紫色、浪漫的粉红和温和的米色为人物上色，并运用相同的复古元素拼贴出人物衣服和气球上图案，最后运用优雅的粉绿色背景突出形象。

❀ 设计要点 ••••••••••••

注意通过线条的粗细变化，并运用剪贴蒙版为人物衣服和气球进行图案的拼贴，然后适当调整图层混合模式使图案和画面结合得更和谐。

STEP 1 载入工具预设，绘制线稿

执行"文件>新建"命令，设置各项参数和"名称"后单击"确定"按钮 **1-1**。填充背景图层为粉绿色（R216、G242、B231），单击画笔工具 ✎，载入"画笔预设.tpl"，打开"工具预设"选取器，选择6B铅笔。新建图层绘制出人物的外形线稿 **1-2**。然后依次绘制出人物的五官、皇冠、发丝及衣服上的细节 **1-3**。

1-1 执行"文件>新建"命令，新建空白文档。

1-2 打开"工具预设"选取器，执行"载入工具预设"命令。

POINT
运用绘图板调整画笔属性栏

使用绘图板绘画时，单击属性栏中的"绘图板压力控制不透明度（覆盖画笔面板设置）"按钮 ✎、"绘图板压力控制大小（覆盖画笔面板设置）"按钮 ✎，可以更自如地控制笔触。

1-3 绘制人物细节，适当运用一些可爱的服饰和表情表现人物可爱的角色设定。

STEP 2 运用剪贴蒙版绘制肤色变化

使用魔棒工具 ❀ 创建皮肤区域选区，新建图层并填充为肤色 **2-1**。新建图层并创建剪贴蒙版，然后使用画笔工具 ✎ 绘制出面部的皮肤光泽，然后依次绘制出手臂和脖子等处的阴影 **2-2**。绘制膝盖处的颜色，首先使用"柔边圆"笔刷绘制出淡淡的色泽，然后调整笔刷在膝盖内侧绘制出阴影图像 **2-3**。新建图层，使用画笔工具 ✎ 绘制出皇冠的基本色，然后新建图层并创建剪贴蒙版，绘制出较浅的颜色表现出金属光泽，然后再绘制出宝石的颜色 **2-4**。

2-1 使用魔棒工具轻松填充肤色。

2-2 运用淡淡的红晕为人物皮肤增加可爱的光泽感，此外在头发、衣服边缘绘制投影，增加立体感。

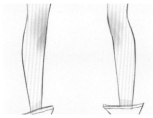

2-3 膝盖处的颜色变化运用概括的笔触交代光影变化。

2-4 皇冠的底座运用颜色变化表现金属质感。

STEP 3 运用锁定透明像素绘制颜色变化

新建图层，使用画笔工具 ✍ 根据耳坠的线稿绘制出基本颜色，然后单击"锁定透明像素"按钮 ▣，并分别绘制出彩虹般变化的颜色，使用相同的方式绘制出手镯的颜色，并在手镯的内侧边缘使用浅色绘制出简单的高光 **3-1**。新建图层，使用画笔工具 ✍ 在头发轮廓内绘制出头发的基本颜色，然后新建图层并创建剪贴蒙版，调整画笔颜色在暗部到亮部涂抹颜色，表现出光泽感，继续新建图层，并创建剪贴蒙版，再使用画笔工具 ✍ 在发丝内侧涂抹较深的颜色 **3-2**。

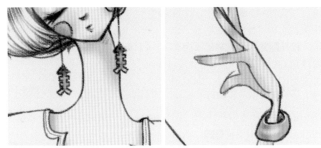

3-1 运用彩虹般变化的色彩表现人物的耳坠，增加可爱的感觉，人物的手镯使用相同的色调与耳坠相呼应，并绘制简单的光泽，增加立体感。

3-2 首先绘制出头发的底色，运用白金色突出角色的气质，然后运用淡金色绘制出简单的阴影，最后再逐步加深阴影的颜色，强化头发体积感。

STEP 4 运用图层混合模式制作裙子花纹

新建图层，使用魔棒工具 ✦ 创建衣服区域的选区，然后新建图层并创建剪贴蒙版，绘制出简单的亮面和阴影颜色。执行"文件>打开"命令，添加"火腿花纹.png"文件并调整大小后创建剪贴蒙版，复制后调整图像的摆放位置和角度，完成后新建图层并使用画笔工具绘制腰带上的阴影，并调整图层混合模式为"正片叠底" **4-1**。新建图层，继续使用画笔工具 ✍ 绘制腰带的颜色 **4-2**。新建图层并绘制好裙子颜色后，添加"圆点.png"文件，调整图层混合模式为"叠加"并创建剪贴蒙版 **4-3**。新建图层，使用画笔工具 ✍ 绘制出鞋子颜色 **4-4**。

4-1 运用"正片叠底"图层混合模式绘制腰带处的阴影，增加立体感。

4-2 腰带上的丝带尽量绘制得精美，细节处的花纹使画面局部更具亮点。

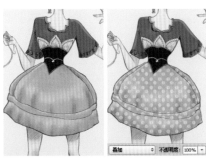

4-3 运用圆点的花纹增加人物裙子可爱的感觉。

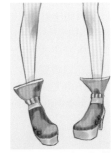

4-4 运用明暗对比强调体积感。

STEP 5 运用"自由变换"命令调整素材

新建图层，使用魔棒工具创建气球选区并填充颜色，再次新建图层并创建剪贴蒙版，使用画笔工具绘制气球线及束口处的阴影，继续新建图层并创建剪贴蒙版，绘制气球的高光 5-1 。执行"文件>打开"命令，打开"火腿花纹2.png"文件，将其拖曳至当前文件中，按下快捷键Ctrl+T，然后单击"在自由变换和变形模式之间切换"按钮，拖动控制点调整形状，按下Enter键确定变化结果，然后创建剪贴蒙版，完成后复制花纹图案并调整其方向和摆放位置 5-2 。

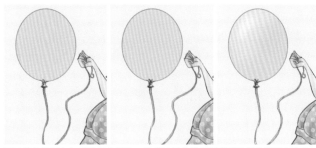

5-1 首先绘制出气球的基本颜色，然后运用剪贴蒙版分别绘制出阴影和高光，增加立体感。

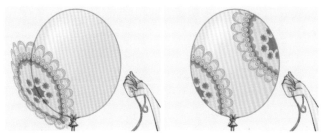

5-2 添加气球上花纹后运用"自由变换"命令调整形状和透视角度，使花纹具有气球的弧度。

STEP 6 载入笔刷，绘制背景花纹

新建图层，使用画笔工具绘制出鞋子上的白色高光，然后继续新建图层，使用画笔工具绘制出鞋子上装饰的白色圆点，并单击"锁定透明像素"按钮，绘制出圆点上的暗面。使用相同的方式绘制出人物衣袖上的圆点，然后绘制腰带上的装饰点 6-1 。执行"文件>打开"命令，打开"抽象花纹.jpg"文件，将其拖曳至当前文件中后调整其对应图层的图层混合模式为"叠加"、"不透明度"为40%。然后新建图层，使用画笔工具绘制出鞋子下的投影，新建图层，载入"雪花.abr"笔刷，绘制出背景中的雪花图案 6-2 。

6-1 在人物腰封、衣袖及鞋子上绘制装饰的圆点，不仅使画面元素更统一，更能增加局部精美细致感觉。

6-2 在背景中添加的花纹与人物衣服上的复古元素相呼应。

转换为粉色可爱风格

STEP 1

使用画笔工具绘制线稿，运用魔棒工具创建选区并填充局部颜色，再运用剪贴蒙版绘制颜色变化 **1-1**。绘制好裙子、衣服和气球颜色后，分别添加花纹素材并创建剪贴蒙版 **1-2**。

1-1 绘制线稿，并根据线稿为皮肤和头发上色。

1-2 为其他局部上色，并添加花纹素材，调整色调。

STEP 2

复制绘制好的角色图像并对其进行水平翻转，然后运用"色相/饱和度"调整图层调整人物局部的颜色 **2-1**。填充背景色后添加背景花纹，并使用画笔绘制光点和桃心图案 **2-2**。

2-1 复制人物图像并调整其方向和色调。

2-2 添加背景纹理花纹并绘制出光点和桃心。

利用矢量图形表现艺术封面

光盘路径：Chapter 04 \ Complete \ 57 \ 57 利用矢量图形表现艺术封面.psd
视频路径：Video \ Chapter 04 \ 57 利用矢量图形表现艺术封面.swf

❀ **设计构思**‧‧‧‧‧‧‧‧‧‧‧‧‧

运用简单的矢量图形来表现可爱的恐龙、桃心和树干等轮廓，并运用大面积的渐变背景和蓝色恐龙进行对比使画面更具视觉冲击力，再运用白色增加画面元素，并结合纹理使画面更具趣味性。

❀ **设计要点**‧‧‧‧‧‧‧‧‧‧‧‧‧

小恐龙作为画面的重要元素，在矢量外形的基础上，结合剪贴蒙版和一些具有手绘笔触的笔刷来表现立体感，并添加纹理，增加趣味性。

STEP 1 使用钢笔工具绘制轮廓

执行"文件>新建"命令，设置各项参数和"名称"后单击"确定"按钮 **1-1**。设置前景色为亮黄色（R254、G231、B5）并填充背景图层，然后使用钢笔工具 勾绘出小恐龙躯干的路径并将其转换为选区后填充颜色 **1-2**。然后新建多个图层，绘制出牙齿的路径并将其转换为选区后为其填充颜色再调整图层顺序，然后依次绘制出小恐龙的围巾和帽子并为其填充红色（R225、G80、B85）**1-3**。

1-1 执行"文件>新建"命令，新建空白文档。

1-2 填充背景图像颜色并绘制蓝色恐龙外形。

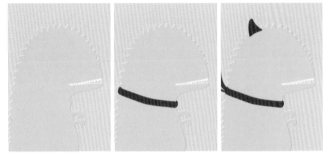

1-3 绘制好基本的轮廓后，添加可爱的围巾和帽子可以增加动物可爱的感觉。

STEP 2 运用剪贴蒙版绘制明暗变化

新建多个图层，并适当调整图层顺序后再创建剪贴蒙版，然后单击画笔工具 并载入"CG绘画.abr"笔刷，选择烟雾状的笔刷并设置好画笔颜色，沿着恐龙暗面涂抹，绘制出阴影效果，并在脸颊处绘制出可爱的腮红图案，然后再调整画笔大小和颜色后绘制出恐龙的眼睛 **2-1**。新建多个图层并适当调整图层顺序，然后创建剪贴蒙版，单击画笔工具 绘制出帽子的阴影，然后绘制出帽子点状的图案 **2-2**。使用相同的方法绘制出围巾上的图案，并在帽子顶端绘制出可爱的桃心图案效果 **2-3**。

2-1 绘制出阴影效果表现立体感，并添加细小的点状纹理增加趣味感。

2-2 运用剪贴蒙版绘制出帽子上的图案，增加可爱感觉。

2-3 围巾与帽子图案相呼应。

STEP 3 载入画笔，绘制背景纹理

将之前绘制的恐龙图案进行群组，然后按下快捷键 Ctrl+J 复制图层组，运用结合"自由变换"命令水平翻转恐龙图案并调整摆放位置，然后执行"图像 > 调整 > 色相/饱和度"命令单独调整另一只恐龙的帽子和围巾颜色，并使用橡皮擦工具 擦除眼睛图案，再使用画笔工具 重新绘制不一样的眼睛形状 3-1。新建图层，使用钢笔工具 勾绘出岩石的路径并将其转换为选区后填充颜色，然后新建图层并创建剪贴蒙版，使用画笔工具 在岩石上涂抹淡淡的背景色 3-2，使用相同方式绘制另一层岩石。新建多个图层并调整图层顺序，使用画笔工具 并选择烟雾笔触绘制出颜色变化 3-3，再载入"树枝.abr"笔刷，绘制背景中的树枝 3-4。

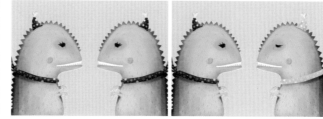

3-1 通过复制并调整饰品颜色，制作出另一个画面主角。

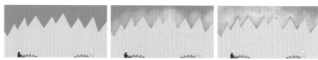

3-2 在绘制的岩石上添加一些背景环境色，使岩石与背景更为融合。

3-3 逐层加深背景颜色的过渡变化，使画面更有层次感。

3-4 绘制树枝使画面元素更为丰富。

STEP 4 调整图层混合模式，添加纹理

单击钢笔工具 ，绘制出云朵形状图层，并添加图层蒙版隐藏部分形状，然后进行复制并分别调整图层蒙版隐藏的图像 4-1。新建图层，使用钢笔工具 绘制出树干的路径并转换为选区后填充白色，然后复制选区图像并运用"自由变换"命令调整其大小和位置 4-2。新建图层，使用钢笔工具 绘制桃心形状并填充白色，复制桃心图像并调整形状图层的不透明度 4-3。添加"纹理.jpg"和"牛皮纸.png"文件，并适当调整图层混合模式 4-4。

4-1 运用蒙版使云朵边缘更为柔和，与画面的融合更为自然。

4-2 绘制树枝，与背景相呼应。

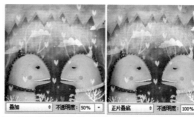

4-3 绘制密集的桃心图案，点缀画面。

4-4 运用图层混合模式添加纹理效果，使插画效果更出彩。

转换为金秋时节风格

STEP 1

填充背景色后,使用钢笔工具绘制出造型憨厚的熊,然后运用剪贴蒙版绘制出熊身上的明暗变化 **1-1**。继续使用钢笔工具绘制出颜色形状,并运用剪贴蒙版绘制颜色变化 **1-2**。

1-1 填充背景色,绘制外形憨厚的熊,并运用剪贴蒙版绘制熊身上的明暗变化效果。

1-2 绘制岩洞的形状并运用剪贴蒙版绘制出色调变化。

STEP 2

使用画笔工具绘制背景色调变化和树干图案,然后使用钢笔工具绘制出白色的树干和云朵图案 **2-1**。继续使用钢笔工具绘制桃心并添加纹理素材,再适当调整图层混合模式 **2-2**。

2-1 绘制背景色调变化,再绘制树枝图像并调整图层混合模式,然后绘制云朵和树干图案。

2-2 绘制桃心图案,添加纹理素材并适当调整图层混合模式。

Chapter 04
个性插画构思

利用素描拼贴营造哥特风格艺术

光盘路径：Chapter 04 \ Complete \ 58 \ 58 利用素描拼贴营造哥特风格艺术.psd
视频路径：Video \ Chapter 04 \ 58 利用素描拼贴营造哥特风格艺术.swf

❀ 设计构思••••••••••••••••••
运用猫女造型的图片制作出矢量剪影的插画效果，结合唱片、枪支和磁带等时尚元素增加画面的哥特风格，并运用点状的喷溅图案使画面更具艺术感，运用相同色调的三角色块增加画面冲击力。

❀ 设计要点••••••••••••••

画面的主体要具有艺术感，运用人物图像结合滤镜制作出剪影效果，并运用图层样式制作出人物亮面的颜色，使人物色调更为突出。

STEP 1 运用"图章"滤镜制作矢量插画效果

执行"文件>新建"命令，设置各项参数后单击"确定"按钮 **1-1**。填充背景图层为黑色，然后执行"文件>打开"命令，打开"猫女.jpg"文件，将其拖曳至当前文件中并调整好大小和摆放位置 **1-2**。单击钢笔工具 ✐，沿人物轮廓绘制路径，并转换为选区，然后进行反选并删除选区内图像。完成后执行"滤镜>滤镜库"命令，在弹出对话框的"素描"选项组中选择"图章"滤镜，调整好参数后单击"确定"按钮，应用滤镜效果，再添加"颜色叠加"图层样式，改变图像的整体色调 **1-3**。

1-1 执行"新建"命令，新建文档。　　**1-2** 填充背景色并添加素材文件。

1-3 抠除背景图像后运用"图章"滤镜制作出矢量插画的效果，然后运用图层样式调整色调。

STEP 2 结合"龟裂缝"和"图章"滤镜制作音响

执行"文件>打开"命令，打开"摩登大楼.png"文件，将其拖曳至当前文件中并调整好摆放位置，然后新建图层，并适当调整图层顺序，运用多边形套索工具 ✎ 绘制出大楼的底色 **2-1**。执行"文件>打开"命令，打开"音响.png"文件，将其拖曳至当前文件中 **2-2**。按下 D 键恢复默认颜色，再执行"滤镜>滤镜库"命令，在弹出对话框的"纹理"选项组中选择"龟裂缝滤镜"，完成后继续执行"滤镜>滤镜库"命令，在"素描"选项组中选择"图章"滤镜，制作出插画效果，然后添加"颜色叠加"图层样式改变图像的颜色。复制音响图层，并调整图像的颜色和大小，完成后调整图层顺序至人物下方 **2-3**。

2-1 添加素材文件并调整色调，运用对比色调强化背景。　　**2-2** 添加音响素材，增加画面元素。

2-3 结合"龟裂缝"和"图章"滤镜制作具有涂鸦感的效果。

STEP 3　运用"自由变换"命令调整透视角度

新建图层，运用多边形套索工具绘制出光线图像，调整图层混合模式为"滤色" **3-1**。复制光线图层并调整图像的摆放位置和角度，并调整图层混合模式为"正常" **3-2**。打开"唱碟.png"文件，将其拖曳至当前文件中 **3-3**。然后执行"滤镜>滤镜库"命令，在弹出对话框的"素描"选项组中选择"图章"滤镜，制作出插画效果，并按下快捷键Ctrl+T，执行"自由变换"命令，然后按住Ctrl键拖动控制点调整透视角度，再按下Enter键确认，完成后添加"颜色叠加"图层样式，改变图像的颜色，并适当调整图层顺序 **3-4**。复制多个唱片图像，并分别调整唱碟的颜色、大小和摆放位置 **3-5**。

3-1 制作出霓虹感的射线，增加视觉冲击力。　**3-2** 复制图像完善画面。

3-3 运用唱片素材增加时尚感。　**3-4** 结合"图章"滤镜和"自由变换"命令制作出剪影效果。

3-5 复制图像并调整唱片的颜色，丰富画面元素。

STEP 4　运用"彩色半调"滤镜制作网点

执行"文件>打开"命令，打开"手枪.png"文件，将其拖曳至当前文件中，然后结合"网点"滤镜和"颜色叠加"图层样式制作成插画效果 **4-1**。打开"喷溅.png"文件，并执行"滤镜>渲染>云彩"命令 **4-2**。然后运用"图像>调整>色阶"命令调整明暗对比度，并添加"颜色叠加"图层样式，改变图像的颜色，然后执行"栅格化图层样式"命令 **4-3**。最后执行"滤镜>像素化>彩色半调"命令制作网点效果 **4-4**。

4-1 应用"网状"滤镜制作出复古插画效果。　**4-2** 运用图层样式。

4-3 强化色调对比并运用图层样式制作出彩色效果。　**4-4** 运用"彩色半调"滤镜制作网点效果。

STEP 5 使用多边形套索工具绘制光线

复制多个网点图像，并执行"图像>调整>色相/饱和度"命令，调整网点的颜色，然后按下快捷键Ctrl+T执行"自由变换"命令，调整网点的旋转角度大小和摆放位置，并分别调整网点图像的图层顺序，使画面元素穿插摆放 5-1。新建图层，使用多边形套索工具在画面右上角绘制出光线的图像，并适当调整图层顺序，增加画面的张力 5-2。继续新建图层，并使用相同的方法绘制出右上角另一侧的光线，进行一步加强画面的表现力 5-3。

5-1 复制网点图像并调整色调，使画面元素更丰富。

5-2 绘制右上角的光线，增加画面的张力。

5-3 绘制出右上角另一侧的光线，增强画面表现力。

STEP 6 使用钢笔工具绘制炸弹图像

新建图层，使用多边形套索工具绘制出三角形的选区，并吸取画面中现有的颜色进行填充，然后复制三角形图像并调整其旋转角度和摆放位置，重复多次相同的动作，让画面中的三角形更丰富。然后复制多次该图层，并调整图像的摆放位置和颜色，使画面中的元素更为丰富 6-1。新建图层，使用钢笔工具绘制炸弹的各个局部并为其填充颜色，然后再新建图层并使用钢笔工具继续绘制出爆炸的火花，并调整图层顺序至炸弹下方，然后再添加字母，完成图形绘制 6-2。

6-1 绘制出不同颜色的三角形色块，使画面元素更为丰富。

6-2 绘制炸弹爆炸图形，增加画面的潮流感。

作品风格转换

转换为怀旧风格

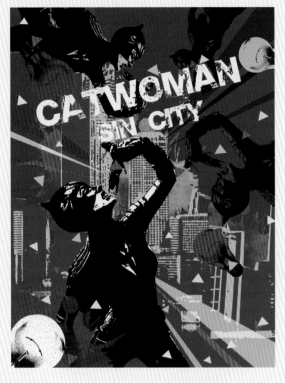

STEP 1

打开照片文件并运用"图章"滤镜制作剪影效果，运用"颜色叠加"图层样式调整颜色 **1-1**。添加摩登楼素材并绘制底色，然后使用多边形套索工具绘制光线，并适当调整图层混合模式 **1-2**。

1-1 打开照片素材，并制作成剪影插画效果。

1-2 添加摩登大楼素材，并进一步绘制光线效果。

STEP 2

添加灯泡素材并应用"网状"滤镜，然后添加"颜色叠加"图层样式，添加喷溅网点素材，复制并分别调整图像颜色，丰富画面 **2-1**。添加文字并结合多边形套索工具绘制三角形 **2-2**。

2-1 添加更多元素，制作涂鸦的效果。

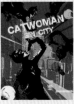

2-2 添加文字，并绘制三角形图案，丰富画面。

利用动感线条表现商业插画艺术

光盘路径：Chapter 04 \ Complete \ 59 \ 59 利用动感线条表现商业插画艺术.psd
视频路径：Video \ Chapter 04 \ 59 利用动感线条表现商业插画艺术.swf

❀ 设计构思

运用海浪与酒瓶的造型表现出线条的律动，并继续绘制由线条组成的堤岸、楼房和浪花等元素，运用蓝绿色的清爽色调来衬托蓝紫色酒瓶，并运用小面积的黄色、橘色和红色来提亮画面。

❀ 设计要点

在为海浪上色时，首先运用油漆桶工具绘制小块面的颜色，然后运用加深工具在海浪交接处涂抹加深颜色，制作出立体感。

STEP 1 使用钢笔工具绘制发射状背景

执行"文件 > 新建"命令，在打开的"新建"对话框中设置参数后，单击"确定"按钮，新建空白的文档 **1-1**。新建图层，使用矩形选框工具回创建地面的选区，并为其填充颜色，然后进行反选后填充天空的颜色，完成后新建图层并使用钢笔工具回绘制发射状的路径并将其转换为选区后填充颜色 **1-2**。新建图层，结合椭圆工具回的"填充路径"和"描边路径"命令制作太阳的图案，然后继续新建图层，使用画笔工具回绘制发射状的线条，然后运用图层蒙版制作出断点的效果，并调整图层"不透明度"为 50% **1-3**。

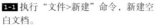

1-1 执行"文件>新建"命令，新建空白文档。

1-2 绘制不同的背景和发射状图形。

1-3 绘制背景的发射状线条增加画面的动感和表现力，运用线条的律动营造活力的感觉，通过不透明度的降低使线条与背景的融合更协调。

STEP 2 使用魔棒工具为楼房上色

新建图层，然后单击画笔工具回，按住Shift键绘制出直线，使用这样的方法绘制出房屋的线稿。使用魔棒工具回创建出房屋的选区并填充颜色，使用相同的方式填充窗户的颜色 **2-1**。新建图层，使用画笔工具回绘制房屋下方堤坝的线稿，然后复制图层并进行水平翻转，并适当调整图像摆放位置，完成后使用钢笔工具回沿着堤坝边缘绘制路径，然后填充堤坝的颜色 **2-2**。

2-1 在绘制房屋的线条时注意透视的角度，上色的时候通过颜色饱和度、明度的变化增加空间感。

2-2 绘制堤岸的线稿并填充颜色，完善画面效果。

POINT

使用钢笔工具填充颜色

使用钢笔工具绘制路径后，可以直接执行"填充路径"命令，也可以转换为选区再进行颜色的填充。

STEP 3 运用"正片叠底"图层混合模式绘制阴影

新建图层，单击画笔工具，绘制路灯的线稿。新建图层并调整图层顺序至线稿图层的下方，然后使用魔棒工具创建路灯玻璃的选区并填充颜色，使用相同的方式填充好路灯其他区域的颜色。新建图层，并调整图层混合模式为"正片叠底"，然后使用画笔工具在路灯局部涂抹，绘制出阴影的效果 3-1。新建图层，结合钢笔工具的"填充路径"和"描边路径"命令制作出飘带的图案 3-2。然后执行"文件>打开"命令，打开"酒瓶.png"文件，将其拖曳至当前文件中并调整好大小和摆放位置 3-3。然后分别创建"色相/饱和度1"和"曲线1"调整图层，仅调整酒瓶色调。新建图层并适当调整图层顺序，使用画笔工具绘制出酒瓶的投影 3-4。

3-1 绘制楼群旁的路灯，增加画面元素。

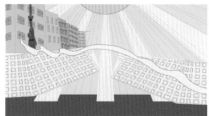

3-2 运用飘带联系画面元素。

3-3 添加主体元素。

3-4 调整酒瓶的色调使画面色调更活跃。

STEP 4 使用加深工具绘制立体海浪

新建图层，使用画笔工具绘制出具有律动感的海浪线稿 4-1。然后新建图层并调整图层顺序至线稿图层下方，使用魔棒工具创建出海浪各个区域的选区并填充颜色 4-2。然后单击加深工具在海浪局部涂抹，加深海浪内侧颜色，制作立体效果 4-3。

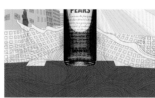

4-1 绘制动感的海浪线稿。

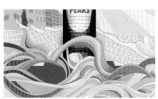

4-2 根据线稿为海浪上色。

4-3 运用加深工具在海浪上绘制颜色变化，使海浪颜色更具层次从而增加画面的立体感。

STEP 5 运用"内阴影"图层样式制作海浪投影

新建图层,并适当调整图层顺序,然后使用画笔工具✎绘制出海浪在酒瓶上的投影 5-1。使用椭圆选框工具⚪创建唱碟的选区并填充颜色,然后添加"内阴影"图层样式,并调整图层顺序至海浪下方 5-2。复制唱碟图像,并调整填充颜色,清除之前的图层样式后添加"描边"图层样式,制作出唱碟内侧的图案 5-3。新建图层,使用画笔工具✎绘制出律动曲线的线稿,然后使用魔棒工具🪄创建曲线选区并为其填充颜色 5-4。

5-1 绘制海浪在酒瓶上的投影增加立体感。

5-2 运用"内阴影"图层样式表现出海浪在唱碟上的投影。

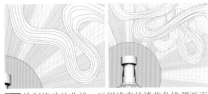

5-3 完善唱碟图案。

5-4 绘制律动的曲线,运用清爽的淡蓝色协调画面右上角的色调。

STEP 6 运用剪贴蒙版绘制颜色变化

新建图层,使用画笔工具绘制出在空中飞翔的海鸥的线稿,再新建图层并调整图层顺序至线稿下方,然后再使用画笔工具✎绘制出海鸥的颜色 6-1。继续新建图层,使用钢笔工具✒绘制出教堂的路径,并运用"描边路径"命令绘制出教堂的线稿,然后复制线稿并调整其大小和方向。新建图层并调整图层顺序,运用钢笔工具✒绘制出教堂的路径并将其转换为选区,再使用渐变工具▣进行渐变填充。继续新建图层,使用画笔工具✎绘制出海浪的线稿,然后新建图层并调整顺序后绘制出海浪颜色 6-2。新建图层,使用画笔工具✎和魔棒工具🪄绘制涂鸦图像 6-3。新建图层并创建剪贴蒙版,再使用画笔工具✎绘制出颜色变化 6-4。

6-1 在太阳左侧绘制飞翔的海鸥,增加画面元素并为画面增加动感效果。

6-2 绘制右侧堤岸上的教堂,并运用海浪作为元素之间的连接点。

6-3 增加涂鸦的街头元素。

6-4 增加色调变化。

STEP 7 运用"投影"图层样式制作立体音符

新建图层，在唱碟上方使用画笔工具绘制出DJ打碟的手部线稿7-1。继续新建图层并调整图层顺序至线稿下方，再使用魔棒工具创建出各个部位的选区并填充颜色7-2。新建图层，使用钢笔工具分别绘制出音符的路径并填充颜色，然后再添加"投影"图层样式制作出音符在海浪上的投影7-3。新建图层，使用画笔工具绘制出造型复杂的海浪线稿，然后继续新建图层并运用魔棒工具为各个部分填充颜色，并调整图层顺序，然后进行复制，并调整图层顺序和图像摆放角度后将其移至酒瓶后方7-4。

7-1 绘制DJ打碟手部，增加时尚感。　　7-2 为手部进行上色。

7-3 绘制乐符增加海浪的律动感。

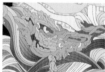

7-4 绘制造型复杂的海浪增加画面的华丽感。

STEP 8 运用"描边"图层样式制作水滴描边

新建图层，使用钢笔工具绘制水滴路径，并转换为选区后填充颜色，然后添加"描边"图层样式8-1。复制水滴图层并调整水滴颜色、大小、方向和摆放位置后，继续新建图层并使用钢笔工具绘制出另一种形状的水滴，使用相同的方法填充颜色和制作描边8-2。对图像进行多次复制并调整大小和色调，分别调整水滴图像的摆放位置8-3。新建图层，然后使用钢笔工具绘制出文字的路径并填充颜色，然后运用"描边路径"命令制作文字的描边，使用相同的方法制作文字轮廓上的斑点8-4。

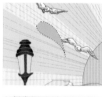

8-1 绘制水滴图案增加画面元素，并结合图层样式完善效果。

8-2 绘制其他形状的水滴图案。　　8-3 复制更多水滴。

8-4 绘制具有涂鸦感的文字并结合黑色的描边，使文字和画面的风格更统一。

作品风格转换

转换为动感线条缤纷风格

利用动感线条表现商业插画艺术

STEP 1

结合画笔工具和椭圆选框工具绘制出背景图形，并添加酒瓶素材 **1-1**。继续使用画笔工具绘制海浪图像，并运用"内阴影"图层样式表现出唱碟上的海浪投影 **1-2**。

1-1 绘制背景图案并添加酒瓶素材。

1-2 绘制具有动感的海浪。

STEP 2

使用画笔工具绘制出造型复制的海浪，并绘制唱碟上的手和音符。添加"投影"图层样式，制作音符的投影 **2-1**。继续使用画笔工具绘制更多的画面元素 **2-2**。

2-1 绘制出岸上的教堂、造型复制的海浪和手等图案。

2-2 继续绘制出更多动感的线条，丰富画面元素。

利用纹理叠加表现趣味搞笑插画

光盘路径：Chapter 04 \ Complete \ 60 \ 60 利用纹理叠加表现趣味搞笑插画.psd

视频路径：Video \ Chapter 04 \ 60 利用纹理叠加表现趣味搞笑插画.swf

❀ 设计构思·········

通过老虎和猫咪相互玩耍的画面增加趣味感，并将老虎的表情刻画得滑稽而生动，运用造型独特的树木和悬挂的星星和月亮等元素，使画面更具有趣味，并叠加纹理使画面具有手绘的艺术感染力。

❀ 设计要点

在进行猫咪面部的刻画时，可以使用钢笔工具根据各个部位创建选区，然后分别添加剪贴蒙版并使用粗糙的笔触为不同的部位进行上色。

STEP 1 载入工具预设，绘制线稿

执行"文件>新建"命令，在打开的"新建"对话框中设置参数后，单击"确定"命令，新建空白文档 **1-1**。新建图层，单击画笔工具 ✎ 并载入"画笔.tpl"工具预设，然后在"工具预设"选取器中选择6B铅笔后绘制出线稿内容。新建图层，并选择水彩笔绘制出底色 **1-2**。合并之前绘制的底色图层，并添加"图案叠加"图层样式，增加背景纹理效果，完成后创建"曲线1"调整图层，调整底色色调 **1-3**。

1-1 执行"文件>新建"命令，新建空白文档。

1-2 绘制出诙谐幽默的线稿。

1-3 运用"图案叠加"图层样式，使背景的肌理更明显些，并通过"曲线"调整图层强化纹理的效果。

STEP 2 运用剪贴蒙版制作树叶纹理

新建图层，单击钢笔工具 ✎，根据线稿绘制地面路径并填充颜色。为图层添加"投影"图层样式，制作地面的投影，完成后继续新建图层并创建剪贴蒙版，再单击画笔工具 ✎，并在"工具预设"选取器中选择海绵，绘制出地面粗糙的纹理 **2-1**。新建图层，使用钢笔工具 ✎ 绘制出树冠的路径并填充颜色，然后新建图层并创建剪贴蒙版，首先绘制出树冠的颜色变化，再绘制出装饰圆圈，并新建图层，使用钢笔工具 ✎ 绘制出树干 **2-2**。使用相同的方式，绘制出站在树上的小鸟 **2-3**。选择之前绘制的树图像进行合并，并调整图像的摆放位置 **2-4**。

2-1 运用笔刷的纹理效果表现出地面的独特质感，并运用"投影"图层样式表现出立体感。

2-2 绘制出树叶的纹理后，运用装饰的图案使树叶图案更具有趣味和美感。

2-3 绘制可爱小鸟，使画面更温馨。

2-4 复制树的图案使画面元素更完善。

STEP 3 运用特色笔刷表现独特纹理

新建图层，使用钢笔工具🖊️根据线稿勾绘出猫咪的轮廓路径并填充颜色 **3-1**。新建图层并创建剪贴蒙版，然后使用钢笔工具🖊️勾绘出猫咪鼻子的轮廓，并将路径转换为选区，然后选择画笔工具🖌️，在"工具预设"选取器中选择海绵笔刷，绘制出猫咪鼻子的颜色变化，使用相同的方式绘制出其他局部的阴影 **3-2**。新建图层，使用画笔工具🖌️绘制出猫咪的眼睛并绘制出瞳孔，然后新建图层并在嘴唇和前爪等处涂抹出高光效果 **3-3**。

3-1 运用温暖的颜色为猫咪上色，表现温馨感。

3-2 绘制出猫咪身上简单的明暗效果，增加立体感。

3-3 运用浅色表现出老虎身上的高光，并凸显出猫咪可爱、谐趣的表情。

STEP 4 运用锁定透明度绘制胡须色调变化

新建图层，单击钢笔工具🖊️，根据线稿勾绘斑纹的路径并填充颜色 **4-1**。新建图层并创建剪贴蒙版，使用较暗于斑纹的颜色涂抹背光处，表现出阴影效果，然后使用浅色在两面涂抹，绘制出斑纹的明暗过渡 **4-2**。新建图层，选择"硬边圆压力大小"笔刷，绘制出猫咪的胡须，然后单击"锁定透明像素"按钮🔒，再使用画笔工具🖌️在胡须的两端涂抹，表现出胡须的弧度和立体感 **4-3**。

4-1 绘制猫咪身上的斑纹，增加趣味感。

4-2 绘制出斑纹的明暗。

4-3 绘制出具有色调变化的胡须。

STEP 5 运用钢笔工具绘制局部细节

新建图层，使用钢笔工具 ✍ 根据线稿勾绘出小猫咪的轮廓路径并填充颜色 **5-1**。新建图层并创建剪贴蒙版，然后使用钢笔工具 ✍ 勾绘出小猫咪头部的轮廓，并将路径转换为选区，然后选择画笔工具 ✍，再在"工具预设"选取器中选择海绵笔刷，绘制出猫咪头部的颜色变化 **5-2**。继续使用钢笔工具 ✍ 勾绘出猫咪前爪的轮廓，并将路径转换为选区，然后使用画笔工具 ✍ 在选区内涂抹出阴影效果，使用相同的方法绘制出其他部位的阴影 **5-3**。

 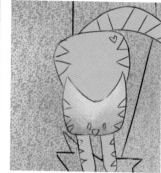

5-1 为小猫咪绘制温馨色调。　　**5-2** 绘制头部色调的变化。

5-3 运用钢笔工具绘制各个局部的阴影。

STEP 6 使用钢笔工具绘制小喵咪身上的斑纹

新建图层，单击钢笔工具 ✍，根据线稿勾绘出猫咪各个局部纹理的路径并为其填充不同的颜色 **6-1**。新建图层并创建剪贴蒙版，然后使用画笔工具 ✍ 绘制出纹理的明暗变化。新建图层，使用画笔工具 ✍ 根据线稿分别绘制出猫咪的眼睛、鼻子和胡须的图案，再使用白色绘制出猫咪眼睛上的高光，完成后单击钢笔工具 ✍，勾绘出猫咪内耳的轮廓并填充颜色，完成猫咪细节的刻画 **6-2**。

6-1 使用钢笔工具分别绘制出猫咪各个部位的斑纹，运用色调的变化丰富小猫咪形象。

6-2 绘制斑纹的明暗效果，并小猫咪绘制出可爱的五官。

STEP 7 运用"收缩"命令绘制月亮内圈颜色

复制之前绘制好的小鸟图案，并进行水平翻转后摆放于月牙上 **7-1**。单击钢笔工具 ✐，根据线稿绘制出月牙的轮廓路径，并为路径填充颜色，完成后单击"锁定透明像素"按钮 ⬚，并使用画笔工具 ✐ 绘制出月牙边缘的颜色变化，完成后添加"投影"图层样式制作出月牙的投影 **7-2**。新建图层，载入月牙图层选区，并执行"选择 > 修改 > 收缩"命令，调整选区大小，然后使用画笔工具 ✐ 绘制出月牙内侧的颜色变化 **7-3**。

7-1 复制小鸟图像，进行画面元素间的呼应。

7-2 绘制出具有剪贴纸质感的月牙图像。

7-3 运用"收缩"命令控制好月牙内圈的区域，然后绘制出深色的内圈颜色，表现出独特的月牙图案。

STEP 8 运用"叠加"图层样式制作发光效果

新建图层，使用画笔工具 ✐ 绘制出月牙顶端的丝带轮廓，然后单击"锁定透明像素"按钮 ⬚，再调整画笔颜色，绘制出丝带内侧的阴影，完成后添加"投影"图层样式，制作出丝带的投影 **8-1**。单击钢笔工具 ✐，根据线稿绘制出星星的轮廓路径，并为路径填充颜色，再添加"投影"图层样式，制作出投影 **8-2**。新建图层，使用画笔工具 ✐ 在地面绘制出小草的图案，然后添加"外发光"图层样式，添加"纹理.jpg"文件，并调整对应图层的图层混合模式为"叠加"、"不透明度"为 50% **8-3**。

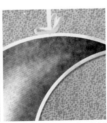

8-1 绘制出月牙上连接的线条，使画面的元素更具有趣味性，并运用图层样式制作出立体感。

8-2 绘制掉落的星星，完善画面。

8-3 绘制细小的发光花纹，使画面整体更具有温馨的细节。

利用纹理叠加表现趣味搞笑插画

STEP 1

结合画笔工具和"图案叠加"图层样式制作出背景，然后结合钢笔工具和画笔工具绘制出树和地面 **1-1**。使用钢笔工具绘制老虎轮廓，并结合剪贴蒙版绘制细节 **1-2**。

STEP 2

使用钢笔工具绘制乌龟形状，并运用剪贴蒙版绘制出乌龟明暗变化和龟壳的细节 **2-1**。使用自定形状工具绘制太阳，并锁定透明度，绘制边缘的颜色，再使用钢笔工具绘制出云彩图案 **2-2**。

1-1 运用钢笔工具，绘制出地面和树的图案。

2-1 绘制出乌龟的轮廓并运用剪贴蒙版绘制细节。

1-2 绘制老虎轮廓并运用剪贴蒙版绘制色调变化。

2-2 使用自定形状工具绘制太阳，并锁定透明度绘制颜色变化。

结合照片与色块增添插画设计亮点

光盘路径：Chapter 04 \ Complete \ 61 \ 61 结合照片与色块增添插画设计亮点.psd
视频路径：Video \ Chapter 04 \ 61 结合照片与色块增添插画设计亮点.swf

COLOR SWATCH
ILLUSTRATION

❀ 设计构思 ·······
根据人物的造型，制作矢量色块的效果，然后适当调整人物图像的位置使构图更饱满，并分别使用不同明度和色相的色块表现人物各个部位的立体感，通过冷暖色块的穿插和衔接，使设计更具亮点。

❀ 设计要点 ·······

抠取人物图像后，使用滤镜让人物图像呈现出矢量色块的效果，然后结合多边形套索工具根据色块的轮廓创建选区，并填充鲜艳的颜色。

STEP 1 打开图像素材

执行"文件>打开"命令，打开
"时尚女性.jpg"文件 **1-1**。单
击钢笔工具，沿人物轮廓边
缘绘制路径，然后将路径转换
为选区 **1-2**。按下快捷键Ctrl+J
复制选区图像，然后新建图层
并填充粉红色（R234、G95、
B137） **1-3**。继续新建图层，
使用钢笔工具根据人物轮廓
绘制路径并转换为选区，然后
将其填充为蓝色（R0、G158、
B169） **1-4**。

1-1 执行"文件>打开"命令，打开素材文件。

1-2 沿着人物轮廓绘制路径并将其转换为选区。

1-3 复制人物图像，并制作出背景的颜色。

1-4 绘制人物另一侧的背景颜色。

STEP 2 运用"木刻"滤镜制作矢量插画效果

复制之前的人像图层，并进行
隐藏，再对未隐藏的图像执行
"滤镜>滤镜库>木刻"命令，调
整好参数后，单击"确定"按
钮，应用滤镜效果 **2-1**。显示之
前隐藏的图层，并继续执行
"滤镜>滤镜库"命令，在弹出
对话框的"艺术效果"选项组
中选择"木刻"滤镜调整好参
数后，单击"确定"按钮，应
用滤镜效果 **2-2**。添加图层蒙
版，隐藏人物左侧面部的图像
2-3。新建图层，单击多边形
套索工具，根据应用滤镜的
效果创建出左肩处暗部的选区
并为其填充颜色 **2-4**。使用相
同的方式制作出左肩更多的色
块，在制作的时候随时隐藏下
边的图层，方便查看应用滤镜
的效果 **2-5**。

2-1 运用"木刻"滤镜制作矢量绘画效果。

2-2 继续复制人物图像并应用"木刻"滤镜效果。

2-3 运用图层蒙版恢复画面局部。

2-4 绘制出人物左肩处的暗部颜色。

2-5 运用大块面的色块表现出人物左肩的明暗变化。

STEP 3 使用多边形套索工具绘制右肩色块

新建图层，然后单击多边形套索工具，沿着右肩内侧创建选区并填充暗色，表现出背光面，创建选区的时候可以根据"木刻"滤镜的效果，然后再创建出亮面的选区并为其填充白色 **3-1**。继续运用多边形套索工具创建出腋窝处和手臂下方的阴影选区，并填充颜色 **3-2**。新建图层，运用多边形套索工具创建出左脸外侧的阴影选区并填充颜色，继续创建出右脸颊大面积的亮面选区并填充颜色，再根据人物图像使用多边形套索工具创建瞳孔的选区，并删除选区内图像 **3-3**。

3-1 运用大块面的色块变现出右肩的明暗关系。

3-2 添加小块面的色块，完善右肩的明暗过渡。

3-3 使用大块面色块表现出面部亮面的颜色，然后抠取遮挡瞳孔部分的色块。

STEP 4 使用多边形套索工具绘制面部色块

新建图层，使用多边形套索工具依次创建出左脸颊眼窝处、额头处和下唇凹陷处的阴影选区，并为其填充暗色，然后继续使用多边形套索工具创建连接阴影的选区并填充亮色，表现出强烈的明暗对比，并通过色块的明暗对比表现出鼻底的体积感 **4-1**。使用多边形套索工具创建出右脸颊上、鼻翼和人中旁的高光选区，并填充白色 **4-2**。继续新建图层，运用多边形套索工具创建鼻翼和人中左侧的明暗交界线选区，并填充冷色，运用冷暖对比强化轮廓 **4-3**。

4-1 从面部的背光面着手，根据之前应用"木刻"滤镜的效果，运用块面表现出明暗变化。

4-2 运用色块表现出鼻底和人中处的细节。

4-3 运用对比色强调鼻梁和人中处的明暗交界线。

STEP 5 结合多边形套索工具和画笔工具绘制眼睛

新建图层，运用多边形套索工具创建出右脸颊上的高光并为其填充饱和度较低的冷色，再创建出右眼眼窝阴影的选区并填充颜色，然后使用橡皮擦工具擦除瞳孔处的图像 5-1。继续使用多边形套索工具根据滤镜效果创建出左右眼窝处的明暗过渡选区，并为其填充不同明度的颜色，表现出颜色的层次感 5-2。新建图层，继续使用多边形套索工具根据滤镜效果创建不同部位的选区，并填充颜色，表现出右眼窝的立体感 5-3。新建图层，使用画笔工具绘制出眉毛、眼线和睫毛 5-4。

5-1 运用对比色强调左脸颊的亮面。

5-2 运用较暗的色块绘制出双眼眼窝处的凹陷效果。

5-3 绘制出右眼的外轮廓，并运用鲜艳的色块表现出眼窝处的反光面。

5-4 分别为两只眼睛绘制出睫毛的图案。

STEP 6 使用多边形套索工具绘制嘴唇

新建图层，使用多边形套索工具创建左脸颊和额头处亮面的选区并填充颜色 6-1。继续新建图层，使用多边形套索工具根据嘴唇的轮廓创建选区并填充颜色 6-2。然后运用多边形套索工具创建下唇的亮面选区并填充颜色，然后使用画笔工具绘制出唇峰处的阴影。新建图层，使用画笔工具绘制出高光的颜色。然后使用多边形套索工具创建出暗面的选区并填充颜色，最后再创建出阴影的选区，并填充为黑色 6-3。

6-1 运用饱和度较高的黄色表现出右脸颊的亮面，突出人物轮廓。

6-2 绘制嘴唇的基本轮廓。

6-3 分别绘制嘴唇的亮面、高光、暗面和阴影。

STEP 7 使用多边形套索工具绘制头发

新建图层，然后使用多边形套索工具根据头发的轮廓创建选区，并填充选区为黑色 7-1 。新建图层，使用多边形套索工具创建右侧头发的亮面选区并填充为不同的彩色，填充的颜色可以从面部的色块中进行提取 7-2 。继续新建图层，使用多边形套索工具创建出头发暗面的选区，并填充与面部暗面相同的颜色，然后再创建出高光的选区，并将其填充为白色 7-3 。

7-1 使用大面积的黑色表现人物头发，凸显人物面部色块。

7-2 不同的局部运用不同颜色表现出头发的结构，可运用面部使用过的色块进行表现。

7-3 在绘制头发的明暗时，运用锯齿状的轮廓来表现出头发的生长方向。

STEP 8 使用横排文字工具制作文字

新建图层，使用多边形套索工具根据人物衣服创建选区，然后填充选区为白色 8-1 。隐藏白色图像并根据滤镜效果使用多边形套索工具创建暗面的选区，并填充与人物左脸颊亮面相同的颜色 8-2 。继续新建图层，并使用画笔工具沿着褶皱深处涂抹，绘制出阴影效果 8-3 。单击横排文字工具 T ，在画面中单击并输入文字，然后填充文字为白色并调整文字的大小和摆放位置 8-4 。

8-1 使用大面积的白色表现衣服，使其与头发形成对比效果。

8-2 根据滤镜效果绘制出衣服的褶皱。

POINT
如何调整文字的大小

输入文字后，可以直接在"字符"面板中输入字号以调整文字大小，还可以按下快捷键Ctrl+T运用"自由变换"命令调整大小。

8-3 绘制出衣服褶皱处的阴影，强调立体感。

8-4 添加文字，完善画面效果。

转换矢量插画风格

COLOR SWATCH
ILLUSTRATION

STEP 1

打开照片文件 **1-1**。复制两层人物图像，分别运用"图章"滤镜制作出矢量绘画，应用不同参数值，并结合添加图层蒙版，得到合适的矢量插画效果 **1-2**。

1-1 打开照片文件。

1-2 复制图层，并结合使用"图章"滤镜和图层蒙版制作出矢量绘画效果。

STEP 2

运用矩形选框工具制作出背景色块，然后使用魔棒工具创建面部色块选区，并运用"色相／饱和度"调整图层调整选区颜色 **2-1**。使用相同的方法完善面部色块，并添加文字 **2-2**。

2-1 制作背景色块，并调整面部局部色块的颜色。

2-2 完善面部色调并添加文字信息。

293

拼贴照片并结合插画表现复古招贴设计

光盘路径：Chapter 04 \ Complete \ 62 \ 62 拼贴照片并结合插画表现复古招贴设计.psd

视频路径：Video \ Chapter 04 \ 62 拼贴照片并结合插画表现复古招贴设计.swf

❧ **设计构思** ·················

运用造型时尚的人物作为招贴的主体，再绘制出手绘感墙绘，并结合淡雅的色彩使画面更协调，然后绘制人物在墙面上阴影，使人物与墙面的合成更真实，调整画面整体色调以呈现出复古感。

❧ **设计要点** ·················

在绘制手绘感的墙绘时，一定要注意线条的粗细变化，和画面内容的连贯性，可以先将人物图像进行隐藏，再完整的绘制出墙绘。

STEP 1 打开人物图像素材

执行"文件>新建"命令，在打
开的"新建"对话框中设置参
数后，单击"确定"命令，新
建空白的文档 1-1。执行"文
件>打开"命令，打开"复古女
性.png"文件，并将其拖曳至
当前文件中，将人物多余的头
发图像使用橡皮擦工具 进行
擦除 1-2。然后单击"创建新
的填充或调整图层"按钮 ，
创建"选取颜色1"调整图层并
创建剪贴蒙版，仅调整人物的
色调 1-3。

1-1 执行"文件>新建"命令，新建空白文档。

1-2 擦除多余的头发图像。

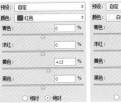

1-3 调整人物色调，呈现复古的感觉。

STEP 2 运用图层混合模式绘制眼影

新建图层，单击画笔工具 ，
设置当前颜色为黑色，并选择
"硬边圆压力大小"笔刷根据人
物头发的生长方向绘制出细致
的发丝 2-1。继续新建图层，
选择"圆扇形细硬"毛刷沿着
裙摆绘制出完整的效果，并吸
取裙摆褶皱的颜色，调小画笔
后沿着边缘绘制出勾边以增加
真实感 2-2。新建图层，选择
"柔边圆"画笔并降低画笔不透
明度，再设置前景色为暗绿色
（R72、G125、B109），在人物
眼角处涂抹 2-3。然后调整图
层混合模式为"颜色"，制作
出人物眼影的效果 2-4。

2-1 绘制人物发丝，完善细节效果。

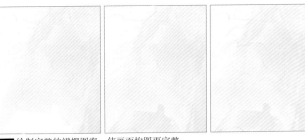

2-2 绘制完整的裙摆图案，使画面构图更完整。

2-3 在人物眼角处绘制出特殊的眼影
效果。

2-4 调整眼影所在图层的图层混合模
式使效果更真实。

STEP 3 运用渐变工具制作墙面

新建图层，单击矩形选框工具，创建出右侧墙面的选区，然后单击渐变工具对选区进行线性渐变填充，制作出墙面的立体感，然后反选选区并调整渐变颜色后对其进行线性渐变填充，制作出左侧的墙面 3-1。新建图层，继续使用渐变工具由下至上对其进行黑色到透明色的线性渐变填充，并调整图层混合模式为"正片叠底"、"不透明度"为20% 3-2。将墙面的图层进行群组，然后创建"亮度/对比度1"调整图层，并创建剪贴蒙版，仅调整墙面色调 3-3。

3-1 分别创建墙面的选区，并进行渐变填充，表现出具有立体感效果的墙面。

3-2 继续进行由下到上的渐变填充，并结合图层混合模式增加墙面立体感。

3-3 创建调整图层，强化墙面效果。

STEP 4 载入工具预设，绘制手绘墙线稿

隐藏人物和背景图像，然后新建图层，并单击画笔工具，载入"画笔.tpl"工具预设，然后在"工具预设"选取器中选择6B铅笔，绘制出花卉的外轮廓线，然后再调小画笔，沿着花瓣的生长方向绘制出花瓣上的纹理 4-1。使用相同的方式绘制出生长在花苞上的人物轮廓线稿，再调小画笔后绘制出人物头发的细节 4-2。继续新建图层，绘制出盛开的花卉图案，然后进行复制，并使用橡皮擦工具擦除交叠部分的线稿 4-3。再在盛开的花卉上绘制出凤凰尾状的装饰花纹 4-4。

4-1 绘制出具有手绘效果的花卉线稿，并添加花瓣的纹路。

4-2 绘制出从花瓣生长出来的人物。

4-3 绘制盛开的花朵线稿。

4-4 绘制装饰花纹线稿。

STEP 5 使用画笔工具绘制出曲线

新建图层，然后勾绘出左下角处含苞待放的花朵线稿，并调小画笔后绘制出花瓣上的纹理 5-1。继续新建图层，绘制出人物如河流般蜿蜒的曲线，注意线条的粗细变化 5-2。新建图层，并继续在背景空白处绘制曲线，填补背景中空白的构图，使画面效果更饱满 5-3。

POINT
如何绘制圆滑的曲线

在绘制曲线时，为了表现手绘感一般不推荐使用钢笔工具的"描边路径"命令，所以在使用画笔工具进行绘制的时候，通过旋转画布可以使描线更顺手。

5-1 绘制右下角的花苞的线稿。

5-2 绘制人物周围的弯曲线稿，表现出线条的流动感。

5-3 在背景空白处绘制各个花纹间的连接曲线，增加线稿的丰富效果。

STEP 6 使用水彩画笔绘制颜色

新建图层并调整图层顺序至线稿图层下方，避免上色时遮挡线稿，在"工具预览"选取器中选择水彩画笔，由浅至深地涂抹颜色，高光部分采用留白的处理手法，并在需要加深的局部调整画笔颜色后进行轻轻的涂抹，绘制出颜色过渡，逐步绘制出装饰花纹的颜色 6-1。绘制河流曲线颜色时也采用相同的绘制手法，在需要加深的地方调整画笔颜色反复涂抹以表现水彩的流动感，然后调小画笔，由上至下绘制出颜料滴落的效果，增加手绘感 6-2。新建图层，继续使用水彩画笔绘制出花朵的颜色，高光处采用留白的方式进行表现 6-3。

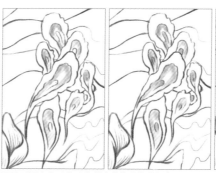

6-1 逐层由内至外地绘制出装饰花纹的颜色。

6-2 绘制出线稿间流动的水彩效果，并添加边缘滴落的色彩。

6-3 为花朵上色的时候需要注意表现光泽感。

STEP 7 运用"自由变换"命令调整透视角度

新建多个图层，采用之前上色的手法分别绘制出各个部分的色彩 7-1。将墙绘的线稿进行群组以方便图层管理，然后恢复人物和背景图层可视性以便查看整体效果 7-2。合并手绘群组，然后根据墙面使用矩形选框工具 创建选区，并按下快捷键Ctrl+Shift+J，然后按下快捷键Ctrl+T，执行"自由变换"命令，并按住Ctrl键的同时拖动控制点，调整手绘墙，使其更符合墙面的透视角度，然后按下Enter键，应用"自由变化"命令，使用相同的方法调整另一块手绘图案 7-3。

7-1 绘制其他部分的色彩。　　7-2 查看整体效果。

7-3 将墙绘进行分解，并分别调整墙绘的透视感。

STEP 8 运用图层混合模式调整画面色调

合并之前调整后的手绘图层，然后创建"自然饱和度1"调整图层，并创建剪贴蒙版，仅调整手绘色调 8-1。然后继续创建"色相/饱和度1"调整图层并创建剪贴蒙版，仅调整手绘线稿色调 8-2。填充调整图层蒙版为黑色，并使用白色画笔在右下角花卉区域涂抹，仅调整该区域的色调 8-3。新建图层，使用黑色画笔沿人物轮廓涂抹，绘制人物在墙面上的投影，增加图像的立体感和真实感。完成后设置前景色为粉橘色（R255、G219、B181），并创建"颜色填充1"调整图层，然后设置图层混合模式为"颜色"、"不透明度"为30% 8-4。

8-1 调整墙绘的色调。

8-2 继续调整色调。

8-3 恢复大部分墙绘的色调效果。　　8-4 运用图层混合模式调整画面的色调，使画面呈现出复古的色调。

298

作品风格转换

转换为浓郁的招贴风格

STEP 1

打开照片文件，创建"选取颜色"调整图层，调整照片色调，并使用画笔工具绘制出完整发丝和眼影 **1-1**。然后运用渐变工具制作出墙面，并使用画笔工具绘制出手绘线稿 **1-2**。

1-1 打开照片文件，调整色调。

1-2 制作背景墙，并绘制墙绘线稿。

STEP 2

使用画笔工具根据线稿的内容进行上色，并运用"自由变换"命令调整手绘的透视角度 **2-1**。然后绘制人物的投影，并运用"色相/饱和度"调整图层调整画面色调 **2-2**。

2-1 为墙绘线稿上色，并调整墙绘的透视角度。

2-2 绘制阴影并调整整体色调。

Chapter 04
个性插画构思

NOTE **63**

利用剪影插画表现强烈的艺术感

光盘路径：Chapter 04 \ Complete \ 63 \ 63 利用剪影插画表现强烈的艺术感.psd

视频路径：Video \ Chapter 04 \ 63 利用剪影插画表现强烈的艺术感.swf

❧ 设计构思••••••••••
运用素描效果的花豹图像作为画面主体，并通过运用红绿树叶的对比增加画面艺术感，再运用蓝色和褐色的花朵和树叶降低红绿对比带来的躁动感，使画面在具有强烈冲击感之余不会过于艳俗。

❧ 设计要点••••••••••

为花豹绘制素描效果时，沿着毛发的生长方向绘制线条组，根据不同部位调整线条组的长短，在局部可以绘制细碎的线条表现绒毛。

STEP 1 载入工具预设，绘制花豹毛发

执行"文件>新建"命令，在打开的"新建"对话框中设置参数后，单击"确定"命令，新建空白的文档 **1-1**。执行"文件>打开"命令，打开"花豹.png"文件，然后单击"创建新的填充或调整图层"按钮 ◎ ，创建"色相/饱和度1"调整图层，并按下快捷键Ctrl+Alt+G创建剪贴蒙版，仅调整花豹的色调 **1-2**。新建图层，使用画笔工具 ✐ 绘制花豹毛发的底色 **1-3**。继续新建图层，使用画笔工具 ✐ 绘制出花豹毛发线稿 **1-4**。

1-1 执行"文件>新建"命令，新建空白文档。

1-2 调整花豹色调。

1-3 绘制花豹毛发底色。

1-4 根据毛发生长的方向绘制细致的线条，表现出素描效果。

STEP 2 运用"照亮边缘"滤镜制作树叶插画

执行"文件>打开"命令，打开"花豹.png"文件，然后执行"滤镜>滤镜库"命令，在弹出对话框的"风格化"选项组中选择"照亮边缘"滤镜，再执行"图像>调整>去色"命令，将图像进行去色处理，然后执行"图像>调整>反相"命令 **2-1**。完成后添加"叠加颜色"图层样式，再执行"栅格化图层样式"命令，制作出红色的树叶。然后对图像进行复制，并结合"图像>调整>替换颜色"命令调整树叶颜色，完成后适当调整树叶的大小 **2-2**。使用相同的方式继续复制树叶并调整其颜色，再调整树叶图层顺序至花豹图层下方 **2-3**。

2-1 应用"查找边缘"滤镜提取树叶的线稿，并结合"去色"和"反相"命令制作出黑白线稿效果的树叶。

2-2 运用"颜色叠加"图层样式调整树叶颜色。

2-3 复制树叶图像并调整色调和摆放位置，丰富画面元素。

STEP 3 使用画笔工具绘制背景树叶

新建图层，单击画笔工具，载入"画笔.tpl"工具预设，然后在"工具预设"选取器中选择6B铅笔，绘制树叶的轮廓，然后调整画笔大小和颜色，沿轮廓绘制出树叶的轮廓线和经脉 3-1。单击橡皮擦工具，在树叶上擦除部分图像，制作出破洞的效果，再使用画笔工具勾绘破洞边缘 3-2。复制树叶图像，并对其进行水平翻转并调整摆放位置，然后使用橡皮擦工具擦除多余部分的图像 3-3。

3-1 使用画笔工具绘制出红绿对比强烈的树叶图像。

3-2 结合橡皮擦工具制作出树叶破洞的效果。

3-3 复制树叶图案，并进行适当调整使构图更饱满。

STEP 4 载入笔刷，绘制装饰枝条

复制蓝色的单片树叶图像，并运用"色彩范围"命令调整树叶的经脉颜色，然后调整树叶图层顺序至下方，制作出层叠的树叶图像 4-1。新建图层并单击画笔工具，然后载入"枝条.abr"笔刷，然后在"画笔预设"选取器中选择合适的枝条笔刷，绘制与红色树叶相同的枝条 4-2。继续新建图层，并在"画笔预设"选取器中选择合适的枝条笔刷，并调整笔刷的角度和画笔颜色后，继续绘制更多的枝条装饰画面效果，然后适当调整图层顺序，制作出枝条和树叶穿插的效果 4-3。

4-1 继续复制树叶图案，并调整图层顺序使画面更有层次感。

4-2 使用枝条笔刷绘制出红色枝条装饰画面。

4-3 调整画笔颜色后继续在背景中穿插绘制枝条，使画面感觉更有张力和装饰感。

STEP 5 运用"色彩范围"命令调整花朵颜色

新建图层，单击画笔工具 ，在"工具预设"选取器中选择6B铅笔绘制出兰花的轮廓，然后新建图层，调整画笔颜色为黑色，调小画笔后绘制兰花的的轮廓线和纹理，完成后调大笔刷，在花心位置绘制不规则的斑点 5-1 。选择花朵轮廓图层，单击"锁定透明像素"按钮 ，填充好花朵的颜色后，使用相同的手法制作斑点的颜色，然后合并兰花图层，复制多个花朵图像并运用"图像>调整>替换颜色"命令调整花朵颜色，再分别调整花朵的大小、方向和摆放位置 5-2 。

5-1 绘制出兰花的形状，并仔细绘制出线稿，运用点状的花心斑纹增加装饰感。

5-2 复制花朵图案并分别填充不同的颜色，再适当调整花朵的大小和摆放位置，运用层叠的兰花增加画面的艺术感。

STEP 6 调整"画笔"面板参数后绘制曲线

新建图层，单击画笔工具 ，选择"粉笔17像素"笔刷并按下F5键，在弹出的"画笔"面板中勾选"传递"、"湿边"和"平滑"复选框，吸取背景树叶的颜色后在画面上下分别绘制出曲线 6-1 。继续新建图层，调整画笔颜色后在画面上下位置继续绘制出曲线，装饰画面效果 6-2 。使用横排文字工具 输入文字，并填充文字为深灰色，然后新建图层，使用深灰色画笔绘制出文字之间的间隔横线，完善画面效果 6-3 。

6-1 绘制出飘逸的线条增加画面艺术感。

6-2 继续绘制更多线条，装饰画面整体效果。

6-3 在画面右侧添加文字，完善画面整体效果。

转换老虎气势磅礴的风格

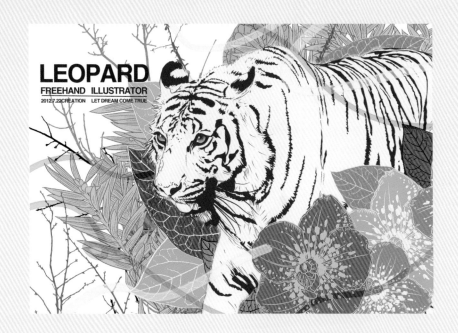

新建图层，先绘制老虎的线稿，然后绘制出皮毛的颜色 **1-1**。继续新建图层，绘制树叶的轮廓线并为树叶填充颜色，合并树叶图像并进行复制后调整图像，制作出浓密的树叶 **1-2**。

添加树叶素材，运用"查找边缘"滤镜提取线稿后，进行"去色"并执行"反相"命令，然后使用画笔绘制出花朵图案 **2-1**。绘制出枝干等图案，装饰画面，并添加文字 **2-2**。

1-1 绘制素描感的老虎图像。

2-1 用树叶素材制作出矢量树叶图案，并绘制花朵，装饰画面。

1-2 绘制出丛林树叶图像，并调整图层顺序。

2-2 绘制更多元素，装饰画面整体效果。

结合照片表现人物肖像插画艺术表现

光盘路径：Chapter 04 \ Complete \ 64 \ 64 结合照片表现人物肖像插画艺术表现.psd
视频路径：Video \ Chapter 04 \ 64 结合照片表现人物肖像插画艺术表现.swf

❀设计构思 ·············
运用橘红和橘黄发色表现少女的
热情，并处理少女的皮肤为蜜糖
般甜美的色泽，再运用清爽的绿
色作为瞳孔的颜色，增加女孩的
个性魅力，并在女孩眼角和嘴唇
等处绘制出诱人的高光。

❀设计要点 ·············

眼睛是心灵窗户，也是
人物插画中的要点。绘
制少女眼睛时，选择适
合的瞳孔色会增色不少，
刻画长而浓密的睫毛可
以增加眼睛的魅力。

STEP 1 运用调整图层调整人物色调

执行"文件>新建"命令，在打开的"新建"对话框中设置参数后，单击"确定"按钮，新建空白的文档 **1-1**。打开"人物头像.jpg"文件，将其拖曳至当前文件中并执行"滤镜>液化"命令，调整人物五官的比例和脸型 **1-2**。单击"创建新的填充或调整图层"按钮 ◎，依次创建"选取颜色1"、"亮度/对比度1"和"自然饱和度1"调整图层，并创建剪贴蒙版，仅调整人物色调，然后新建图层，使用画笔工具 ✐ 在人物眼睛和嘴唇上涂抹颜色，并调整图层混合模式为"颜色" **1-3**。

1-1 执行"文件>新建"命令，新建空白文档。

1-2 运用"液化"滤镜调整人物五官和脸型。

1-3 运用调整图层调整人物肤色，并运用图层混合模式制作人物眼影。

STEP 2 运用图层混合模式绘制出眼睛

将之前调整的人物图层进行群组，将群组合并后隐藏群组，并对人物图像进行抠像处理，然后填充背景图层为椰棕色（R76、G21、B1）。新建图层，使用画笔工具 ✐ 根据眼睛的轮廓涂抹颜色，表现出绘画效果，然后继续在上眼皮涂抹眼影颜色，并适当调整图层混合模式 **2-1**。继续新建图层，使用画笔工具 ✐ 线绘制眼白的图像，再绘制出具有光感的瞳孔 **2-2**。完成后新建图层，适当调小画笔，绘制出眼线和睫毛 **2-3**。

2-1 绘制迷蒙的眼影和眼线，增加眼神深邃感。

2-2 绘制出质感强烈的绿色瞳孔，表现人物迷人的眼睛。

2-3 绘制眼线和睫毛，加强人物眼神。

STEP 3 使用画笔工具绘制眉毛

新建图层，单击画笔工具，选择"柔边圆"笔刷绘制出眼皮连着眉毛区域的颜色 **3-1**。然后调整笔刷为"硬边圆压力不透明度"笔刷，绘制出眉毛的形状，然后调小画笔，绘制出眉毛的高光 **3-2**。新建图层，使用"柔边圆"笔刷在面部皮肤过渡不自然的地方进行涂抹，使皮肤呈现光滑的质感，完成后调整画笔为硬边圆压力不透明度，最鼻底绘制出鼻孔及鼻翼两边的环境色，并加强鼻底和下巴投影的边缘轮廓，增强其手绘效果 **3-3**。

3-1 涂抹眼皮和眉毛衔接处的颜色。

3-2 绘制火红的眉毛，与头发颜色相互呼应。

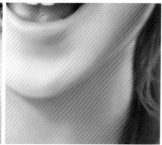
3-3 在鼻翼、鼻底和下巴等处绘制出强烈的光影效果。

STEP 4 使用画笔绘制具有光泽感的嘴唇

新建图层，使用画笔工具沿着嘴唇内轮廓绘制阴影线，然后新建图层绘制出饱满的嘴唇颜色 **4-1**。新建图层，调整画笔颜色后绘制出唇峰上的白色高光，然后再绘制出下唇下方的暗面颜色，再调整画笔颜色，表现唇珠凸起的体积感 **4-2**。按住 Alt 键的同时吸取牙龈边缘的颜色，并沿着边缘涂抹，加强轮廓线，然后调整画笔颜色，在牙齿边缘和唇珠凸起处绘制出高光 **4-3**。新建图层，使用白色在唇珠凸起处涂抹，并调整图层混合模式为"叠加"，增加光感。新建图层，在舌头上绘制出反光效果，并加强唇峰上的高光 **4-4**。

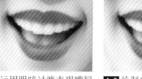
4-1 绘制出艳丽的唇色，并运用明暗过渡表现嘴唇的体积感。

4-2 绘制出唇峰上的高光效果。

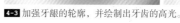
4-3 加强牙龈的轮廓，并绘制出牙齿的高光。

4-4 绘制舌头上的反光，增强手绘效果。

STEP 5 运用"云彩"和"烟灰墨"滤镜制作雀斑

新建图层，按下 D 键恢复默认颜色，然后执行"滤镜>渲染>云彩"命令，完成后执行"滤镜>滤镜库"命令，在弹出对话框的"画笔描边"选项组中选择"烟灰墨"滤镜。调整图层混合模式为"叠加"，然后单击"添加图层蒙版"按钮，添加图层蒙版，并使用黑色画笔在脸颊区域涂抹，恢复图像效果 5-1。新建图层，单击画笔工具，按下 F5 键，在弹出的"画笔"面板中设置好参数后绘制脸颊上的雀斑，并调整图层混合模式为"正片叠底" 5-2。

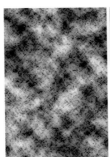

5-1 运用"云彩"和"烟灰墨"滤镜制作出雀斑，并结合图层混合模式和图层蒙版使雀斑效果更自然。

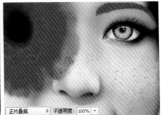

5-2 使用画笔工具继续绘制脸颊上的雀斑，并适当调整图层混合模式，进一步加强雀斑的立体感。

STEP 6 运用"色相/饱和度"命令调整花朵颜色

单击钢笔工具，沿着花朵轮廓绘制路径并将其转换为选区，然后复制人物图层选区内的图像，并运用"图像>调整>色相/饱和度"命令调整花朵颜色。调整图层顺序至最上方，然后新建图层并创建剪贴蒙版，使用画笔工具在花瓣颜色过渡不自然的地方涂抹过渡色，使花朵颜色更自然 6-1。继续新建图层并创建图层蒙版，然后使用画笔工具沿着花朵边缘涂抹高光，增加手绘的效果 6-2。

6-1 复制花朵图像，并调整花朵的颜色，使花朵颜色在画面中更为突出。

6-2 绘制花瓣上的高光，凸显手绘效果。

STEP 7 运用图层混合模式绘制头发

新建图层，并调整图层顺序至花朵图层下方，然后单击画笔工具，载入"画笔.tpl"工具预设，在"工具预设"选取器中选择丙烯画笔后，绘制出头发的轮廓，然后新建图层并创建剪贴蒙版，逐步绘制头发的阴影，表现出头发的体积感 **7-1**。继续新建图层并创建剪贴蒙版，吸取头发基本颜色后在刘海弧度的地方涂抹，并调整图层混合模式为"叠加"，表现出刘海的高光，然后吸取头发阴影的颜色，仔细地在刘海处绘制发丝的阴影 **7-2**。继续新建图层并创建剪贴蒙版，再运用"正片叠底"图层混合模式加强头发的阴影，然后运用"滤色"图层混合模式，强调头发的高光 **7-3**。

7-1 简单绘制出具有大块面明暗效果的头发。

7-2 绘制出局部的发丝阴影，增加头发的体积感。

滤色 不透明度：100% | 正片叠底 不透明度：100%

7-3 强化头发的光泽感，营造出人物明朗的色调。

STEP 8 运用图层混合模式调整画面色调

新建图层，并调整图层顺序，创建剪贴蒙版后在手部、脸颊边缘绘制出反光 **8-1**。新建图层，沿着头发与皮肤交接的边缘绘制投影 **8-2**。新建图层，运用"叠加"图层混合模式加强光影效果，然后盖印可见图层，并运用"液化"滤镜调整人物五官，继续盖印可见图层并调整图层混合模式为"叠加"、"不透明度"为50%。并运用图层蒙版隐藏部分图像颜色，完成后再盖印图层，并结合"光照效果"滤镜强化光感，并绘制出签名 **8-3**。

8-1 完善人物皮肤局部的光感。　　**8-2** 绘制头发的投影。

叠加 不透明度：50%

8-3 运用"叠加"图层混合模式使人物的色调对比更明显，并在画面右下角绘制签名，完善头像插画。

转换为梦幻柔美风格

STEP 1

打开素材，运用"液化"滤镜调整人物脸型和五官，再运用"减少杂色"、"海报边缘"、"绘画涂抹"等滤镜，并结合调整图层调整肤色 **1-1**。新建图层，并绘制具有光感的肤质和五官 **1-2**。

1-1 调整人物面部轮廓和色调。

1-2 使用画笔工具，绘制人物面部皮肤的光泽感和五官细节。

STEP 2

新建图层，用画笔工具先绘制出头发的深色部分，再用较浅的颜色涂抹出高光，并绘制几缕较亮和深色发丝 **2-1**。运用调整图层对人物发色及肤色进行调整，并使用蝴蝶笔刷绘制蝴蝶图案 **2-2**。

2-1 绘制头发的光泽和发丝细节。

2-2 调整画面色调，呈现艺术感。

Chapter 05

模拟虚拟世界
设计构思

利用燃烧效果表现强烈的视觉效果

光盘路径： Chapter 05 \ Complete \ 65 \ 65 利用燃烧效果表现强烈的视觉效果.psd

视频路径： Video \ Chapter 05 \ 65 利用燃烧效果表现强烈的视觉效果.swf

🔖 设计构思·············

在表现强烈的画面视觉效果时，可通过色彩、构图和造型进行。本案例中通过合成火焰图像，使画面呈现熊熊燃烧的动感效果，与人物的静态形成鲜明对比，极大地增强了画面的视觉效果。

🔖 设计要点·············

通过图层混合模式、图层蒙版和画笔工具等将燃烧的足球与人物进行合成，使画面呈现出动静相宜的效果。

STEP 1 使用"塑料包装"和"高反差保留"滤镜制作人物高光效果

执行"文件>新建"命令,设置各项参数和"名称"后单击"确定"按钮 1-1。新建"组1"后新建图层,并使用渐变工具█填充图层 1-2。执行"文件>打开"命令,打开"人物1.jpg"文件,将其拖曳至当前文件中并调整其大小和位置。然后结合钢笔工具█、画笔工具█和图层蒙版抠取人物图像。复制"图层2",将其转换为智能对象并调整其图层混合模式。运用"塑料包装"和"高反差保留"滤镜,并使用画笔工具█在滤镜效果蒙版上涂抹,形成人物的高光效果 1-3。

1-1 执行"文件>新建"命令,新建空白文档。

1-2 填充图层颜色。

1-3 抠取人物图像后复制图层,并结合图层混合模式和多个滤镜制作人物的高光效果。

STEP 2 运用图层蒙版和图层混合模式使画面色调融合

执行"文件>打开"命令,打开"火焰1.png"和"火焰2.png"文件,分别将其拖曳至当前文件中,复制火焰1图像并调整其大小、位置和图层顺序。调整图层混合模式并结合图层蒙版和画笔工具█隐藏局部色调 2-1。打开"建筑.jpg"文件,将其拖曳至当前文件中,设置其图层混合模式为"叠加",多次复制该图像并分别调整其大小和位置,然后结合图层蒙版和画笔工具█隐藏局部色调 2-2。打开"火光.jpg"和"光点.jpg"文件,分别将其拖曳至当前文件中,调整其大小、位置和图层混合模式后结合图层蒙版和画笔工具█隐藏局部色调,使画面色调相融合 2-3。

2-1 结合图层混合模式和图层蒙版制作火焰燃烧效果。

2-2 添加建筑图像并结合图层混合模式和图层蒙版使其与背景色调相融合。

2-3 运用星光纹理赋予画面更朦胧的视觉效果,以营造画面的整体氛围。

STEP 3 运用多个调整图层调整画面色调

单击"图层"面板中的"创建新的填充或调整图层"按钮 ◎ ，在"图层4"下方创建一个"色相/饱和度"调整图层，并在属性面板中设置其参数，以调整画面的色相 **3-1**。再次单击"图层"面板中的"创建新的填充或调整图层"按钮 ◎ ，依次选择"色彩平衡"和"色相/饱和度"命令，并在属性面板中分别设置其参数，然后使用黑色画笔在调整图层的蒙版中的局部进行涂抹，以调整画面的色调效果 **3-2**。

3-1 运用"色相/饱和度"调整图层调整画面色调。

3-2 创建多个调整图层，调整画面色调效果，并使用画笔在蒙版上涂抹以恢复局部色调效果。

STEP 4 进一步调整画面色调

单击"图层"面板中的"创建新的填充或调整图层"按钮 ◎ ，在"图层6"下方创建一个"色阶"调整图层，在属性面板中设置其参数后，使用黑色画笔在其蒙版中涂抹，以恢复局部色调效果 **4-1**。再次单击"图层"面板中的"创建新的填充或调整图层"按钮 ◎ ，选择"曲线"命令，并在属性面板中设置其参数，以提亮画面的整体色调 **4-2**。

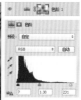

4-1 使用"色阶"调整图层增强画面的对比度。

4-2 使用"曲线"调整图层提亮画面色调。

STEP 5 调整画面色调

单击"图层"面板中的"创建新的填充或调整图层"按钮 ⊙.，在"图层7"上方创建一个"色阶"调整图层，然后在属性面板中设置其参数，以增强画面的色调效果 **5-1**。再次单击"图层"面板中的"创建新的填充或调整图层"按钮 ⊙.，选择"色相/饱和度"命令，在属性面板中设置其参数后，使用黑色画笔在蒙版中涂抹，以恢复局部色调效果 **5-2**。

5-1 使用"色阶"调整图层增强画面对比度。

5-2 使用"色相/饱和度"调整图层调整画面色调效果，并结合图层蒙版恢复局部色调。

STEP 6 结合图层混合模式和图层蒙版制作火焰燃烧效果

新建"组2"，执行"文件>打开"命令，打开"火焰3.png"、"火焰4.png" 和"火焰5.png"文件，将其拖曳至当前文件中并分别调整其图层混合模式。复制6次"火焰4"图像并分别调整其大小和位置 **6-1**。然后结合图层蒙版和画笔工具 ✐ 隐藏部分图像的色调，使火焰呈现朦胧效果 **6-2**。按下快捷键Ctrl+J复制"组2"，得到"组2副本"，然后调整该组中图像的大小和位置，使火焰图像更加完整和自然 **6-3**。

6-1 添加火焰图像并调整图层的混合模式。

6-2 结合图层蒙版和画笔工具合成朦胧的火焰效果。

6-3 复制火焰图像，并分别调整其大小和位置，使火焰更加自然。

STEP 7 运用调整图层调整画面色调

单击"创建新的填充或调整图层"按钮 ◎ ，在弹出的菜单中选择"渐变填充"命令，并在弹出的对话框中设置参数，然后设置其图层混合模式为"划分"、"不透明度"为20%，以调整画面的色调效果 7-1 。继续单击"图层"面板中的"创建新的填充或调整图层"按钮 ◎ ，在弹出的菜单中选择"色阶"命令，并在属性面板中拖动滑块设置参数，以增强整体画面的色调对比度 7-2 。

7-1 创建"渐变填充"调整图层并调整其图层混合模式，以调整画面的色调。

7-2 创建"色阶"调整图层以增强画面的对比度。

STEP 8 制作人物皮肤高光图像并调整画面色调

新建多个图层，设置前景色为白色，使用较透明的画笔在人物皮肤部分绘制图像，然后分别调整各图层的混合模式，形成人物皮肤的高光图像效果 8-1 。新建图层并为其填充浅灰色（R210、G210、B210），然后设置图层混合模式为"叠加"、"不透明度"为20%，以增强画面色调效果 8-2 。单击"创建新的填充或调整图层"按钮 ◎ ，在弹出的菜单中选择"渐变映射"命令，并在属性面板中设置其图层参数，然后设置图层混合模式为"柔光"、"不透明度"为50% 8-3 。继续创建"曲线"调整图层并设置其参数，以增强画面的色调对比度 8-4 。

8-1 制作人物皮肤的高光图像效果。

8-2 填充图层并调整其图层混合模式以增强画面色调效果。

8-3 使用"渐变映射"调整图层调整画面色调效果。

8-4 使用"曲线"调整图层增强画面的色调对比度。

316

作品风格转换

转换为烈火岁月风格

STEP 1

打开人物图像，复制人物图像并将其抠取后结合多个滤镜和画笔工具制作人物图像的高光。新建图层并填充颜色，结合图层蒙版和画笔工具隐藏局部色调 1-1。依次添加火焰1、火焰2、建筑、火光和光点素材，分别调整图层混合模式和蒙版效果。然后用多个调整图层调整画面色调 1-2。

1-1 制作人物高光效果和背景图像。

1-2 完善背景图像效果并调整画面整体的色调。

STEP 2

依次添加火焰3、火焰4和火焰5素材，多次复制部分图像并调整其大小、位置和图层混合模式，形成火焰燃烧效果 2-1。新建图层并填充图像后调整其图层混合模式，然后创建多个调整图层以调整画面的色调效果 2-2。

2-1 制作火焰燃烧效果。

2-2 使用调整图层调整画面的色调效果，增强画面的视觉冲击力。

Chapter 05
模拟虚拟世界设计构思

NOTE **66**

合成多个素材表现梦幻童话设计

光盘路径：Chapter 05 \ Complete \ 66 \ 66 合成多个素材表现梦幻童话设计.psd

视频路径：Video \ Chapter 05 \ 66 合成多个素材表现梦幻童话设计.swf

🐚 设计构思············

在表现梦幻童话时，使用小孩、动物、花草等元素常常能达到很好效果。在本案例中用木质的空间作为背景，将造型夸张、色彩鲜艳的水果与活泼可爱的小孩做对比，营造出童话般的视觉效果。

🐚 设计要点············

本案例中选择色彩鲜艳靓丽的水果、花草以及生动活泼的孩童，通过较为鲜艳的色彩和灵活的素材搭配表现梦幻童话设计。

STEP 1 制作具有空间感的图像效果

执行"文件>打开"命令，打开
"空间.jpg"文件 **1-1**。新建"组
1"，再次执行"文件>打开"
命令，打开"木梯.png"和"苹
果.png"文件，分别将其拖曳至
当前文件中并调整其位置，为
"图层2"添加图层蒙版，使用
画笔工具 ✐ 在苹果上方涂抹，
以隐藏部分图像色调 **1-2**。按
下快捷键Ctrl+J复制两次苹果图
像，并调整其大小和位置 **1-3**。
添加"树叶.png"文件，拖当
前图像文件中并调整其位置。
新建多个图层，设置前景色为
黑色，使用较透明的画笔多次
涂抹以绘制图像，调整图层顺
序后设置"图层5"的图层混合
模式为"柔光" **1-4**。

1-1 执行"文件>打开"命令，打开素
材文件。

1-2 添加木梯和苹果素材，并结合图
层蒙版和画笔工具隐藏局部色调。

1-3 多次复制图像，增强画面的视觉
效果。

1-4 添加素材文件并绘制投影和暗部
图像效果。

STEP 2 结合图层样式和调整图层增添卡通趣味效果

执行"文件>打开"命令，打开
"木门1.png"和"木门2.png"文
件，分别将其拖曳至当前图像
文件中并调整其位置。然后为
木门图像添加"投影"图层样
式 **2-1**。多次复制木门图像并
调整其大小和位置 **2-2**。再次
执行"文件>打开"命令，打开
"草丛.png"和"香蕉.png"文
件，分别将其拖曳至当前图像
文件中并调整其位置。为香蕉
图像创建"色相/饱和度"调整
图层和剪贴蒙版，以调整其色
调效果 **2-3**。新建多个图层，单
击画笔工具 ✐ 并替换不同的前
景色，多次绘制图像并创建剪
贴蒙版，分别设置图层混合模
式，调整香蕉图像的色调 **2-4**。

2-1 运用"投影"图层样式为木门制
作投影效果。

2-2 多次复制图像，制作更多的木门
图像。

2-3 添加草丛和香蕉素材，并调整香蕉
图像的色调效果。

2-4 绘制图像以进一步调整香蕉图像
的色调。

STEP 3 添加人物素材并调整画面色调

新建"组2"图层组，打开"油漆.png"文件，将其拖曳至当前文件中并调整其位置和图层混合模式，然后复制该图层并调整图层大小和位置后单击"锁定透明像素"按钮，填充为砖红色（R196、G108、B55）3-1。依次打开"书本.png"和"路灯.png"文件，同样将其拖曳至当前图像文件中并调整其位置。然后新建图层，使用画笔工具绘制暗部图像的效果3-2。打开"人物.psd"文件，将其中各图层图像分别拖曳至当前图像文件中，并调整其位置3-3。依次创建"色彩平衡"和"自然饱和度"调整图层，并设置其参数，以调整画面的色调效果3-4。

3-1 调整油漆图像的颜色和图层混合模式。

3-2 添加书本和路灯图像，完善画面的构图和视觉效果。

3-3 添加主题人物，使其与水果图像形成鲜明对比。

3-4 运用调整图层调整画面的整体色调。

STEP 4 添加更多素材文件，增强梦幻效果

执行"文件>打开"命令，打开"木箱.png"、"动物.png"和"花盆.png"文件，分别将其拖曳至当前文件中并调整各图像的位置4-1。再次执行"打开"命令，打开"鹦鹉.png"、"书签.png"、"卡片.png"、"白云.png"和"气球.png"文件，分别将其拖曳至当前文件中并调整其位置，以增强画面的梦幻效果4-2。

4-1 添加多个素材文件，丰富画面效果。

4-2 继续添加素材，增强画面的梦幻效果。

STEP 5 增强画面色调对比度

执行"文件>打开"命令，打开"彩虹.png"和"音符.png"文件，分别将其拖曳至当前文件中并调整其位置 **5-1**。然后设置其图层混合模式为"滤色"，使其呈现一定的梦幻效果 **5-2**。单击"图层"面板下方的"创建新的填充或调整图层"按钮，选择"色阶"命令，并在属性面板中设置其参数，以增强画面中的暗部色调 **5-3**。

5-1 添加彩虹和音符素材。

5-2 调整图层混合模式，使其呈现梦幻效果。

5-3 使用"色阶"调整图层进一步强化画面的暗部色调。

STEP 6 使用多个调整图层调整画面色调

单击"图层"面板中"创建新的填充或调整图层"按钮，选择"色相/饱和度"命令，并在属性面板中设置其参数，以调整画面的色调效果 **6-1**。再次单击"图层"面板中的"创建新的填充或调整图层"按钮，选择"亮度/对比度"命令，并在属性面板中设置其参数，以提高画面的亮度 **6-2**。

6-1 使用"色相/饱和度"调整图层，调整画面的色调。

6-2 使用"亮度/对比度"调整图层，提高画面的亮度。

转换为青苹果乐园风格

STEP 1

打开空间素材，使用"照片滤镜"调整图层调整其色调，然后添加木梯和苹果素材文件，使用调整图层调整苹果的色调，并绘制投影图像。添加树叶、木门等素材，并结合图层样式、调整图层调整图像效果。继续添加素材并绘制暗部效果。

运用欧式环纹效果点缀画面效果，并添加复古的交通工具插画添加人物素材，增强画面对比度。

STEP 2

使用多个调整图层调整画面色调效果。依次打开其他的素材文件并拖曳至当前文件后并调整其位置和图层顺序，以增强画面的梦幻效果。结合多个调整图层调整画面的色调效果。

使用多个调整图层调整画面效果，并添加更多素材以增添画面的梦幻效果，并进一步调整画面的色调。

叠加纹理表现艺术招贴设计

光盘路径： Chapter 05 \ Complete \ 67 \ 67 叠加纹理表现艺术招贴设计.psd

视频路径： Video \ Chapter 05 \ 67 叠加纹理表现艺术招贴设计.swf

❀ 设计构思 ············

在表现一个画面的主题思想时，通过对某一元素进行夸张、变形、特写以及重复运用，可以制作出极具冲击力的视觉效果。再通过对元素的纹理特点进行叠加合成，使画面呈现一定的动感。

❀ 设计要点 ············

在制作叠加纹理效果时，首先使用图层蒙版和画笔工具将元素进行合成，然后通过调整图层、填充图层和图层混合模式等进行调色。

STEP 1 使用渐变工具制作背景并添加人物素材

执行"文件>新建"命令，设置各项参数后单击"确定"按钮 **1-1** 新建"图层1"，并使用渐变工具▣填充图层。执行"文件>打开"命令，打开"人物1.png"文件，将其拖曳至当前文件中并调整其位置 **1-2** 。结合图层蒙版和画笔工具✐隐藏局部色调。按下快捷键Ctrl+J复制"图层2"得到"图层2副本"，然后结合画笔工具✐和仿制图章工具▣，在人物的肩膀部分绘制图像，隐藏部分衣服图像 **1-3** 。

1-1 执行"文件>新建"命令，新建空白文档。

1-2 填充图层颜色后，添加人物素材并调整其位置。

1-3 结合图层蒙版和画笔工具隐藏部分脚部图像，复制图层并绘制图像。

STEP 2 制作牛奶纹理叠加效果

新建"组1"，执行"文件>打开"命令，打开"牛奶1.png"至"牛奶9.png"文件，分别将其拖曳至当前文件中并分别调整其位置。为部分图层添加图层蒙版，并使用画笔工具✐在画面中多次涂抹，以隐藏局部色调，形成牛奶纹理叠加效果 **2-1** 。按下快捷键Ctrl+J复制部分图层，并运用"自由变换"命令调整其大小、位置和图层顺序，选择部分图层的蒙版，使用画笔工具✐多次涂抹以隐藏局部色调。单击"添加图层蒙版"按钮▣为"组1"添加图层蒙版，并使用画笔工具✐在画面右上角区域涂抹，以隐藏局部牛奶图像 **2-2** 。

2-1 添加牛奶素材，结合图层蒙版和画笔工具为人物制作出牛奶纹理叠加效果。

2-2 制作更多牛奶纹理效果。隐藏部分喷溅出的牛奶液体，使效果更完整。

STEP 3 使用填充图层调整牛奶图像色调

按下快捷键Ctrl+Shift+Alt+E盖印可见图层得到"图层12"，使用减淡工具 🔍 在人物的胸部多次涂抹，提高该区域的牛奶色调 3-1 。新建多个图层，使用画笔工具 🖊 并替换不同的前景色在人物胸部涂抹，然后设置"图层13"的图层混合模式为"变亮"，使其与下层图像相融合 3-2 。单击"图层"面板中的"创建新的填充或调整图层"按钮 ◑ ，选择"纯色"命令，并设置填充颜色为浅褐色（R152、G88、B55）。然后设置混合模式为"线性加深"、"不透明度"为90% 3-3 。为该填充图层的蒙版填充黑色后，按住Ctrl键依次单击"组1"中的图层缩览图将其载入选区并填充白色 3-4 。

3-1 盖印可见图层并使用减淡工具提亮牛奶图像的局部色调。

3-2 绘制图像，以调整牛奶图像的局部颜色。

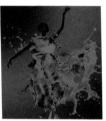

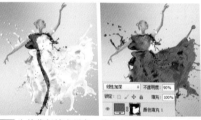

3-3 创建"颜色填充"调整图层并调整混合模式。

3-4 为其蒙版填充黑色，将牛奶图像依次载入选区并填充白色，以调整牛奶图像的色调效果。

STEP 4 结合调整图层和"塑料包装"滤镜增强牛奶的立体效果

单击"图层"面板中的"创建新的填充或调整图层"按钮 ◑ ，依次创建"色阶"和"照片滤镜"调整图层，并设置其参数，以调整画面的色调效果 4-1 。按下快捷键 Ctrl+Shift+Alt+E 再次盖印可见图层得到"图层15"，执行"滤镜>滤镜库"命令，在弹出对话框中的"艺术效果"选项组中选择"塑料包装"滤镜，并设置参数，完成后单击"确定"按钮。然后设置其图层混合模式为"强光"、"不透明度"为70%，并结合图层蒙版和画笔工具 🖊 恢复局部色调效果 4-2 。

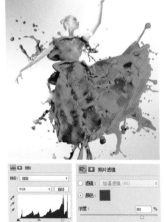

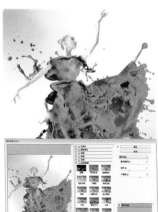

4-1 使用多个调整图层调整画面的整体色调效果。

4-2 结合"塑料包装"滤镜和图层混合模式增强牛奶的立体效果，并结合图层蒙版和画笔工具绘制人物面部的色调。

叠加纹理表现艺术招贴设计

STEP 5 运用"渐变填充"调整图层增强画面色调

按下快捷键Ctrl+Shift+Alt+E再次盖印可见图层得到"图层16"，然后设置其图层混合模式为"柔光"、"不透明度"为40%，以柔化画面色调 **5-1**。单击"图层"面板中的"创建新的填充或调整图层"按钮 ⦿，在弹出的菜单中选择"渐变填充"命令，并在弹出的对话框中设置好参数，然后设置其图层混合模式为"叠加"、"不透明度"为80%，以增强画面的色调效果 **5-2**。新建图层，使用画笔工具 ✎ 在人物右侧胳膊处涂抹深砖红色（R153、G87、B65），并设置其图层的"不透明度"为70% **5-3**。

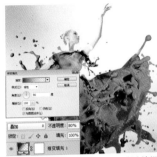

5-1 盖印可见图层，并调整其图层混合模式。

5-2 创建"渐变填充"调整图层并调整其图层混合模式以增强画面的色调效果。

5-3 新建图层并绘制图像，调整牛奶图像的局部颜色。

STEP 6 使用"曲线"调整图层增强画面对比度

单击"创建新的填充或调整图层"按钮 ⦿，在弹出的菜单中选择"曲线"命令，并在属性面板中设置其参数，以增强画面的色调对比度 **6-1**。选择调整图层的蒙版，并使用较透明的画笔在画面中多次涂抹，以恢复画面的局部色调效果 **6-2**。按下快捷键Ctrl+Shift+ Alt+E再次盖印可见图层得到"图层18"，然后设置其图层混合模式为"柔光"、"不透明度"为50%，进一步柔化画面色调，形成具有艺术感的画面效果 **6-3**。

6-1 使用"曲线"调整图层增强画面的色调对比度。

6-2 运用画笔工具恢复局部色调。

6-3 盖印可见图层并调整其混合模式。

STEP 1

打开人物图像，抠取人物上半身。结合"颜色填充"和"色阶"调整图层调整其色调并制作背景图像 1-1。添加牛奶图像，结合图层蒙版和画笔工具制作出具有韵律的牛奶效果 1-2。

1-1 调整人物的色调效果并制作背景图像。

1-2 制作具有韵律的牛奶喷溅图像。

STEP 2

多次盖印牛奶图像的图层并结合"颜色填充"和"色阶"调整图层调整其色调 2-1。盖印可见图层并结合"塑料包装"滤镜和图层混合模式增强牛奶图像的立体效果 2-2。

2-1 制作完整的牛奶图像效果。

2-2 进一步增强牛奶图像的立体感和光泽效果。

通过人物图像表现科技感设计

光盘路径：Chapter 05 \ Complete \ 68 \ 68 通过人物图像表现科技感设计.psd

视频路径：Video \ Chapter 05 \ 68 通过人物图像表现科技感设计.swf

设计构思

在表现科技感设计时，除了使用较为传统的科技元素，还可以通过对人物面部或肢体进行特写处理，搭配绚丽多彩的背景图像，从一定的角度表现该主题思想。

设计要点

在制作背景图像时，结合图层混合模式和图层样式等使画面色调相融合。通过对人物眼睛的特写处理，使其与背景图像产生对比和联系。

STEP 1 使用图层混合模式制作色调融合的背景图像

执行"文件>新建"命令，设置各项参数和"名称"后单击"确定"按钮 **1-1**。新建图层，并使用渐变工具填充图层 **1-2**。单击"图层"面板中的"创建新的填充或调整图层"按钮，选择"渐变填充"命令，并在弹出的对话框中设置各项参数后，单击"确定"按钮，以调整背景图像的色调效果 **1-3**。执行"文件>打开"命令，打开"光线1.png"文件，将其拖曳至当前文件中并调整其位置，然后设置图层混合模式为"滤色"，并结合图层蒙版和画笔工具隐藏局部色调，使其与下层图像色调相融合 **1-4**。再次执行"文件>打开"命令，打开"光线2.png"文件，将其拖曳至当前图像文件中并调整其位置，然后设置其图层混合模式为"变亮" **1-5**。

1-1 执行"文件>新建"命令，新建空白文档。

1-2 为图层填充颜色。

1-3 使用"渐变填充"调整图层加深背景图像的颜色。

1-4 结合图层混合模式和图层蒙版使画面色调相融合。

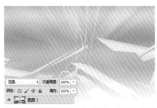

1-5 调整图层的混合模式，形成色调融合的背景图像效果。

STEP 2 制作左右对称的画面效果

执行"文件>打开"命令，打开"丝带.png"文件，将其拖曳至当前文件中，按下快捷键Ctrl+J复制3次该图像并分别调整图像大小、位置和图层顺序，使画面呈现对称的效果 **2-1**。执行"文件>打开"命令，打开"丝带1.png"、"光线3.png"和"丝带2.png"文件，将其拖曳至当前文件中后，分别调整其位置、图层顺序和图层混合模式并依次复制各图层，运用"自由变换"命令对其进行水平翻转操作，创作左右对称的图像效果 **2-2**。

2-1 调整图像的位置关系制作对称的丝带图像效果。

2-2 添加多个素材并结合图层混合模式和"自由变换"命令使画面呈现色调融合的对称效果。

STEP 3 　使用图层样式制作光影效果

新建图层，设置前景色为白色，使用较透明的画笔，在画面右侧多次涂抹以绘制图像。然后单击"图层"面板中的"添加图层样式"按钮，选择"外发光"命令，并在弹出的"图层样式"对话框中设置好各项参数，完成后单击"确定"按钮，使其呈现外发光效果。然后按下快捷键 Ctrl+J 复制该图层并运用"自由变换"命令对其进行水平翻转操作，使画面呈现对称的光影效果。

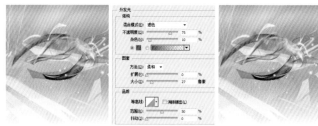

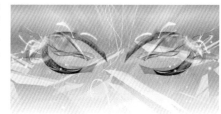

3-1 绘制图像并添加"外发光"图层样式，增强质感效果。

3-2 复制图像并调整其位置，使画面呈现对称的光影效果。

STEP 4 　结合图层混合模式和图层蒙版制作绚丽的科技感画面

新建"组1"，并在其中新建图层，替换不同的前景色，结合钢笔工具和画笔工具绘制一个不规则的图形。然后设置该图层的混合模式为"叠加"，使其与下层图像色调融合。使用相同的方法，运用渐变工具多次绘制图像，并相应地调整各图层的顺序和混合模式，增强画面的绚丽效果。然后为"组2"添加图层蒙版，并使用较透明的画笔在画面中多次涂抹，以隐藏局部色调效果。按下快捷键 Ctrl+Alt+E 合并该组得到"组2（合并）"图层，调整图像大小和位置后选择其蒙版，并使用较透明的画笔进行涂抹，然后设置其图层混合模式为"浅色"。复制该图层并调整图像大小、位置和图层混合模式，增强画面绚丽的科技感效果。

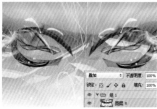

4-1 绘制图像并调整其图层混合模式，使画面色调相融合。

4-2 结合图层混合模式和图层蒙版制作绚丽的视觉效果。

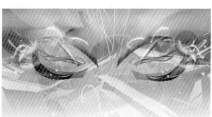

4-3 调整图层混合模式，增强画面的科技感。

STEP 5 添加眼睛素材，增强画面的视觉效果

执行"文件>打开"命令，打开"眼睛.png"文件，将其拖曳至当前文件中，并设置其图层混合模式为"强光"，结合图层蒙版和画笔工具隐藏局部色调效果 5-1。执行"文件>打开"命令，打开"睫毛.png"文件，将其拖曳至当前文件中并调整其位置和图层顺序，以美化眼部效果 5-2。按下快捷键 Ctrl+J复制眼睛和睫毛图像，并运用"自由变换"命令对其进行水平翻转，形成对称效果，增强画面的视觉冲击力 5-3。

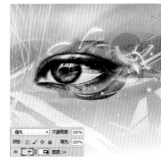

5-1 添加眼睛素材，形成画面主体物。

5-2 添加睫毛素材，美化眼部效果。

5-3 复制图像，增强画面的视觉冲击力。

STEP 6 使用横排文字工具添加文字

再次执行"文件>打开"命令，打开"线条.png"文件，将其拖曳至当前文件中并放置在画面下方，制作出文字的背景图像 6-1。使用横排文字工具在线条图像上输入文字，并调整文字的居中对齐效果 6-2。单击"图层"面板下方的"创建新的填充或调整图层"按钮，在弹出的菜单中选择"曲线"命令，并在属性面板中设置其参数，以提亮画面的色调效果 6-3。

6-1 制作文字的背景图像。

6-2 使用横排文字工具多次输入文字。

6-3 使用"曲线"调整图层提亮画面的色调效果。

通过人物图像表现科技感设计

转换为眼界中的动感风格

STEP 1

填充好背景颜色后，打开网格元素并将其拖曳至当前文件中，装饰画面 **1-1**。依次添加白光1素材、白光2和网格1素材，并调整部分图层的混合模式，使画面色调融合，并使用画笔工具绘制图像 **1-2**。

1-1 使用网格装饰背景。

1-2 完善背景图像效果使画面色调融合。

STEP 2

依次添加眼睛、睫毛和光线2素材，多次复制图像并调整其位置和图层混合模式，结合图层蒙版和画笔工具隐藏局部色调 **2-1**。然后结合"渐变填充"图层、图层混合模式和剪贴蒙版调整人物眼球以及画面的整体色调 **2-2**。

2-1 添加眼睛和光线素材。

2-2 使用调整图层调整画面的色调，增强视觉冲击力。

对比合成增强设计视觉效果

光盘路径：Chapter 05 \ Complete \ 69 \ 69 对比合成增强设计视觉效果.psd

视频路径：Video \ Chapter 05 \ 69 对比合成增强设计视觉效果.swf

🎀 设计构思 ••••••••••••

在需要制作视觉冲击力较强的画面时，可以通过画面中的色彩、材质、构成等进行表现。在本案例中通过将背景图像处理为手绘效果体现出暗色调的效果，与前景中亮色的人物形成对比。

🎀 设计要点 ••••••••••••

在制作背景图像时，使用图层混合模式实现手绘效果，并使用调整图层调整画面色调，将较为鲜亮的人物元素作为画面的视觉中心点。

STEP 1　使用图层混合模式制作朦胧的背景图像

执行"文件>新建"命令，设置各项参数后单击"确定"按钮 **1-1**。新建图层，并为其填充米白色（R241、G242、B237）。执行"文件>打开"命令，打开"道路.jpg"文件，将其拖曳至当前文件中并调整其位置 **1-2**。设置"图层2"的图层混合模式为"颜色加深"、"不透明度"为50%，并结合图层蒙版和画笔工具 隐藏局部色调，使其与下层图像的色调相融合，然后复制该图层并选择其蒙版，继续使用黑色画笔进行涂抹，形成朦胧的图像效果 **1-3**。

1-1 执行"文件>新建"命令，新建空白文档。

1-2 为图层填充颜色并添加素材。

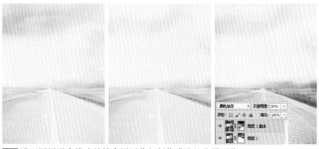

1-3 设置图层混合模式并结合图层蒙版制作朦胧的背景图像。

STEP 2　制作黑白的手绘效果

新建"组1"，单击"图层"面板中的"创建新的填充或调整图层"按钮 ，选择"黑白"命令，并在属性面板中设置参数，使画面呈现黑白效果 **2-1**。执行"文件>打开"命令，打开"建筑.png"文件，将其拖曳至当前文件中，设置其图层混合模式为"线性光" **2-2**。按下快捷键Ctrl+J复制4次该图像并分别调整其图层混合模式，以增强建筑图像的手绘效果 **2-3**。执行"文件>打开"命令，打开"素描.png"文件，将其拖曳至当前文件中，设置其图层混合模式为"明度"、"不透明度"为70%后，然后结合图层蒙版和画笔工具 隐藏图像局部色调效果 **2-4**。

2-1 使用"黑白"调整图层制作黑白图像效果。

2-2 添加建筑素材并结合图层混合模式使画面色调融合。

2-3 运用图层混合模式制作手绘效果。

2-4 结合图层混合模式和图层蒙版增强画面的手绘效果。

STEP 3 结合图层混合模式和图层蒙版制作彩色效果

执行"文件>打开"命令，打开"夜景.jpg"文件，将其拖曳至当前文件中，设置其图层混合模式为"柔光"，结合图层蒙版和画笔工具 隐藏局部图像色调效果 3-1。然后按下快捷键Ctrl+J复制该图层，并运用"自由变换"命令调整其位置和方向，然后设置其"不透明度"为86%，并选择其蒙版，继续使用较透明的画笔进行涂抹，以隐藏局部色调效果 3-2。新建图层，使用较透明的画笔在画面中心涂抹橘黄色（R226、G171、B28），并设置图层混合模式为"叠加"。为"组1"添加图层蒙版，继续使用透明画笔涂抹，隐藏局部色调 3-3。

3-1 运用图层混合模式调整图像的融合效果。

3-2 增强画面中的彩色。

3-3 使用画笔绘制图像，增强彩色效果。隐藏局部图像色调，使其与背景图像色调融合。

STEP 4 添加人物素材并调整画面色调

单击"图层"面板下方的"创建新的填充或调整图层"按钮 ，选择"色阶"命令，并在属性面板中设置参数，以增强画面对比度 4-1。执行"文件>打开"命令，打开"人物.png"文件，将其拖曳至当前图像文件中，并调整其位置 4-2。创建"自然饱和度"调整图层并创建剪贴蒙版，选择其蒙版并使用较透明的画笔进行涂抹，以调整人物图像的色调效果。按住Ctrl键的同时单击人物图层缩览图将其载入选区，并在其下方新建图层，为选区填充黑色后调整其大小和位置。设置其图层混合模式为"叠加"后，应用"高斯模糊"滤镜，形成投影效果 4-3。

4-1 使用"色阶"调整图层增强画面的色调对比度。

4-2 添加人物素材。

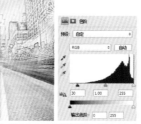

4-3 调整人物图像的色调，使其与画面的整体色调相协调。制作人物的投影效果。

STEP 5 运用调整图层调整画面色调

单击"图层"面板下方的"创建新的填充或调整图层"按钮 ⊙｜，在弹出的菜单中选择"可选颜色"命令，并在属性面板中设置"红色"、"黄色"、"中性色"和"黑色"选项的参数 **5-1**。然后设置该调整图层的"不透明度"为80%，并选择其蒙版，使用较透明的画笔在画面局部涂抹，以恢复部分图像色调 **5-2**。继续单击"创建新的填充或调整图层"按钮 ⊙｜，选择"色阶"命令，并在属性面板中设置好参数，以增强画面的色调对比度 **5-3**。

5-1 创建"可选颜色"调整图层并设置各项参数。

5-2 调整画面色调效果。

5-3 创建"色阶"调整图层以增强画面的对比度。

STEP 6 进一步调整画面色调并添加文字

单击"创建新的填充或调整图层"按钮 ⊙｜，在弹出的菜单中选择"照片滤镜"命令，并在属性面板中设置其参数，然后选择其蒙版并使用较透明的画笔在人物皮肤涂抹，以恢复该区域的色调 **6-1**。单击"创建新的填充或调整图层"按钮 ⊙｜，选择"纯色"命令，并设置颜色为黑色，设置其"不透明度"为40%，然后选择其蒙版并使用较透明的画笔在画面中涂抹，以加深画面四角颜色 **6-2**。再次单击"创建新的填充或调整图层"按钮 ⊙｜，选择"曲线"命令，并在属性面板中设置参数，以增强画面的色调对比度 **6-3**。最后在画面下方多次输入文字，以完善画面效果 **6-4**。

6-1 使用"照片滤镜"调整图层为画面添加微弱的浅绿色调效果。

6-2 使用"颜色填充"调整图层制作暗角效果。

6-3 使用"曲线"调整图层增强画面色调效果。

6-4 添加文字，完善画面。

转换为冬季插画风格

打开风景素材，结合图层蒙版和画笔工具隐藏局部色调 1-1 。复制该图层并去色后使用画笔调整其蒙版效果。结合"高反差保留"滤镜和图层混合模式制作手绘效果，并多次复制该图层调整图层的混合模式，增强黑白手绘感 1-2 。

盖印可见图层生成新图层，结合"高斯模糊"智能滤镜和画笔工具制作出具有景深效果的画面 2-1 。使用多个调整图层、填充图层和图层混合模式制作出色彩丰富的画面效果并制作不同颜色的文字 2-2 。

1-1 制作成黑白图像效果。

2-1 制作出景深图像效果，增强画面的空间感。

1-2 制作具有纹理质感的手绘图像。

2-2 调整画面的色调效果，增强画面的视觉冲击力。

利用怀旧相框表现设计动感构思

光盘路径：Chapter 05 \ Complete \ 70 \ 70 利用怀旧相框表现设计动感构思.psd
视频路径：Video \ Chapter 05 \ 70 利用怀旧相框表现设计动感构思.swf

🍀 设计构思 ··············

在表现设计动感时，使用一些动态鲜明的元素能够达到较好的效果。本案例中利用怀旧相框制作画中画的效果，并多次使用动态的流水这一元素来表达设计动感构思。

🍀 设计要点 ··············

制作背景中的风景图像时，使用图层蒙版和画笔工具进行合成，并使用调整图层对其调色。然后使用流水元素为画面增添动感。

STEP 1　使用调整图层制作暗色调的背景图像

执行"文件>新建"命令，设置各项参数后单击"确定"按钮 **1-1**。新建图层，并为其填充咖啡色（R116、G59、B30）。执行"文件>打开"命令，打开"黄昏.jpg"文件，将其拖曳至当前文件中并调整其位置 **1-2**。然后结合图层蒙版和画笔工具 隐藏局部色调，使其与下层图像色调相融合 **1-3**。单击"创建新的填充或调整图层"按钮，依次选择"色阶"和"色相/饱和度"命令，并在属性面板中分别设置参数，以加深画面色调 **1-4**。

1-1 执行"文件>新建"命令，新建空白文档。

1-2 为图层填充颜色并添加素材。

1-3 融合画面色调。

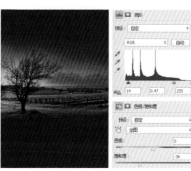

1-4 使用多个调整图层制作暗色调图像。

STEP 2　制作天空和湖面图像

执行"文件>打开"命令，打开"天空.jpg"文件，将其拖曳至当前文件中并放置在画面上方 **2-1**。结合图层蒙版和画笔工具 隐藏局部色调后，单击"创建新的填充或调整图层"按钮，选择"色阶"命令，创建剪贴蒙版并在"属性"面板中设置参数，以调整画面的对比度 **2-2**。单击"创建新的填充或调整图层"按钮，选择"色彩平衡"命令，并在属性面板中设置各项参数，以调整画面的色调效果 **2-3**。执行"文件>打开"命令，打开"湖面.jpg"文件，将其拖曳至当前图像文件中，放置在画面下方并结合图层蒙版和画笔工具 隐藏局部色调效果 **2-4**。

2-1 添加天空素材。

2-2 隐藏部分图像色调并调整其对比度。

2-3 使用"色彩平衡"调整图层制作画面的暖调效果。

2-4 制作湖面图像效果。

STEP 3 完善湖面图像效果

执行"文件>打开"命令，打开"石头.png"文件，将其拖曳至当前文件中并调整其位置，结合图层蒙版和画笔工具 隐藏局部色调后复制该图像并调整其大小、位置和图层顺序 3-1。

执行"文件>打开"命令，打开"湖水.jpg"文件，将其拖曳至当前文件中并放置在画面左下方，然后结合图层蒙版和画笔工具 隐藏局部色调 3-2。单击"图层"面板中的"创建新的填充或调整图层"按钮 ，依次选择"色彩平衡"和"色阶"命令，创建剪贴蒙版并在属性面板中设置参数，使湖水与画面整体色调相统一 3-3。

3-1 结合图层蒙版和画笔工具为湖面添加石头素材。

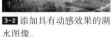

3-2 添加具有动感效果的湖水图像。

3-3 使用多个调整图层调整湖水的色调效果。

STEP 4 添加相框素材并调整画面色调

执行"文件>打开"命令，打开"相框.png"文件，将其拖曳至当前文件中并调整其位置，然后单击"图层"面板中的"添加图层样式"按钮 ，依次选择"投影"和"内阴影"命令，并在弹出的"图层样式"对话框中分别设置参数，完成后单击"确定"按钮，增强其立体效果 4-1。单击"创建新的填充或调整图层"按钮 ，选择"渐变填充"命令，并在弹出的对话框中设置参数，然后创建剪贴蒙版以加暗相框的色调 4-2。再次单击"创建新的填充或调整图层"按钮 ，依次选择"色阶"和"色彩平衡"命令，并在属性面板中分别设置参数，以调整画面的整体色调效果 4-3。

4-1 使用"色阶"调整图层增强画面的色调对比度。

4-2 加深相框色调。

4-3 使用多个调整图层使画面呈现冷色调效果。

STEP 5 制作具有动感的相框流水效果

执行"文件>打开"命令，打开"风景.jpg"文件，将其拖曳至当前文件中并调整其位置，然后使用多边形套索工具创建一个不规则选区后为该图层添加图层蒙版，隐藏选区外的图像色调 5-1。创建"渐变填充"调整图层，并调整其图层混合模式，以加深风景图像的色调 5-2。打开"瀑布.jpg"文件，将其拖曳至当前文件中并调整其方向和位置 5-3。然后结合图层蒙版和画笔工具隐藏局部色调形成相框流水效果。复制该图层并调整其不透明度 5-4。

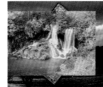

5-1 为相框添加风景素材。

5-2 加深风景色调。

5-3 添加瀑布素材。

5-4 结合图层蒙版和画笔工具制作出动感效果。

STEP 6 制作雾气蒙蒙的图像效果

新建图层并填充黑色后，应用"云彩"滤镜，并设置该图层的混合模式为"滤色" 6-1。然后结合图层蒙版和画笔工具隐藏局部色调效果，使画面呈现雾气蒙蒙的效果。最后使用横排文字工具在相框下侧输入文字并调整其方向 6-2。单击"创建新的填充或调整图层"按钮，多次选择"色彩平衡"命令，并在属性面板中分别设置其参数。然后依次选择其蒙版，并使用画笔工具在画面局部涂抹，以调整画面中间调和阴影区域的色调效果 6-3。按下快捷键Ctrl+Shift+Alt+E盖印可见图层得到"图层11"图层，并设置其图层混合模式为"柔光"，以增强画面的整体色调效果 6-4。

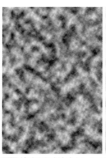

6-1 填充图层并应用"云彩"滤镜，结合图层混合模式制作出雾气效果。

6-2 隐藏部分雾气图像，使画面更加自然。

6-3 使用"曲线"调整图层增强画面色调效果。

6-4 调整图层混合模式，完善画面。

转换为进入另一个世界风格

STEP 1

填充背景颜色后，添加草地素材，多次复制该图像并结合图层蒙版和画笔工具制作完整的草地 **1-1**。继续添加黄昏和天空素材，并结合多个调整图层调整画面色调，形成完整的背景图像 **1-2**。

1-1 制作草地图像效果。

1-2 制作完整的暗色调背景图像。

STEP 2

添加相框和人物素材，并结合图层样式、调整图层、填充图层和图层混合模式调整画面的色调 **2-1**。然后结合云彩滤镜和图层混合模式等制作云雾效果，并结合调整图层、图层蒙版和图层混合模式增强画面的色调 **2-2**。

2-1 制作人物跳出相框的效果。

2-2 制作云雾图像并调整画面色调，增强视觉冲击力。

通过素材表现破碎宇宙合成效果

光盘路径：Chapter 05 \ Complete \ 71 \ 71 通过素材表现破碎宇宙合成效果.psd
视频路径：Video \ Chapter 05 \ 71 通过素材表现破碎宇宙合成效果.swf

❀ **设计构思**•••••••••
浩瀚的宇宙能够给人以无尽的遐想，通过多种元素的合成能够制作出不同色调、构图和感受的画面，从而给人们以不同的想象空间。本案例中通过合成多种元素，表现出破碎、神秘的宇宙空间。

❀ **设计要点**•••••••••

结合调整图层、填充图层和图层混合模式等，将各素材合成幽暗的蓝色调。并使用图层混合模式制作闪耀发光的星球，形成光芒效果。

STEP 1 使用调整图层制作幽暗的背景图像

执行"文件>新建"命令，设置各项参数后单击"确定"按钮 **1-1**。新建"背景"图层组，新建图层并填充为黑色后，应用"云彩"滤镜。执行"文件>打开"命令，打开"风景.jpg"文件，将其拖曳至当前文件中并调整其位置 **1-2**。结合钢笔工具、图层蒙版和画笔工具隐藏天空图像。然后复制该图层并调整其位置和蒙版效果，形成草地效果 **1-3**。单击"图层"面板中的"创建新的填充或调整图层"按钮，选择"色相/饱和度"以及"颜色填充"命令，并结合图层混合模式调整画面色调 **1-4**。

1-1 执行"文件>新建"命令，新建空白文档。

1-2 为图层填充颜色并添加素材。

1-3 结合图层蒙版和画笔工具制作草地。

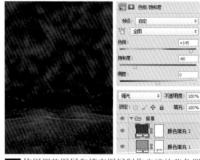

1-4 使用调整图层和填充图层制作幽暗的蓝色调背景图像。

STEP 2 制作蓝色调的雕塑图像

新建一个"雕塑"图层组，执行"文件>打开"命令，打开"雕塑.jpg"文件，将其拖曳至当前图像文件中并放置在画面下方。结合钢笔工具和图层蒙版抠取雕塑图像 **2-1**。按下快捷键Ctrl+J复制7次该图层，并分别调整各图像的大小、位置和图层顺序，形成错落有致的雕塑图像效果 **2-2**。按下快捷键Ctrl+Alt+E盖印"雕塑"图层组得到"雕塑（合并）"图层并隐藏该组。依次创建"色彩平衡"、"色阶"调整图层以及"颜色填充"图层，设置各项参数和图层混合模式并创建剪贴蒙版。然后选择部分图层的蒙版，使用较透明的画笔多次涂抹以恢复局部色调效果 **2-3**。

2-1 抠取雕塑图像。

2-2 制作错落有致的图像效果。

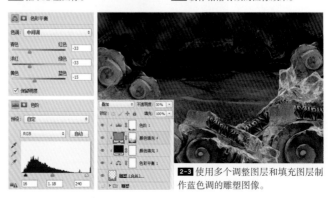

2-3 使用多个调整图层和填充图层制作蓝色调的雕塑图像。

STEP 3 制作发光的蓝色星球图像

新建一个"星球"图层组，结合椭圆工具◯和直接选择工具▷绘制一个不规则的黑色形状。然后为该形状添加"外发光"效果，并设置其"填充"为0%。结合图层蒙版和画笔工具✐隐藏局部色调，形成光晕图像 3-1。执行"文件>打开"命令，打开"星球.png"文件，将其拖曳至当前文件中并放置在画面上方，然后结合图层蒙版和画笔工具✐隐藏局部色调 3-2。再次打开"眩光.jpg"和"螺旋.jpg"文件，将其拖曳至当前图像文件中并放置在星球上方，创建剪贴蒙版并设置图层混合模式为"叠加"，以增强星球的光泽质感 3-3。

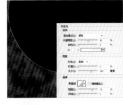 

3-1 为形状图层添加"外发光"图层样式，制作出光晕图像。

3-2 添加星球图像素材。

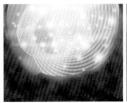 

3-3 结合图层混合模式，制作具有光泽效果的蓝色星球图像。

STEP 4 增强星球的星光质感

执行"文件>打开"命令，打开"光影.jpg"文件，将其拖曳至当前文件中，创建剪贴蒙版并调整其位置，设置其图层混合模式为"滤色"后，多次复制该图层并分别调整其位置 4-1。创建多个"颜色填充"图层并创建剪贴蒙版，使用画笔工具✐在"颜色填充6"图层的蒙版中涂抹以恢复局部色调后，设置"颜色填充5"图层的混合模式为"柔光" 4-2。依次添加"斑点.jpg"、"云朵.png"以及"云雾.png"文件至当前图像文件中，创建剪贴蒙版并调整其位置。然后多次复制部分图层图像，并结合图层蒙版、画笔工具✐和图层混合模式制作丰富的效果 4-3。

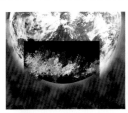 

4-1 使用图层混合模式制作斑驳的光影质感。

4-2 制作星球的亮部和暗部图像效果。

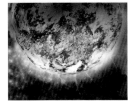 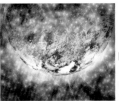

4-3 合成多个素材图像，制作星光质感，表现出宇宙的光影效果。

STEP 5 增强画面的光影效果

按下快捷键Ctrl+J复制"图层1"，将其置为顶层并设置其图层混合模式为"滤色"。然后结合图层蒙版和画笔工具☑隐藏局部色调，形成飘渺的云雾效果5-1。单击"创建新的填充或调整图层"按钮☑，多次选择"纯色"命令，并分别设置其颜色和图层混合模式。然后分别选择其蒙版，并使用画笔工具☑在画面中涂抹以恢复局部色调5-2。执行"文件>打开"命令，打开"光点.png"文件，将其拖曳至当前文件中并放置在画面上方，然后设置其图层混合模式为"滤色"，增强画面的光影效果5-3。

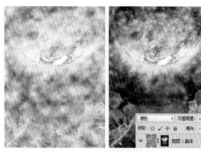

5-1 调整图层混合模式，制作云雾效果。

  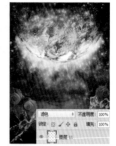

5-2 结合"颜色填充"图层和图层混合模式调整画面色调。

5-3 增强光影效果。

STEP 6 添加人物素材

执行"文件>打开"命令，打开"人物.jpg"文件，将其拖曳至当前文件中并调整其位置和图层顺序。然后结合钢笔工具☑和图层蒙版抠取人物图像6-1。在"图层"面板中单击"添加图层样式"按钮☑，选择"光泽"命令，并设置其参数，以调整人物的色调效果6-2。按住Ctrl键的同时单击人物图层的蒙版缩览图将其载入选区，然后单击"创建新的填充或调整图层"按钮☑，选择"纯色"命令并设置颜色为黑色。相应地调整其图层混合模式后，选择其蒙版并在"属性"面板中设置"羽化"为15像素，形成人物的投影效果6-3。

6-1 抠取人物图像，增添画面动感。

 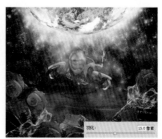

6-2 使用"光泽"图层样式使人物色调与画面相统一。

6-3 制作人物的投影效果。

作品风格转换

转换为魔幻星际风格

STEP 1

填充背景颜色后，运用"云彩"滤镜制作云彩效果。添加风景素材，复制图像并结合图层蒙版和画笔工具合成草地图像 **1-1**。使用多个填充和调整图层制作暖色调后，继续添加建筑素材，对其进行合成并调整其色调效果 **1-2**。

1-1 制作草地图像。

1-2 制作完成的暖色调背景图像。

STEP 2

添加星球等素材，并使用多个填充和调整图层制作出具有发光效果的星球图像 **2-1**。结合填充图层和图层混合模式调整画面色调后添加飞机素材，并为其制作投影效果 **2-2**。

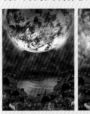 

2-1 制作发光的星球图像。

2-2 调整画面色调并添加飞机元素。

拼贴素材表现趣味设计

光盘路径： Chapter 05 \ Complete \ 72 \ 72 拼贴素材表现趣味设计.psd

视频路径： Video \ Chapter 05 \ 72 拼贴素材表现趣味设计.swf

🎨 **设计构思** ·············

在表现趣味设计时，可以对画面中的部分元素进行放大，形成视觉中心点。本案例中通过对苹果进行放大，并拼贴多种元素，然后苹果的红色与背景的绿色形成色彩对比，制作出趣味十足的画面效果。

🎨 **设计要点** ·············

在制作背景时，结合图层蒙版、画笔工具和调整图层等合成色调鲜明的草地图像。使用红色的苹果与草地形成对比，增强画面的趣味性。

STEP 1 使用调整图层制作清新的背景图像

执行"文件>新建"命令，设置各项参数后单击"确定"按钮 **1-1**。新建"组1"，执行"文件>打开"命令，打开"森林.png"文件，将其拖曳至当前文件中并放置在画面上方 **1-2**。单击"图层"面板下方的"创建新的填充或调整图层"按钮 **◐.**，选择"纯色"命令，并设置填充颜色为草绿色（R156、G174、B112），然后设置其图层混合模式。再次创建"色相/饱和度"调整图层并设置各项参数，以调整图像色调 **1-3**。添加"草地.png"文件至当前文件中并放置在画面下方 **1-4**。

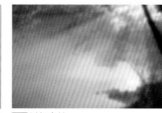

1-1 执行"文件>新建"命令，新建空白文档。

1-2 添加素材。

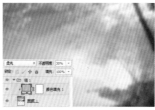

1-3 结合填充图层、调整图层和图层混合模式制作清新自然的图像色调。

1-4 添加草地素材。

STEP 2 制作苹果的光泽效果

执行"文件>打开"命令，打开"草丛1.png"和"草丛2.png"文件，分别将其拖曳至当前文件中并调整其位置 **2-1**。多次复制"草丛1"图像并调整其大小、位置和图层顺序，结合图层蒙版和画笔工具隐藏"图层3副本"中局部图像，并运用"高斯模糊"滤镜将"图层3副本2"进行模糊处理 **2-2**。在"图层3"下方新建一个"苹果"图层组，打开"苹果.png"文件，将其拖曳至当前文件中并调整其位置，结合图层蒙版和画笔工具 **✐** 隐藏局部色调效果。新建多个图层，使用不同颜色的画笔多次绘制图像，调整其图层混合模式并创建剪贴蒙版，制作出苹果的明暗效果 **2-3**。使用调整图层和填充图层调整苹果的色调并制作出投影 **2-4**。

2-1 添加多个草丛图像。

2-2 将草丛与草地图像相融合。

2-3 添加苹果图像素材。结合画笔工具和图层混合模式调整苹果的明暗色调效果。

2-4 使用多个调整图层和填充图层增强苹果的色调对比度并结合图层混合模式制作出投影效果。

STEP 3 调整画面色调并添加人物图像

单击"创建新的填充或调整图层"按钮 ，选择"亮度/对比度"命令，并在属性面板中设置其参数，以提亮画面色调。使用相同的方法依次创建"自然饱和度1"调整图层和"渐变填充1"图层。然后选择"渐变填充1"图层的蒙版，使用画笔工具 在画面中多次涂抹以恢复局部色调 3-1。执行"文件>打开"命令，打开"人物.png"文件，将其拖曳至当前文件中并放置在苹果上方。单击"创建新的填充或调整图层"按钮 ，选择"纯色"命令，设置填充颜色为白色，创建剪贴蒙版并设置图层混合模式后，选择蒙版，使用较透明的画笔在人物皮肤处涂抹，以恢复局部色调 3-2。

3-1 使用多个调整图层和填充图层调整画面色调。

3-2 增强人物与苹果的对比，形成趣味效果，并提亮人物的皮肤色调。

STEP 4 拼贴更多素材，表现画面趣味感

分别添加"翅膀1.png"和"翅膀2.png"文件至当前文件中，并调整其位置和图层顺序，然后设置"图层11"的混合模式为"颜色减淡"，形成晶莹的翅膀图像 4-1。创建多个"颜色填充"图层并创建剪贴蒙版，使用画笔工具 在"颜色填充6"图层的蒙版中涂抹以恢复局部色调后，设置"颜色填充5"图层的混合模式为"柔光"。执行"文件>打开"命令，打开"音符.png"和"蝴蝶.png"文件，拖曳至当前文件中并调整其位置和图层顺序，设置"图层12"的混合模式为"滤色"，形成通透的音符图像 4-2。

4-1 为人物制作出晶莹的翅膀图像效果。

4-2 拼贴更多素材图像，丰富画面效果，增强趣味感。

STEP 5　添加素材，丰富画面效果

执行"文件>打开"命令，打开"树叶.png"文件，拖曳至当前文件中并放置在画面上方。打开"枫叶1.png"文件，将其拖曳至当前文件中并放置在画面右上角，然后设置其图层混合模式为"变亮" **5-1**。再次执行"文件>打开"命令，打开"枫叶2.png"文件，将其拖曳至当前文件中并放置在画面上方，形成丰富的树叶图像。在"图层"面板中单击"创建新的填充或调整图层"按钮，选择"色阶"命令，并在属性面板中设置其参数，以增强画面的色调对比度 **5-2**。

5-1 添加树叶图像，制作朦胧的枫叶图像。

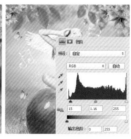

5-2 丰富树叶图像，并增强画面的色调对比。

STEP 6　调整画面色调并制作光影效果

单击"创建新的填充或调整图层"按钮，依次选择"渐变映射"和"照片滤镜"命令，并在属性面板中分别设置其参数 **6-1**。分别设置各调整图层的混合模式并依次选择其蒙版，使用较透明的画笔在画面中多次涂抹，以恢复局部色调效果 **6-2**。新建图层并为其填充黑色。执行"滤镜 > 渲染 > 镜头光晕"命令，在弹出的对话框中设置参数，完成后单击"确定"按钮，以应用该滤镜效果。然后设置该图层的图层混合模式为"滤色"、"不透明度"为50%，为画面增添光影效果 **6-3**。

6-1 添加"渐变映射"和"照片滤镜"调整图层。

6-2 结合图层蒙版、画笔工具和图层混合模式调整画面色调。

6-3 使用"镜头光晕"滤镜制作出画面的光影效果。

转换为小清新风格

STEP 1

依次添加森林、草地和草丛素材，并结合调整图层、图层蒙版和画笔工具等进行合成 **1-1**。添加橘子素材，结合调整图层和填充图层增强其质感，再使用多个调整图层调整画面的整体色调 **1-2**。

1-1 制作清新的背景图像。

1-2 制作橘子的光泽质感并调整画面色调。

STEP 2

添加人物、翅膀、蝴蝶和音符素材，并结合填充图层和图层混合模式提亮人物肤色。使用图层混合模式制作晶莹的翅膀和音符图像 **2-1**。制作树叶图像，并使用多个调整图层调整画面的色调 **2-2**。

2-1 添加主体人物和趣味元素。

2-2 制作树叶图像并调整画面的色调效果。

通过合成表现空中悬浮效果

光盘路径：Chapter 05 \ Complete \ 73 \ 73 通过合成表现空中悬浮效果.psd

视频路径：Video \ Chapter 05 \ 73 通过合成表现空中悬浮效果.swf

🕮 设计构思

在表现空中悬浮效果时，对画面主体和背景图像的质感和形态进行区别，以强化这一效果。本案例通过背景图像的柔美和悬浮物的刚硬进行对比，使用低饱和度色调体现出飘渺而独特的效果。

🕮 设计要点

结合图层混合模式、图层蒙版和画笔工具等合成色调统一的效果。然后使用纹理明显的材质合成主体物，使其与背景形成鲜明对比。

STEP 1　制作云雾飘渺的背景图像

执行"文件>新建"命令，设置各项参数后单击"确定"按钮 **1-1**。新建图层并填充牛皮色（R215、G169、B119）。新建"背景"图层组，然后打开"云朵.png"文件，将其拖曳至当前文件中并放置在画面下方，结合图层蒙版和画笔工具 🖌 隐藏局部色调 **1-2**。按住Ctrl键单击"图层2"的蒙版缩览图将其载入选区，创建"纯色"填充图层，并设置其图层混合模式。为"背景"图层组添加图层蒙版，并使用较透明的画笔涂抹以隐藏局部色调效果 **1-3**。按下快捷键Ctrl+Alt+E盖印"背景"图层组得到新图层，多次复制该图层并分别调整其位置、蒙版效果和图层混合模式，形成云雾飘渺的效果 **1-4**。

1-1 执行"文件>新建"命令，新建空白文档。

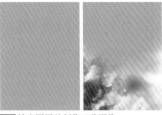

1-2 填充图层并制作云朵图像。

1-3 结合填充图层、图层混合模式和图层蒙版调整云朵图像的色调。

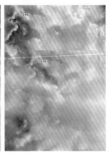

1-4 盖印图层组并多次复制，相应地调整其蒙版和图层混合模式，使画面呈现出云雾效果。

STEP 2　使用图层混合模式制作海浪图像

执行"文件>打开"命令，打开"海浪.png"文件，将其拖曳至当前文件中并放置在画面下方，设置图层混合模式为"明度"，并结合图层蒙版和画笔工具 🖌 隐藏局部色调效果 **2-1**。多次复制该图像并分别调整大小、位置、图层顺序以及蒙版效果 **2-2**。打开"浪花.png"文件，将其拖曳至当前文件并放置在画面下方，使用相同的方法对其进行调整 **2-3**。创建一个"渐变填充"图层，并设置其图层混合模式为"颜色"，使海浪图像与画面色调相统一 **2-4**。

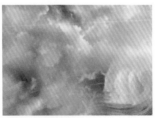

2-1 制作海浪图像。

2-2 复制并调整海浪图像。

2-3 制作浪花图像。

2-4 调整海浪图像的色调效果。

STEP 3 使用调整图层调整画面色调

执行"文件>打开"命令，打开"海面.jpg"文件，将其拖曳至当前文件中并调整其位置和图层顺序，然后设置其图层混合模式为"柔光"。复制该图层并结合图层蒙版和画笔工具 分别隐藏局部色调效果 **3-1**。再次执行"文件>打开"命令，打开"材质.jpg"文件，将其拖曳至当前文件中，调整其位置并设置其混合模式为"色相"，然后结合图层蒙版和画笔工具 隐藏局部色调，使画面色调融合 **3-2**。单击"创建新的填充或调整图层"按钮 ，选择多个调整图层，并分别设置其参数。创建一个"渐变填充"图层并设置其图层混合模式为"柔光"，以调整画面的色调效果 **3-3**。

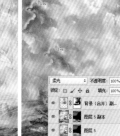

3-1 添加素材，调整画面效果。

3-2 为画面添加冷色调。

3-3 使用多个调整图层和填充图层调整画面色调效果。

STEP 4 制作悬浮在空中的土地图像

新建"组1"，并将"背景（合并）副本 3"图层拖动至该组中。执行"文件>打开"命令，打开"土地1.png"文件，将其拖曳至当前文件中并调整其位置和图层顺序，然后结合图层蒙版和画笔工具 隐藏局部色调。复制该图层得到"图层7副本"，将其下移一层并调整其不透明度，然后运用"高斯模糊"滤镜对其进行模糊处理 **4-1**。单击"创建新的填充或调整图层"按钮 ，为"图层7"创建一个"色相/饱和度"调整图层，在属性面板中设置其参数并创建剪贴蒙版，使土地图像与画面整体色调相协调 **4-2**。

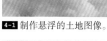

4-1 制作悬浮的土地图像。

4-2 使用"色相/饱和度"调整图层，统一画面色调。

STEP 5 添加素材，丰富画面效果

执行"文件 > 打开"命令，打开"裂纹1.png"文件，将其拖曳至当前文件中并调整其位置。然后设置其图层混合模式为"颜色加深"、"不透明度"为69%后，结合图层蒙版和画笔工具 🖌 隐藏局部色调，形成纹理效果 **5-1**。添加"房屋.png"文件至当前文件并调整其位置，然后单击"创建新的填充或调整图层"按钮 ◐，选择"色阶"命令，在属性面板中设置其参数并创建剪贴蒙版，以增强其对比度 **5-2**。执行"文件>打开"命令，打开"瀑布.png"文件，拖曳至当前文件中并调整其位置 **5-3**。设置前景色为浅灰蓝色（R135、G166、B179），使用较透明的画笔在瀑布上多次涂抹以绘制图像，并设置图层混合模式为"叠加"，调整瀑布的色调效果 **5-4**。

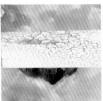

5-1 制作土地的斑驳纹理效果。

5-2 为土地添加树木和建筑图像。

5-3 添加瀑布图像。　　**5-4** 使用图层混合模式调整瀑布的色调。

STEP 6 制作具有纹理的大象图像

添加"大象.png"文件至当前文件中并调整其位置。添加"裂纹2.png"文件至当前文件中并放置在大象上方，设置其图层混合模式为"叠加"并创建剪贴蒙版，为大象添加纹理效果 **6-1**。创建一个黑绿色（R28、G36、B22）的"颜色填充"图层，调整其混合模式后创建剪贴蒙版，以调整大象的色调效果。在大象图层下方新建图层，并使用较透明的画笔涂抹黑色，然后设置其混合模式为"叠加"，形成投影效果 **6-2**。

6-1 使用图层混合模式为大象图像添加质感纹理。

6-2 调整大象的色调，制作投影效果。

STEP 7 使用调整图层调整画面色调

执行"文件>打开"命令，打开"素材.png"文件，将其拖曳至当前文件中并调整其位置，然后结合图层蒙版和画笔工具 ☑ 隐藏局部色调 **7-1**。单击"创建新的填充或调整图层"按钮 ◎，选择"色阶"命令，并在属性面板中设置其参数，以增强画面的色调对比度 **7-2**。单击"创建新的填充或调整图层"按钮 ◎，依次选择"照片滤镜"和"曲线"命令，并在属性面板中分别设置其参数。然后使用较透明的画笔在"照片滤镜2"调整图层的蒙版中涂抹，以恢复局部色调 **7-3**。

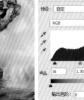

7-1 添加素材图像。

7-2 增强画面色调对比度。

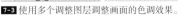

7-3 使用多个调整图层调整画面的色调效果。

STEP 8 添加素材，丰富画面效果

执行"文件>打开"命令，打开"气球.png"和"树叶.png"文件，分别将其拖曳至当前文件中并分别调整其位置 **8-1**。单击"创建新的填充或调整图层"按钮 ◎，选择"纯色"命令并设置颜色为黑色。设置其图层混合模式为"柔光"后选择其蒙版，使用画笔工具 ☑ 在画面中心位置多次涂抹，以加暗画面四角的颜色。使用矩形工具 ▣ 在画面下方绘制一个矩形形状后，单击横排文字工具 Ⅰ，并在"字符"面板中依次设置文字参数，在画面下方多次输入文字，以完善画面效果 **8-2**。

8-1 添加小元素丰富画面效果。

8-2 加暗画面四角颜色，并添加文字效果。

转换为温馨梦幻风格

STEP 1

添加云朵素材，并结合填充图层、图层蒙版和画笔工具合成云朵效果 **1-1**。盖印部分图层组并进行调整，制作出云雾图像。添加多个素材，结合图层混合模式和填充图层等制作背景图像 **1-2**。

1-1 合成云朵图像。

1-2 制作具有层次感的背景图像。

STEP 2

添加土地、树木、风车等素材，结合图层蒙版、画笔工具和"高斯模糊"滤镜等制作出悬浮的土地图像 **2-1**。添加更多小元素，丰富画面效果，并使用多个调整图层调整画面的整体色调 **2-2**。

2-1 制作悬浮的土地图像。

2-2 结合调整图层制作具有光感的画面效果。

通过合成表现人物雕像效果

光盘路径： Chapter 05 \ Complete \ 74 \ 74 通过合成表现人物雕像效果.psd
视频路径： Video \ Chapter 05 \ 74 通过合成表现人物雕像效果.swf

◎ 设计构思 ·············

制作人物雕像效果时需要对人物皮肤的纹理和颜色进行调整，使其呈现出较为逼真的纹理质感。然后通过添加泥浆素材，增强画面的视觉冲击力，从而合成完整的人物雕像效果。

◎ 设计要点 ·············

在制作人物皮肤质感时，通过使用纹理较为突出和显著的素材，结合图层混合模式和调整图层使其与人物色调融合，形成逼真的雕像效果。

STEP 1 制作富有纹理的背景图像

执行"文件>新建"命令，设置各项参数后单击"确定"按钮 **1-1**。单击渐变工具 ，填充"图层1"，然后为该图层添加图层蒙版，并使用较透明的画笔在画面四角涂抹，以隐藏局部色调 **1-2**。单击"图层"面板中的"创建新的填充或调整图层"按钮 ，选择"自然饱和度"命令，并在属性面板中设置参数，以调整画面的色调效果 **1-3**。执行"文件>打开"命令，打开"水彩.jpg"文件，将其拖曳至当前文件中，调整其位置并设置其图层混合模式为"颜色加深"。同样打开"裂纹.jpg"文件，将其拖曳至当前文件中，调整其位置并设置混合模式为"滤色"、"不透明度"为50%，形成具有裂纹效果的背景图像 **1-4**。

1-1 执行"文件>新建"命令，新建空白文档。

1-2 使用渐变工具填充图层颜色，并结合图层蒙版和画笔工具隐藏局部色调效果。

1-3 使用调整图层调整画面的自然饱和度。

1-4 添加多个素材，并运用图层混合模式制作纹理质感背景。

STEP 2 使用图层混合模式制作人物雕塑效果

执行"文件>打开"命令，打开"人物.png"文件，将其拖曳至当前文件并调整其位置 **2-1**。添加"浮雕.jpg"图像文件至当前文件，调整其位置并创建剪贴蒙版，然后设置其图层混合模式为"色相"，使其与人物色调相融合 **2-2**。继续打开并添加"龟裂.jpg"和"裂纹.jpg"文件至当前文件中，相应调整其图层混合模式并创建剪贴蒙版，然后结合图层蒙版和画笔工具 隐藏局部色调 **2-3**。创建一个"色相/饱和度"调整图层并创建剪贴蒙版，以降低人物图像的饱和度 **2-4**。

2-1 添加人物图像。

2-2 将浮雕与人物图像色调相融合。

2-3 制作人物雕塑效果。

2-4 降低人物图像的饱和度。

STEP 3 制作火焰和喷溅图像

新建一个"火焰"图层组，执行"文件>打开"命令，打开"火焰.jpg"文件，将其拖曳至当前文件中，设置其图层混合模式为"滤色"后多次复制该图层并分别调整其位置。为该组添加图层蒙版，并使用画笔工具在画面中多次涂抹以隐藏局部色调 **3-1**。新建一个"火焰"图层组，执行"文件>打开"命令，打开"泥土1.png"、"泥土2.png"和"泥土3.png"文件，分别将其拖曳至当前文件中并分别调整其位置。然后结合图层蒙版和画笔工具隐藏部分图像，多次复制各图像并调整其大小、位置和蒙版效果，形成喷溅的图像效果 **3-2**。

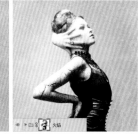

3-1 使用图层混合模式制作色调融合的火焰效果，结合图层蒙版和画笔工具隐藏局部图像。

3-2 结合图层蒙版和画笔工具制作喷溅的图像。

STEP 4 使用调整图层调整画面色调

按下快捷键Ctrl+Alt+E盖印该组得到"喷溅（合并）"图层，单击"创建新的填充或调整图层"按钮，选择"色彩平衡"命令，在属性面板中设置参数并创建剪贴蒙版，以调整喷溅图像的色调效果。使用相同的方法依次创建"色阶1"、"照片滤镜1"、"自然饱和度2"和"色彩平衡2"调整图层，分别设置其参数，以调整整体画面的色调效果 **4-1**。依次选择"色阶1"和"色彩平衡2"调整图层的蒙版，使用较透明的画笔在画面中涂抹，以恢复局部色调效果 **4-2**。

4-1 使用"色彩平衡"调整图层调整喷溅图像的色调，并使用多个调整图层调整画面色调。

4-2 用画笔工具在部分调整图层的蒙版中涂抹，以恢复画面中较暗区域的色调。

作品风格转换

转换为人物随风飞溅风格

STEP 1

填充背景颜色并运用调整图层调整图像色调后依次添加水彩和裂纹素材，并运用图层混合模式合成质感背景 **1-1**。添加人物素材并将其抠取，然后添加多个纹理素材并结合图层混合模式、图层蒙版、画笔工具和剪贴蒙版为人物添加纹理效果，最后使用调整图层调整画面色调 **1-2**。

1-1 制作具有纹理质感的背景图像。

1-2 制作出色调融合的人物图像。

STEP 2

添加火焰素材，多次复制各图像并结合图层混合模式、图层蒙版和画笔工具制作出火焰图像。使用相同的方法制作喷溅图像，并使用"色彩平衡"调整图层调整喷溅图像的色调 **2-1**。最后结合多个调整图层、填充图层、图层蒙版、画笔工具和图层混合模式调整画面的色调效果 **2-2**。

2-1 制作火焰图像。

2-2 制作喷溅图像并调整图像色调。

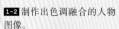

通过合成表现变形金刚效果

光盘路径：Chapter 05 \ Complete \ 75 \ 75 通过合成表现变形金刚效果.psd
视频路径：Video \ Chapter 05 \ 75 通过合成表现变形金刚效果.swf

✎ 设计构思 ············

变形金刚的造型和颜色多种多样，能够给人以多变的形态和互动感。本案例中，通过对多种汽车零件进行合成，形成变形金刚的各个部位，搭配色调统一的背景图像，形成完整的画面效果。

✎ 设计要点 ············

在制作身体图像时，主要结合图层蒙版和画笔工具进行合成。制作腿部图像时，通过多次使用"自由变换"命令对其进行变形。

STEP 1 合成简易的身体图像

执行"文件>新建"命令，设置各项参数后单击"确定"按钮 **1-1**。新建一个"身体"图层组，执行"文件>打开"命令，打开"车身.png"文件，将其拖曳至当前文件中并放置在画面右上侧，结合图层蒙版和画笔工具 ☑ 隐藏局部图像色调效果 **1-2**。按下快捷键Ctrl+J复制"图层1"得到"图层1副本"并运用"自由变换"命令进行水平翻转，然后选择其蒙版，并使用画笔工具 ☑ 继续涂抹，合成完整的肩膀图像 **1-3**。按下快捷键Ctrl+J多次复制"图层1"并分别调整图像大小、位置、图层顺序和蒙版效果，形成简易的身体图像 **1-4**。

1-1 执行"文件>新建"命令，新建空白文档。

1-2 制作左侧肩膀图像。

1-3 复制图层并进行水平翻转制作完整的肩部图像。

1-4 多次复制图层并分别调整各图层效果，合成简易的身体图像。

STEP 2 完善变形金刚的身体图像

执行"文件>打开"命令，打开"车头1.png"、"车头2.png"和"器皿.png"文件，分别将其拖曳至当前文件中并调整其位置和图层顺序，结合图层蒙版和画笔工具 ☑ 分别隐藏局部色调效果 **2-1**。复制"车头1"和"器皿"图像并调整其位置，以完善身体图像 **2-2**。添加"飞行器1.png"文件至当前文件并调整其位置和图层顺序，形成金刚的头部图像 **2-3**。单击"创建新的填充或调整图层"按钮 ☑，选择"纯色"命令，设置颜色为黑色后，使用画笔工具 ☑ 在其蒙版中涂抹，制作出阴影图像 **2-4**。

2-1 合成部分图像。

2-2 合成完整的零件图像。

2-3 制作头部图像。

2-4 制作身体的阴影图像效果。

STEP 3 合成变形金刚左侧的胳膊图像

在"身体"图层组下方新建一个"胳膊"图层组，添加"飞机.png"文件至当前文件中并调整其位置，然后结合图层蒙版和画笔工具 隐藏局部色调效果。按下快捷键Ctrl+J复制该图层并调整其位置、图层顺序和蒙版效果，合成左侧的胳膊图像 3-1。执行"文件>打开"命令，打开"钢管.png"文件，将其拖曳至当前文件中，并调整其位置和图层顺序，形成手臂的连接点 3-2。在"图层7"下方创建一个黑色的"颜色填充"图层，结合多边形套索工具 和画笔工具 制作出暗部图像 3-3。

3-1 使用飞机素材合成变形金刚左侧的胳膊图像。

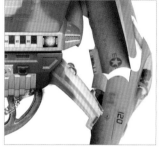

3-2 制作胳膊的连接点。　　3-3 制作胳膊的暗部图像。

STEP 4 制作变形金刚右侧的胳膊图像

按下快捷键Ctrl+J复制"胳膊"图层组，得到"胳膊副本"图层，按下快捷键Ctrl+T对其进行水平翻转并调整其位置 4-1。完成后按下Enter键确定变换。复制该组中的飞机图像，并分别调整其位置和蒙版效果，合成右侧的胳膊图像 4-2。打开"零件.png"文件，将其拖曳至当前文件中，复制该图层并调整其位置 4-3。打开"器材.png"文件，将其拖曳至当前文件中，复制该图层并调整其位置和图层顺序。然后结合图层蒙版和画笔工具 隐藏局部色调，形成变形金刚的手部图像 4-4。

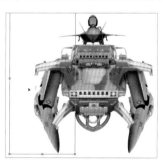

4-1 执行水平翻转操作。　　4-2 合成右侧胳膊图像。

4-3 制作手臂的横截面。　　4-4 合成手部图像。

STEP 5 制作变形金刚的腿部图像

在"胳膊"图层组下方新建一个"腿部"图层组，执行"文件>打开"命令，打开"车身.png"文件，将其拖曳至当前文件中并调整其位置。结合钢笔工具 ✎ 和图层蒙版抠取部分图像，然后复制该图层并调整其位置和蒙版效果，合成腿部图像 5-1。选择这两个图层，按下快捷键Ctrl+Alt+E盖印图层得到"图层10副本（合并）"，按下快捷键Ctrl+T，对该图像进行变形处理，完成后按下Enter键确定变换 5-2。

5-1 合成腿部的基本图像。

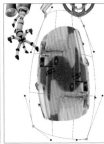

5-2 使用"自由变换"命令对图像进行变形处理。

STEP 6 完善变形金刚的腿部图像

按下快捷键Ctrl+J复制5次"图层10副本（合并）"图层，并分别调整其位置后运用"自由变换"命令对其进行变形。添加"不锈钢.png"文件至当前文件中，复制该图像并调整其位置和图层顺序，形成腿部的连接处 6-1。添加"汽车.png"文件至当前文件中并调整其位置。单击"创建新的填充或调整图层"按钮 ⊙，选择"色相/饱和度"命令，创建剪贴蒙版并在"属性"面板中设置其参数，使其与腿部图像的色调相统一。然后复制该图层及其调整图层并调整图像大小和位置，形成变形金刚的脚部图像。创建多个"颜色填充"图层，并结合图层混合模式和画笔工具隐藏局部色调，以调整腿部的色调 6-2。

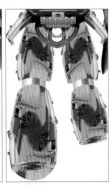

6-1 制作多个腿部图像，并制作腿部的连接部分图像效果。

6-2 制作变形金刚的脚部图像，并调整变形金刚脚部的色调，形成明暗效果。

STEP 7 调整变形金刚的色调并制作背景图像

单击"创建新的填充或调整图层"按钮 ，选择"纯色"命令，并设置填充颜色为草绿色（R131、G167、B98），然后设置图层混合模式为"叠加"。为其蒙版填充黑色后使用白色的画笔在变形金刚的头部、胳膊和脚部进行涂抹，使其呈现绿色调 7-1 。在"背景"图层上方新建"背景"图层组，然后单击"图层"面板下方的"创建新的填充或调整图层"按钮 ，选择"渐变填充"命令，并在弹出的对话框中设置各项参数，单击"确定"按钮，形成背景图像的基本色调 7-2 。

7-1 使用"颜色填充"图层和图层混合模式调整变形金刚的局部色调，使其整体呈现绿色调。

7-2 使用"渐变填充"调整图层制作背景图像的基本色调。

STEP 8 完善背景图像效果

执行"文件>打开"命令，打开"道路.jpg"文件，将其拖曳至当前文件中并调整其位置，然后多次复制该图层并调整其大小和位置后，结合图层蒙版和画笔工具 隐藏局部色调，合成道路图像 8-1 。单击"创建新的填充或调整图层"按钮 ，选择"纯色"命令并设置颜色为黑色。选择其蒙版，并使用画笔工具 在画面中多次涂抹，制作出投影效果。继续结合"颜色填充"图层、画笔工具 和"照片滤镜"调整图层，完善背景图像效果 8-2 。

8-1 合成道路图像。

8-2 制作投影，并合成自然的背景图像效果。

作品风格转换

转换为稳重的变形金刚风格

添加车身、车头和器皿素材，并结合图层蒙版和画笔工具合成变形金刚的身体图像，结合填充图层制作阴影 **1-1**。添加飞机、钢管、器材等素材，使用相同的方法制作变形金刚的胳膊图像 **1-2**。

添加车身、铁架、车头素材，结合图层蒙版、画笔工具等合成变形金刚的腿部和脚部图像，并使用填充图层和调整图层调整其色调 **2-1**。使用纹理素材为其添加质感，并合成自然的背景图像 **2-2**。

1-1 合成变形金刚的身体图像。

1-2 合成变形金刚的胳膊图像。

2-1 合成腿部和脚部图像并调整色调。

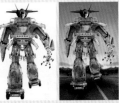

2-2 添加质感效果，并合成自然背景图像。

合成动物图像表现艺术招贴设计

光盘路径： Chapter 05 \ Complete \ 76 \ 76 合成动物图像表现艺术招贴设计.psd

视频路径： Video \ Chapter 05 \ 76 合成动物图像表现艺术招贴设计.swf

❀ 设计构思••••••••••••••

制作招贴设计可以通过突出的画面构成使其更加醒目，增强视觉效果。本案例中，通过合成棉质和毛绒图像，使绵羊呈现一定的趣味性和生动感，搭配自然清新的背景效果，突出画面的视觉效果。

❀ 设计要点••••••••••••••

在制作棉质图像时，结合图层混合模式和调整图层使其与绵羊图像色调融合。结合图层蒙版和画笔工具合成毛绒图像，突出其质感效果。

使用调整图层调整绵羊图像的色调

执行"文件>新建"命令，设置，各项参数和"名称"后单击"确定"按钮 1-1 。新建一个"绵羊"图层组，添加"绵羊.png"文件至当前文件中并调整其位置，然后结合图层蒙版和画笔工具 对其进行细微的调整 1-2 。单击"图层"面板中的"创建新的填充或调整图层"按钮 ，依次选择"曲线"和"色阶"命令，在属性面板中分别设置其参数并创建剪贴蒙版，以调整绵羊图像的色调 1-3 。添加"材质.jpg"文件至当前文件中并调整其图层位置，设置其图层混合模式为"叠加"后结合多边形套索工具 、图层蒙版和画笔工具 隐藏局部色调。然后使用"色相/饱和度"调整图层降低其饱和度 1-4 。

1-1 执行"文件>新建"命令，新建空白文档。

1-2 添加主体图像。

1-3 使用多个调整图层增强绵羊图像的色调对比度。

1-4 添加纹理素材并降低其饱和度。

为绵羊制作棉质图像

新建一个"棉质"图层组，添加"花纹.jpg"文件至当前文件中，适当调整其位置并设置图层混合模式为"线性加深"。然后结合多边形套索工具 、图层蒙版和画笔工具 隐藏局部色调 2-1 。单击"创建新的填充或调整图层"按钮 ，选择"可选颜色"命令，在属性面板中设置其参数并创建剪贴蒙版 2-2 。创建一个"颜色填充"图层，并设置其图层混合模式为"深色"，使用黑色的画笔在其蒙版中涂抹，形成暗部图像 2-3 。

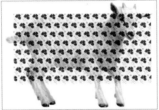

2-1 结合图层混合模式和图层蒙版等制作棉质纹理效果。

2-2 调整图像的色调。

2-3 制作棉质纹理的暗部图像效果。

STEP 3 完善棉质纹理图像

单击钢笔工具，并在属性栏中设置参数，在绵羊左侧绘制一个不规则的形状。然后设置其图层混合模式为"强光"，并结合图层蒙版和画笔工具隐藏局部色调，形成叠加的棉质纹理效果3-1。单击"创建新的填充或调整图层"按钮，创建多个"颜色填充"图层，并相应地设置其颜色，分别调整其蒙版效果和图层混合模式，进一步完善棉质纹理的效果3-2。执行"文件>打开"命令，打开"纽扣.png"文件，将其拖曳至当前图像文件中并调整其位置，然后使用"色彩平衡"调整图层调整其色调3-3。

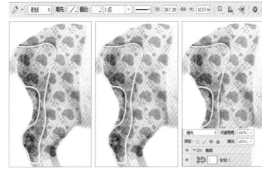

3-1 结合钢笔工具、图层蒙版、画笔工具和图层混合模式制作叠加的棉质纹理。

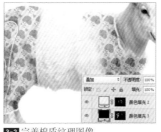

3-2 完善棉质纹理图像。

3-3 添加纽扣素材并调整色调。

STEP 4 合成毛绒质感图像

新建一个"毛绒"图层组，再在其中新建"组1"，添加"玩具.png"文件至当前文件中并调整其位置。结合图层蒙版和画笔工具隐藏部分图像的色调4-1。然后按下快捷键Ctrl+J复制12次该图层，并分别调整各图像的大小、位置和图层顺序，依次选择其蒙版并使用黑色画笔进行涂抹，合成毛绒质感图像4-2。按下快捷键Ctrl+Alt+E盖印"组1"得到"组1（合并）"并隐藏该组，然后复制该图层并调整其图像位置和图层顺序后，结合图层蒙版和画笔工具合成完整的毛绒图像4-3。

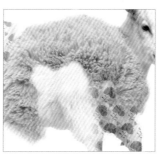

4-1 添加玩具素材。

4-2 合成毛绒质感图像。

4-3 合并图层组并复制图层，得到完整的毛绒图像。

STEP 5 结合调整图层和填充图层完善毛绒图像色调

按住Ctrl键的同时，选择"组1（合并）"和"组1（合并）副本"图层，按下快捷键Ctrl+Alt+E盖印图层得到"组1（合并）（合并）"图层。单击"创建新的填充或调整图层"按钮 ◉.，选择"色彩平衡"命令，在属性面板中设置其参数并创建剪贴蒙版，以调整毛绒图像的色调效果 5-1。继续单击"创建新的填充或调整图层"按钮 ◉.，选择"纯色"命令，设置填充颜色为浅玫红色（R255、G77、B94），设置其图层混合模式为"柔光"并使用黑色画笔在其蒙版中涂抹，制作出红色的斑点图像 5-2。使用相同的方法，创建多个填充图层，调整毛绒图像的暗部和亮部色调效果 5-3。

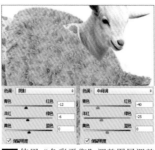

5-1 使用"色彩平衡"调整图层调整毛绒图像的色调。

5-2 制作红色的斑点图像效果。

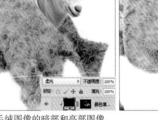

5-3 制作毛绒图像的暗部和亮部图像。

STEP 6 合成毛绒质感的帽子和护腕图像

按下快捷键 Ctrl+Alt+E 盖印"毛绒"图层组得到"毛绒（合并）"图层，调整图像大小和位置后，结合图层蒙版和画笔工具 ✐ 隐藏局部色调，形成毛绒质感的帽子图像 6-1。新建多个图层，替换不同的前景色，使用较透明的画笔在帽子上多次涂抹以绘制图像，相应地调整各图层的混合模式形成暗部和亮部图像 6-2。复制"毛绒（合并）"图层并调整图像大小、位置和蒙版效果，形成毛绒质感的护腕图像 6-3。新建多个图层，结合画笔工具 ✐、图层混合模式和剪贴蒙版制作出护腕图像的暗部和亮部图像 6-4。

6-1 制作毛绒质感的帽子图像。

6-2 制作暗部和亮部图像效果。

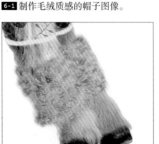

6-3 使用毛绒质感的护腕图像。

6-4 制作暗部和亮部图像效果。

STEP 7 制作清新自然的背景图像

新建一个"背景"图层组并将其置为底层，执行"文件>打开"命令，打开"天空.jpg"和"云朵.jpg"文件，分别将其拖曳至当前文件中，分别复制各图层并调整其位置。然后结合图层蒙版和画笔工具隐藏局部色调，合成天空图像 7-1。单击"创建新的填充或调整图层"按钮，选择"纯色"命令，设置其颜色和图层混合模式后，选择其蒙版，并使用画笔工具多次涂抹以恢复局部色调效果 7-2。添加"草地.png"文件至当前文件中，复制该图像并调整其位置后结合图层蒙版和画笔工具合成草地图像 7-3。添加"花朵.png"文件，以丰富画面效果 7-4。

7-1 添加素材，合成天空背景图像。

7-2 使用填充图层调整天空色调。

7-3 添加素材合成草地图像。

7-4 添加花朵素材，丰富画面效果。

STEP 8 制作投影，丰富画面效果

新建多个图层并调整图层顺序，设置前景色为黑色，使用较透明的画笔在草地图像上涂抹以绘制图像，分别设置各图层的混合模式，制作出绵羊的投影和脚部的暗部图像效果 8-1。执行"文件>打开"命令，打开"花草.png"文件，将其拖曳至当前文件中并调整其位置，以丰富画面效果 8-2。按下快捷键Ctrl+Shift+Alt+E盖印可见图层得到"图层17"，设置其图层混合模式为"柔光"后，结合图层蒙版和画笔工具恢复画面中较暗的图像色调 8-3。

8-1 制作投影和暗部图像效果。

8-2 添加花草图像。

8-3 使用"柔光"图层混合模式增强画面的色调对比度。

转换为动物添加貂皮招贴风格

STEP 1

打开斑马图像，抠取图像后使用调整图层调整其色调。添加材质素材，并结合图层蒙版、剪贴蒙版和调整图层等为斑马合成质感效果。添加玩具素材，通过复制图层和合并部分图层组，结合图层蒙版和画笔工具合成毛绒质感的图像效果。

STEP 2

结合填充图层、图层混合模式和画笔工具等调整毛绒图像的明暗色调，然后盖印部分图层组并结合画笔工具等制作毛绒质感的帽子和护腕图像。添加天空、云朵和草地等素材，结合图层蒙版和画笔工具等合成背景图像效果。

调整斑马图像的色调，并合成毛绒质感图像效果。

制作斑点效果的毛绒质感图像。使用多个工具合成清新自然的背景图像。

合成动感光影表现神秘效果

光盘路径：Chapter 05 \ Complete \ 77 \ 77 合成动感光影表现神秘效果.psd

视频路径：Video \ Chapter 05 \ 77 合成动感光影表现神秘效果.swf

◉ 设计构思
紫色通常能够给人以神秘莫测的感觉。本案例中通过对人物面部的侧面进行合成，形成画面的视觉中心，并添加各种光影效果，使画面呈现动感的神秘效果。

◉ 设计要点

制作画面紫色调时，结合油漆桶工具、调整图层和图层混合模式等合成神秘的色调。然后结合多种素材制作动感的星光点点的光影。

375

执行"文件>新建"命令，设置各项参数和"名称"后单击"确定"按钮 **1-1**。新建图层并填充深紫色（R19、G10、B37）。新建"组1"，执行"文件>打开"命令，打开"星球.jpg"文件，将其拖曳至当前文件中，并调整其位置和图层混合模式 **1-2**。然后结合图层蒙版和画笔工具 ✐ 隐藏局部色调效果。单击"创建新的填充或调整图层"按钮 **◙**，选择"可选颜色"命令，在其属性面板中设置参数并创建剪贴蒙版，以调整其色调 **1-3**。添加"眩光.jpg"文件至当前图像文件中并使用相同的方法进行调整，使画面呈现色调融合效果 **1-4**。新建多个图层，替换不同的前景色，使用较透明的画笔在画面中涂抹以绘制图像，并相应地调整部分图层的混合模式 **1-5**。

1-1 执行"文件>新建"命令，新建空白文档。

1-2 填充图层并添加星球图像。

1-3 结合图层蒙版、画笔工具和调整图层，使其与下层图像色调相融合。

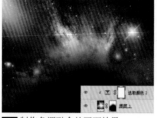

1-4 制作色调融合的画面效果。

1-5 结合画笔工具和图层混合模式制作朦胧的点状图像。

新建"组2"，执行"文件>打开"命令，打开"液体1.png"文件，将其拖曳至当前文件中并放置在画面上方，结合图层蒙版和画笔工具 ✐ 隐藏局部色调 **2-1**。复制该图层并使用"色相/饱和度"命令调整图像的明度。再次复制该图像并分别调整其大小、位置和蒙版效果 **2-2**。添加"斑点1.png"文件至当前文件中，复制该图像并调整其位置，继续使用"色相/饱和度"命令调整部分图像的色相 **2-3**。

2-1 添加液体图像。

2-2 使用"色相/饱和度"命令调整图像色调。

2-3 添加斑点图像，复制并调整其大小、位置和色调。

STEP 3 添加素材，增强画面的光影效果

添加"圆点1.png"文件至当前文件中的中心靠右的位置，使用"可选颜色"调整图层调整其色调 **3-1**。在画面右上角绘制一个正圆形状，并设置其图层的"不透明度"为40%。多次复制该图层并分别调整其大小、位置和颜色。然后结合图层蒙版和画笔工具分别隐藏局部色调 **3-2**。盖印所绘制的正圆形状得到"形状 1 副本 2（合并）"图层，调整其大小、位置和不透明度后使用"色相/饱和度"调整图层调整其色调 **3-3**。添加"光点.png"文件至当前文件中的下方并设置其混合模式为"强光"，复制该图像并调整其位置 **3-4**。

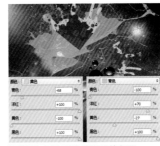

3-1 添加圆点图像并调整其色调。

3-2 制作朦胧的圆形图像。

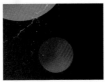

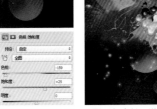

3-3 盖印图层并调整色调。 **3-4** 添加素材，增强画面光影效果。

STEP 4 使用调整图层调整人物色调

添加"人物.jpg"文件至当前文件中并调整其位置和方向，结合钢笔工具、图层蒙版和画笔工具抠取人物图像 **4-1**。单击"创建新的填充或调整图层"按钮，选择"照片滤镜"命令，在"属性"面板中设置参数并创建剪贴蒙版 **4-2**。使用相同的方法依次创建"色阶"和"可选颜色"调整图层，进一步调整人物的色调 **4-3**。新建图层，使用较透明的画笔在人物眼睛周围涂抹灰紫色（R119、G97、B150），并设置其图层混合模式为"叠加"，以改善该区域的色调 **4-4**。

4-1 抠取图像。

4-2 添加"照片滤镜"调整图层。

4-3 进一步调整人物色调。

4-4 改善局部色调。

STEP 5 合成球体图像效果

新建"组3"，添加"球体.png"文件至当前文件中并调整其位置。结合图层蒙版和画笔工具 ✐ 隐藏局部色调 5-1。然后单击"创建新的填充或调整图层"按钮 ◑，选择"可选颜色"命令，在"属性"面板中设置其参数并创建剪贴蒙版，以增强其色调效果 5-2。按住Ctrl键选择球体图层及其调整图层，按下快捷键Ctrl+Alt+E盖印并复制图层，然后分别调整其位置和蒙版效果 5-3。按下快捷键Ctrl+Alt+E盖印"组3"，新建"组4"并将盖印得到的图层拖动至该组中，结合填充图层、图层混合模式和剪贴蒙版调整其色调 5-4。新建多个图层，替换不同的前景色并使用较透明的画笔在球体上多次涂抹以绘制图像，创建剪贴蒙版并调整部分图层的混合模式，增强球体的明暗色调效果 5-5。

5-1 添加球体图像。

5-2 调整球体图像的色调效果。

5-3 合成完整的球体图像。

5-4 盖印图层组并调整色调。

5-5 调整球体的明暗色调效果。

STEP 6 使用画笔工具绘制图像

盖印"组4"，新建"组5"并将盖印的图层拖动至该组中，新建图层并创建剪贴蒙版，设置前景色为灰紫色（R119、G97、B150），使用较透明的画笔在头部涂抹以绘制图像。添加"光盘.png"文件至当前文件中并调整其位置。结合图层蒙版和画笔工具 ✐ 隐藏局部色调 6-1。新建图层，使用画笔工具 ✐ 绘制图像并创建剪贴蒙版。使用"可选颜色"调整图层调整光盘图像的色调 6-2。

6-1 为头部添加紫色调效果，并添加素材。

6-2 使用画笔工具绘制图像，并调整图像的色调效果。

STEP 7 添加多个素材图像

执行"文件>打开"命令，打开
"斑点2.png"文件，将其拖曳
至当前文件中并调整其位置
7-1。执行"文件>打开"命
令，打开"液体2.png"文件，将
其拖曳至当前文件中并调整其
位置，多次复制该图层并分别
调整其大小、位置和方向 **7-2**。
然后结合图层蒙版和画笔工具
隐藏局部色调 **7-3**。执行"文
件>打开"命令，打开"斑点3.
png"文件，将其拖曳至当前文
件中，设置其图层混合模式为
"柔光"，多次复制该图层并分别
调整其大小、位置和方向 **7-4**。

7-1 添加深色的斑点图像。

7-2 添加并复制液体图像。

7-3 合成液体图像。

7-4 添加柔美的斑点图像。

STEP 8 强化画面的光影效果

新建图层并设置前景色为白色，
使用柔角画笔在人物头部右上角
多次单击以绘制朦胧的点状图
像。然后为该图层添加"外发
光"图层样式，并设置其图层混
合模式为"颜色减淡"、"不透明
度"为58%，为头部添加光影
效果 **8-1**。再次新建图层并结
合渐变工具和图层蒙版绘制图
像，然后设置该图层的混合模
式为"叠加"、"不透明度"为
32%，以强化画面的色调效果
8-2。添加"光线.png"文件至
当前图像文件中，多次复制该
图层并分别调整其不透明度，
结合图层蒙版和画笔工具隐藏
局部色调，增强画面的光影效
果 **8-3**。使用"曲线"调整图层
进一步增强画面的对比度 **8-4**。

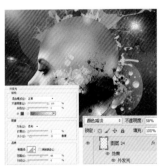
8-1 制作头部的光影效果。

8-2 强化画面色调效果。

8-3 添加光线图像。

8-4 增强画面的色调对比度。

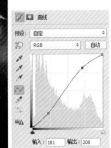

379

转换为五彩斑斓风格

STEP 1

填充背景图层后，添加星光和炫光素材，并结合图层混合模式、调整图层、图层蒙版和画笔工具合成深紫色的背景图像 **1-1**。绘制正圆形状并添加液体、斑点和光点等素材，相应地调整图像的色调和图层混合模式 **1-2**。

1-1 合成深紫色的背景图像。

1-2 合成色彩丰富的画面效果。

STEP 2

抠取人物图像，结合调整图层、画笔工具和图层混合模式对其调色。添加球体素材并结合调整图层和画笔工具等合成头部图像 **2-1**。结合图层蒙版和"纹理"滤镜等制作龟裂的图像。添加更多素材并结合调整图层等强化光影效果 **2-2**。

2-1 合成人物图像。

2-2 添加多种素材并使用多个工具，制作光影效果强烈的画面。

夸大图像增强设计趣味性

光盘路径：Chapter 05 \ Complete \ 78 \ 78 夸大图像增强设计趣味性.psd

视频路径：Video \ Chapter 05 \ 78 夸大图像增强设计趣味性.swf

☙ **设计构思**·············

通过对画面中部分元素进行夸张和特写处理，增强画面的设计趣味性。本案例中对猫咪和金鱼的角色进行了互换，使用蓝色和橘红色增强画面的色彩对比度。

☙ **设计要点**·············

通过使用调整图层制作出蓝色调的背景图像。结合图层混合模式和填充图层使金鱼图像呈现橘红色调，增强了画面的对比度。

STEP 1 制作冷色调的背景图像

执行"文件>新建"命令，设置各项参数后单击"确定"按钮 **1-1**。新建"空间"图层组，添加"空间1. jpg"文件至当前图像文件中，并调整其位置。单击"创建新的填充或调整图层"按钮 ，选择"渐变映射"命令，在"属性"面板中设置其参数并调整其图层混合模式，以调整其色调 **1-2**。使用相同的方法，创建"色阶"和"亮度/对比度"调整图层，进一步调整画面的色调 **1-3**。添加"水珠.jpg"文件至当前图像文件中，复制该图层并调整其位置和图层混合模式。结合图层蒙版和画笔工具 隐藏局部色调效果 **1-4**。

1-1 执行"文件>新建"命令，新建空白文档。

1-2 添加"渐变映射"调整图层。

1-3 使用多个调整图层提亮画面色调。

1-4 结合图层混合模式、图层蒙版和画笔工具使画面色调相融合。

STEP 2 完善背景图像

添加"水花.jpg"文件至当前文件中并放置在画面上方，设置其图层混合模式为"颜色加深"，并结合图层蒙版和画笔工具 隐藏局部色调，按下快捷键Ctrl+J复制该图层以强化其色调效果 **2-1**。单击"创建新的填充或调整图层"按钮 ，选择"色相/饱和度"命令，并在"属性"面板中设置其参数，以调整画面整体的色调 **2-2**。打开"企鹅.png"文件，将其拖曳至当前文件，调整其位置后结合钢笔工具 、图层蒙版和画笔工具 隐藏部分企鹅图像色调 **2-3**。

2-1 添加水花图像，使画面具有趣味性。

2-2 使用"色相/饱和度"命令调整图像色调。

2-3 添加企鹅图像。

STEP 3 合成蓝色的鱼缸图像

新建一个"鱼缸"图层组，添加"鱼缸.png"文件至当前文件中并放置在黄色椅子上 **3-1**。然后新建图层，使用较透明的画笔并替换不同的前景色，在鱼缸上多次涂抹以绘制图像，并设置该图层的混合模式为"线性加深"，加深鱼缸局部色调 **3-2**。添加"猫咪.png"文件至当前文件中并放置在鱼缸下方。然后使用"色阶"调整图层增强猫咪图像的色调对比度 **3-3**。在猫咪图层下方新建多个图层并结合画笔工具 ✐ 和图层混合模式制作出投影效果 **3-4**。

3-1 添加鱼缸图像。

3-2 增强鱼缸的局部色调。

3-3 添加猫咪图像。

3-4 制作投影效果。

STEP 4 制作色调鲜明的金鱼图像

执行"文件>打开"命令，打开"金鱼1.png"文件，将其拖曳至当前文件中并调整其位置，然后结合图层蒙版和画笔工具 ✐ 隐藏局部色调，使鱼尾呈现透明效果 **4-1**。单击"创建新的填充或调整图层"按钮 ◑，选择"纯色"命令，并设置颜色为橘红色（R255、G102、B0）。设置其图层混合模式为"叠加"并创建剪贴蒙版后，使用黑色画笔在其蒙版中涂抹以恢复局部色调效果 **4-2**。使用相同的方法创建"可选颜色"调整图层，并在"属性"面板中设置其参数，进一步调整金鱼图像的色调 **4-3**。

4-1 结合图层蒙版和画笔工具使金鱼尾部呈现透明效果。

4-2 添加"颜色填充"图层。

4-3 进一步调整金鱼色调。

STEP 5 添加更多金鱼图像

分别添加"金鱼2.png"和"金鱼3.png"文件至当前文件中，分别复制各图像并调整其位置，使其悬浮在空中 **5-1**。打开"金鱼4.png"和"金鱼4.png"文件，将其拖曳至当前文件中并调整其位置 **5-2**。按住Ctrl键的同时单击"图层13"缩览图将其载入选区，运用"羽化选区"命令将其羽化后，在其下方新建图层并为选区填充深灰色（R85、G85、B85），然后设置其"不透明度"为50%并结合图层蒙版和画笔工具隐藏局部色调形成投影效果。使用相同的方法，制作其他金鱼的投影图像 **5-3**。

5-1 添加并复制金鱼图像。

5-2 添加更多金鱼图像。

5-3 制作金鱼的投影图像效果。

STEP 6 合成晶莹的水珠图像

新建一个"调色"图层组，执行"文件>打开"命令，打开"水花.png"文件，将其拖曳至当前文件中，适当调整其位置并设置该图层的混合模式为"叠加"。多次复制该图层并结合图层蒙版和画笔工具 合成水珠图像 **6-1**。按住Ctrl键选择"图层17"至"图层17副本3"之间的图层，按下快捷键Ctrl+Alt+E盖印图层得到新图层，并结合"自由变换"命令调整其位置后，设置其图层混合模式为"滤色"，形成晶莹的水珠图像效果 **6-2**。

6-1 调整图层混合模式使其与画面色调相融合，合成水珠图像效果。

6-2 盖印图层并调整图像位置和图层混合模式，形成晶莹的水珠图像。

STEP 7 使用调整图层调整画面色调

新建图层并使用渐变工具填充该图层。然后设置其图层混合模式为"柔光"，"不透明度"为30%，为画面添加蓝色调 7-1。单击"创建新的填充或调整图层"按钮，选择"渐变映射"命令，并在"属性"面板中设置其参数，然后设置其混合模式为"柔光"，并使用画笔工具在其蒙版中多次涂抹以恢复局部图像色调。再次单击"创建新的填充或调整图层"按钮，选择"照片滤镜"命令，并在"属性"面板中设置其参数，为画面添加绿色调 7-2。

7-1 结合渐变工具和图层混合模式，调整画面的蓝色调效果。

7-2 增强画面的蓝色调效果，并使用"照片滤镜"调整画面的绿色调效果。

STEP 8 强化画面的色调效果

执行"文件>打开"命令，打开"气泡.png"文件，将其拖曳至当前文件中并调整其位置。设置其图层混合模式为"柔光"，然后结合图层蒙版和画笔工具隐藏局部色调 8-1。单击"创建新的填充或调整图层"按钮，选择"亮度/对比度"命令，并在"属性"面板中设置其参数，然后选择其蒙版并使用画笔工具在椅子的暗部区域多次涂抹以恢复其色调 8-2。单击"创建新的填充或调整图层"按钮，依次选择"可选颜色"和"曲线"命令，并在"属性"面板中设置其参数，进一步强化画面的色调 8-3。

8-1 为画面添加透明的气泡图像。

8-2 调亮画面色调。

8-3 强化画面色调效果。

转换为温馨的海底世界风格

STEP 1

打开空间素材后复制"背景"图层,结合"高斯模糊"滤镜和画笔工具调整画面远近效果。添加水珠素材,结合图层混合模式、图层蒙版和画笔工具融合画面色调 **1-1**。添加鱼缸和猫咪素材,使用调整图层调整各图层色调,然后结合画笔工具和图层混合模式制作出暗部和阴影图像 **1-2**。

1-1 合成具有远近关系的背景图像。

1-2 合成与背景色调统一的鱼缸图像。

STEP 2

添加多个金鱼素材,结合调整图层、画笔工具和图层混合模式对其调色。结合"羽化"命令、油漆桶工具、图层混合模式、图层蒙版和画笔工具制作出部分金鱼的投影图像 **2-1**。添加水花素材并使用相同的方法进行调整,然后结合多个填充图层调整画面的整体色调效果 **2-2**。

2-1 添加夸张的金鱼图像。

2-2 添加更多素材并调整画面的色调效果。

通过合成表现电影招贴设计

光盘路径：Chapter 05 \ Complete \ 79 \ 79 通过合成表现电影招贴设计.psd
视频路径：Video \ Chapter 05 \ 79 通过合成表现电影招贴设计.swf

❀ **设计构思**••••••••••••

制作电影招贴设计，可以通过对电影主题进行提炼，形成丰富的画面效果。本案例中通过对人物面部的特写处理，与清新的藤蔓进行合成，形成富有纹理效果、色彩鲜明的画面。

❀ **设计要点**••••••••••••

结合调整图层、渐变工具和图层混合模式制作色调和谐的画面效果。然后使用渐变填充命令进一步增强画面的色彩丰富性。

STEP 1 使用渐变工具制作渐变的背景图像

执行"文件>新建"命令，设置各项参数和"名称"后单击"确定"按钮 1-1。新建"组1"后新建图层，并使用渐变工具 ⬛ 填充图层。执行"文件>打开"命令，打开"树叶.png"文件，将其拖曳至当前文件中并调整其位置 1-2。单击"图层"面板中的"创建新的填充或调整图层"按钮 ⬤，在弹出的菜单中选择"色相/饱和度"命令，在属性面板中设置其参数并创建剪贴蒙版，以调整树叶图像的色调效果 1-3。

1-1 执行"文件>新建"命令，新建空白文档。

1-2 填充图层颜色。

1-3 使用"色相/饱和度"调整图层调整树叶图像的色调。

STEP 2 添加人物图像并调整其色调

添加"人物1.jpg"文件至当前文件中并调整其位置。然后结合钢笔工具 ✎ 和图层蒙版抠取人物图像。继续使用钢笔工具 ✎ 为人物的眼球绘制路径并将其转换为选区后，按下快捷键Ctrl+J复制选区得到新图层。单击"创建新的填充或调整图层"按钮 ⬤，依次选择"色彩平衡"和"自然饱和度"命令，在属性面板中设置其参数并创建剪贴蒙版，以调整眼球的色调 2-1。按住Ctrl键的同时单击"图层3"蒙版缩览图将其载入选区，新建图层并使用渐变工具 ⬛ 填充颜色，然后相应调整其混合模式，调整人物色调 2-2。

2-1 抠取人物图像，并调整眼球色调。

2-2 使用渐变工具和图层混合模式调整人物色调效果。

STEP 3 使用图层混合模式使画面色调融合

新建多个图层，使用画笔工具，并替换不同的前景色，在人物皮肤处多次涂抹以绘制图像，然后相应地调整各图层的混合模式 **3-1**。新建"组2"，添加"素材1.png"和"晕染1.png"文件至当前文件中，分别复制各图像并调整其位置和图层混合模式，然后结合图层蒙版和画笔工具隐藏局部色调效果 **3-2**。添加"晕染2.png"文件至当前图像文件中并调整其位置和图层混合模式，然后结合图层蒙版和画笔工具隐藏局部色调 **3-3**。为"组2"添加图层蒙版，并使用较透明的画笔在画面局部进行涂抹，以隐藏局部色调效果 **3-4**。

3-1 结合画笔工具和图层混合模式绘制图像。

3-2 添加素材文件，并结合图层混合模式、图层蒙版和画笔工具使画面色调呈现融合效果。

3-3 为人物的面部添加纹理效果。

3-4 隐藏局部色调。

STEP 4 进一步调整画面的纹理质感效果

单击"创建新的填充或调整图层"按钮，选择"渐变填充"命令，并在弹出的对话框中设置其参数，然后设置其混合模式为"叠加"后，使用黑色的画笔在其蒙版中涂抹以恢复局部色调效果 **4-1**。打开"纹理.jpg"文件，将其拖曳至当前文件中并调整其位置。设置该图层的混合模式为"划分"、"不透明度"为65%，结合图层蒙版和画笔工具隐藏局部色调 **4-2**。添加"绿叶.jpg"文件至当前图像文件中，并使用相同的方法对其进行调整，使画面色调融合 **4-3**。

4-1 结合"渐变填充"图层和图层混合模式等加深画面局部色调。

4-2 为画面添加纹理质感效果。

4-3 增强画面纹理质感。

STEP 5 添加素材，丰富画面效果

单击"创建新的填充或调整图层"按钮，选择"亮度/对比度"命令，并在属性面板中设置其参数，以增强画面的对比度 **5-1**。执行"文件>打开"命令，打开"藤蔓.png"和"瓢虫.png"文件，将其拖曳至当前文件中并调整其位置 **5-2**。打开"素材2.png"文件，将其拖曳至当前文件中并放置在人物面部上方，然后设置其图层混合模式为"强光"、"不透明度"为40%，并结合图层蒙版和画笔工具隐藏局部色调 **5-3**。

5-1 增强画面对比度。　**5-2** 添加小元素，丰富画面效果。

5-3 为人物面部增添纹理效果。

STEP 6 使用调整图层调整画面色调

单击"创建新的填充或调整图层"按钮，依次选择"色阶"、"渐变映射"和"色相/饱和度"命令，并在属性面板中分别设置其参数，以调整画面的色调效果 **6-1**。使用相同的方法，继续创建"渐变填充"和"色阶"调整图层，并相应地设置其参数和图层混合模式，进一步调整画面的色调 **6-2**。单击横排文字工具，并在"字符"面板中依次设置参数后，在"色相/饱和度2"调整图层上方多次输入文字，以完善画面效果 **6-3**。

6-1 使用多个调整图层调整画面色调效果。

6-2 进一步调整画面色调。　**6-3** 输入文字。

作品风格转换

转换为炫彩的电眼招贴风格

STEP 1

填充背景颜色后，添加树叶素材并使用调整图层调整其色调 **1-1**。添加人物素材，并结合渐变工具、填充图层、画笔工具和图层混合模式等调整人物的色调。添加多个素材，结合图层混合模式、图层蒙版和画笔工具制作纹理叠加效果 **1-2**。

1-1 制作渐变的背景图像。

1-2 制作纹理叠加的图像效果。

STEP 2

添加纹理、绿叶、藤蔓和瓢虫等素材，多次复制部分图层并结合调整图层、图层混合模式、图层蒙版和画笔工具等丰富画面效果 **2-1**。然后使用多个调整图层继续调整画面的色调，并使用横排文字工具输入文字 **2-2**。

2-1 添加更多素材，丰富画面效果。

2-2 使用多个调整图层调整画面色调。

添加素材表现手中世界效果设计

光盘路径：Chapter 05 \ Complete \ 80 \ 80 添加素材表现手中世界效果设计.psd
视频路径：Video \ Chapter 05 \ 80 添加素材表现手中世界效果设计.swf

❀ 设计构思 ••••••••••••

通过添加土地素材，与手部图像
进行完美合成，形成丰富的手中
世界图像效果。并使用饱和度较
低的天空图像作为背景，形成自
然而调和的画面效果。

❀ 设计要点 ••••••••••••

在制作天空背景时，结
合图层混合模式、图层
蒙版和画笔工具进行色
调融合。通过载入笔刷
制作出瀑布图像使画面
具有动感效果。

STEP 1 ✍ 合成蓝色的天空图像

执行"文件>新建"命令，设置各项参数和"名称"后单击"确定"按钮 **1-1**。新建一个"背景"组，添加"天空.jpg"文件至当前文件中并调整其位置，然后结合图层蒙版和画笔工具 ✍ 隐藏局部色调效果 **1-2**。单击"创建新的填充或调整图层"按钮 ◎，在弹出的菜单中选择"自然饱和度"命令，在属性面板中设置其参数并创建剪贴蒙版，以调整天空图像的色调效果 **1-3**。添加"云层.jpg"和"云朵.jpg"文件，至当前文件中，并结合图层混合模式、图层蒙版和画笔工具 ✍ 使画面色调融合 **1-4**。

1-1 执行"文件>新建"命令，新建空白文档。

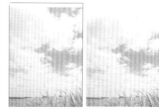

1-2 添加素材图像。

1-3 使用"自然饱和度"调整图层调整天空色调。

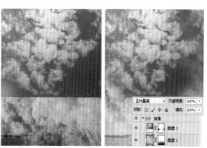

1-4 使用"自然饱和度"调整图层调整天空色调。

STEP 2 ✍ 添加手部图像并调整其色调

单击"创建新的填充或调整图层"按钮 ◎，依次选择"色相/饱和度"和"渐变填充"命令，分别设置其参数并设置"渐变填充1"图层的混合模式为"柔光"，以调整天空的色调 **2-1**。添加"手部.png"文件至当前文件中并调整其位置。然后依次创建"色阶1"、"色相/饱和度"和"亮度/对比度"调整图层并创建剪贴蒙版，以调整手部的色调。单击"创建新的填充或调整图层"按钮 ◎，再次创建"渐变填充2"调整图层并设置其图层混合模式为"颜色加深"、"不透明度"为80%，以调整画面的整体色调 **2-2**。

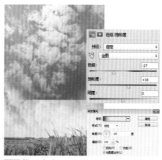

2-1 使用多个调整图层调整背景图像的色调。

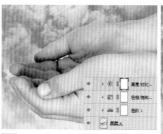

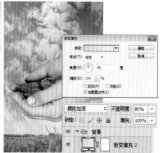

2-2 调整手部图像的色调，并进一步调整画面的整体色调。

STEP 3 合成手中的世界图像

新建一个"景物"图层组，执行"文件>打开"命令，打开"土地1.png"文件，将其拖曳至当前文件中并调整其位置，然后结合图层蒙版和画笔工具✍隐藏局部色调效果 **3-1**。执行"文件>打开"命令，打开"树木.png"文件，将其拖曳至当前图像文件中并调整其位置，继续结合图层蒙版和画笔工具✍隐藏局部色调 **3-2**。

 3-1 结合图层蒙版和画笔工具将土地与手部进行合成。

3-2 添加树木图像并结合图层蒙版和画笔工具隐藏局部色调效果。

STEP 4 添加更多素材，丰富画面效果

单击"创建新的填充或调整图层"按钮 ◔.，选择"曲线"命令，并在属性面板中设置其参数，按下快捷键Ctrl+Alt+G创建剪贴蒙版，以增强树木图像的对比度 **4-1**。执行"文件>打开"命令，打开"飞鸟.png"和"儿童.png"文件，分别将其拖曳至当前文件中并分别调整其位置。然后在"图层6"下方新建图层并设置前景色为黑色，使用较透明的画笔在画面中多次涂抹以绘制图像，然后设置该图层的混合模式为"柔光"，形成树木和儿童的投影 **4-2**。

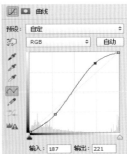

4-1 使用"曲线"调整图层增强树木图像的色调对比。

4-2 添加小元素，丰富画面效果，并制作投影效果。

STEP 5 载入笔刷并制作瀑布图像

单击画笔工具 ，载入"瀑布.abr"笔刷。在"画笔预设"选取器中设置画笔参数。新建图层并设置前景色为白色，在画面左侧绘制一个瀑布图像，多次复制该图层并结合图层蒙版和柔角画笔隐藏局部色调 **5-1**。继续在"画笔预设"选取器中设置画笔参数后，新建图层并设置前景色为淡蓝色（R154、G210、B245），在继续画面左侧绘制瀑布图像，然后结合图层蒙版和柔角画笔隐藏局部色调，形成完整的瀑布图像 **5-2**。

5-1 载入画笔并设置参数，制作瀑布图像。

5-2 继续绘制并完善瀑布图像。

STEP 6 为画面添加光影效果

新建图层并填充黑色，执行"滤镜>渲染>镜头光晕"命令，在弹出的对话框中设置参数，完成后单击"确定"按钮，以应用该滤镜效果。然后设置其图层混合模式为"滤色"，并结合图层蒙版和画笔工具 隐藏局部色调 **6-1**。添加"光线.png"文件至当前文件中并调整其位置。为该图层添加"外发光"图层样式，并设置其图层混合模式为"滤色"、"不透明度"为92%，然后结合图层蒙版和渐变工具 隐藏局部色调，形成光影效果。单击横排文字工具 ，并在"字符"面板中设置参数，在画面中输入文字，完善画面效果 **6-2**。

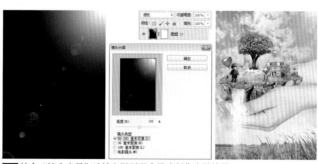

6-1 结合"镜头光晕"滤镜和图层混合模式制作光晕效果。

6-2 强化画面的光影效果，并输入文字。

转换为清爽风格

STEP 1

结合"渐变填充"和"颜色填充"图层制作基本的背景图像 **1-1**。添加海面和云层素材，并结合图层混合模式、图层蒙版和画笔工具合成蓝天白云图像。添加手部素材，并使用多个调整图层调整其色调 **1-2**。

1-1 制作具有渐变效果的背景图像。

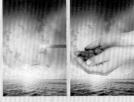

1-2 合成蓝天白云和手部图像效果。

STEP 2

添加土地2、座椅和自行车素材，结合调整图层、画笔工具、高斯模糊智能滤镜等合成手中的世界图像 **2-1**。继续添加儿童、动物、飞鸟、花瓣等图像丰富画面效果。然后结合"镜头光晕"滤镜和图层混合模式等制作光影效果 **2-2**。

2-1 合成手中的世界图像。

2-2 制作光影效果并添加文字。